Excel数据分析大百科全书 基础篇

韩小良 ○ 著

一图抵万言
Excel数据分析可视化仪表板
▶ 案例视频精华版

中国水利水电出版社
www.waterpub.com.cn
·北京·

内 容 提 要

数据分析的目的，是为了快速发现问题，进而分析问题，并解决问题，因此，如何将数据分析结果以最清晰的形式展现出来，对数据进行可视化处理，制作可视化分析图表就是一件必须做好的事情。

本书共 11 章，主要内容包括图表基础、组织数据、图表的类型及其选择的基本原则、图表制作方法和技巧、格式化图表、趋势分析图、对比分析图、结构分析、分布分析图、达成分析图、因素分析图等。

本书精选 60 余个实际图表分析案例，并录制了 89 集总计 346 分钟详细完整的教学视频，对 Excel 图表的几乎所有知识和案例进行了详细的讲解。用手机扫描书中二维码，可以随时观看学习，可快速掌握 Excel 图表的相关知识和技能，并将这些技能和技巧应用到实际数据分析可视化中，制作有说服力的分析报告。本书不仅仅讲解 Excel 图表本身，更重要的是介绍每个图表展示数据、分析数据、挖掘数据的背后逻辑。本书还赠送 30 个函数综合练习资料包、75 个分析图表模板资料包、《Power Query 自动化数据处理案例精粹》电子书等资源，帮助大家开阔眼界，借鉴参考。

本书适合企事业单位的各类管理者，也可作为大专院校经济类本科生、研究生和 MBA 学员的教材或参考书。

图书在版编目（CIP）数据

一图抵万言：Excel数据分析可视化仪表板：案例视频精华版 / 韩小良著. -- 北京：中国水利水电出版社，2025.4. --（Excel数据分析大百科全书）.
ISBN 978-7-5226-2952-0

Ⅰ．TP391.13

中国国家版本馆CIP数据核字第20252R8P61号

丛 书 名	Excel数据分析大百科全书
书 名	一图抵万言：Excel数据分析可视化仪表板（案例视频精华版） YI TU DI WANYAN Excel SHUJU FENXI KESHIHUA YIBIAOBAN (ANLI SHIPIN JINGHUABAN)
作 者	韩小良 著
出版发行	中国水利水电出版社 （北京市海淀区玉渊潭南路1号D座 100038） 网址：www.waterpub.com.cn E-mail: zhiboshangshu@163.com 电话：（010）62572966-2205/2266/2201（营销中心）
经 售	北京科水图书销售有限公司 电话：（010）68545874、63202643 全国各地新华书店和相关出版物销售网点
排 版	北京智博尚书文化传媒有限公司
印 刷	北京富博印刷有限公司
规 格	170mm×240mm 16开本 13印张 282千字
版 次	2025年4月第1版 2025年4月第1次印刷
印 数	0001—3000册
定 价	79.80元

凡购买我社图书，如有缺页、倒页、脱页的，本社营销中心负责调换

版权所有·侵权必究

在每次的经理级别 Excel 高级数据分析培训课堂上，我经常会说这样一句话：很多人在加班加点地辛苦工作，但做出的数据分析报告却没有什么说服力，其原因之一就是做的 PPT 没有说服力，以至于很多人失败在了最后的 3 分钟。

说起 PPT，很多人会说，PPT 有什么难的，我早就会做了，但我经常会遇到有人询问："韩老师，您有 PPT 模板让我参考下吗？"

PPT 并不是做动画做电影，PPT 是一个帮助展示思想和思考的工具，PPT 的制作也充满了逻辑性：你想给别人展示什么？你想让别人看到什么？你想让别人接受你的什么观点？你如何一步一步地展示你对企业经营现状和未来发展的思考？

制作 PPT 的原则之一，是一张幻灯片就说一件事，用图形化的方式直观地把问题和解决方案展示出来，而不是堆满表格和文字的幻灯片。那么，PPT 上的图表从何而来？制作的图表有说服力吗？说明问题了吗？

在一次大型财务分析公开课上，当介绍到图表内容时，我问大家，你们在财务分析中，是使用表格给领导展示分析结果，还是以图表展示分析结果？还是以文字来说？一半的人说，是以表格。我问，为什么不画图呢？有人说，领导不看图，领导只看 Word 报告，要以文字写；有人说，领导看不懂图，只会看文字；也有人说，想画图，就只是会画柱形图、饼图、折线图什么的，想不起来画别的什么图了，也不会画，领导天天看柱形图都看烦了；更有少部分人说，我不做分析，所以不画图。

回答是各种各样的，大家对图表的认识也是非常不够的（认为图表就是柱形图、饼图、折线图），很多领导对分析报告的形式也仅仅停留在 Word 文字的阶段。

图表，已经是数据分析中不可或缺的展现形式，也是 BI 的界面构成。那么，如何用图表来展示呢？下面就开始我们的图表之旅吧。

本书特点

视频讲解：本书录制了详细完整的教学视频，共 89 节总计 346 分钟，对 Excel 图表几乎每个知识点、每个案例进行详细的讲解，手机扫描书中二维码，可以随时观看学习。

案例丰富：本书提供了60余个实际图表分析案例，通过这些案例来学习Excel图表可视化，即可快速掌握Excel图表的相关知识和技能，并将这些技能和技巧应用到实际数据分析可视化中，制作有说服力的分析报告。

逻辑思路：本书不仅仅讲解Excel图表本身，更重要的是介绍每个图表展示数据、分析数据、挖掘数据的背后逻辑思维。

在线交流：本书提供QQ学习群和微信读者交流圈，在线交流Excel学习心得，解决实际工作中的问题。

本书内容安排

本书共11章，从表格阅读、数据组织、图形表达、汇报展示等方面，结合大量来自培训咨询第一线的实际案例，介绍如何利用Excel制作有说服力的分析图表。

第1章介绍使用图表展示数据分析结果的示例案例，通过这些案例，大家会对制作数据分析图表有一个初步的体验：让图表说话才是数据分析最直接的表达形式。

第2章介绍如何通过数据的重新组织绘制需要的数据分析图表，以及组织数据所需要的基本逻辑思维和Excel技能技巧。

第3章概要介绍Excel各类图表表达数据分析的基本出发点，以及它们的适应场景和数据分析场合，为以后选择绘制各类图表提供一些必要的准备，而不是一味绘制柱形图饼图。

第4章全面介绍绘制图表的基本方法与技能技巧、绘制图表时要注意的一些重要事项，以及对图表进行编辑的实用方法。针对不同表格，采用一个合适的绘制方法是非常重要的。

第5章重点介绍图表格式化的主要方法和技能技巧，初步绘制完成的图表，必须进行必要的格式化，才能让图表阅读性更好，信息表达更清晰。

第6章介绍数据趋势分析中的常用图表绘制方法及编辑技巧，并介绍几个经典的趋势分析图表案例模板，例如数据波动分析、区间跟踪分析、不同阶段分析、过去及未来变化趋势跟踪分析等。

第7章介绍数据对比分析中的常用图表绘制方法及编辑技巧，并介绍几个经典的对比分析图表案例模板，例如同比分析、颜色标注分析、排名分析、员工入职离职分析、不同宽度柱形对比分析等等。

第8章介绍数据结构分析中的常用图表绘制方法及编辑技巧，例如一维数据结构分析的饼图、圆环图、复合饼图等，多维数据结构分析的旭日图、树状图、条形图、面积图等，并介绍几个经典的结构分析图表案例模板，供大家参考和借鉴。

第9章介绍数据分布分析中的常用图表绘制方法及编辑技巧，例如直方图、箱形图、气泡图、雷达图、散点图等，并介绍几个经典的分布分析图表案例模板，例如滑珠图、点状图等高大上的分布分析图表，供大家参考和借鉴。

第10章介绍达成分析中的常用图表绘制方法及编辑技巧，对常用的柱形图、条形图以及折线图等，通过编辑加工，就得到有说服力的达成分析图表。本章还为大家介绍了高大上的仪表盘的制作方法和技巧，让分析报告更加有说服力。

第 11 章主要介绍因素分析，通过分析影响差异的原因，揭示造成差异的各种因素，为解决问题找出方案，并为大家介绍了几个经典的差异分析图表，包括预算偏差因素分析、经营业绩同比分析、净利润因素分析、产品销售额的量价影响分析、产品毛利的量价本影响分析等。

本书目标读者

期望本书让 Excel 图表初学者能快速掌握图表技能，让具有一定 Excel 基础的读者温故而知新，学习更多的分析图表的技能和思路。

本书适合企事业单位的各类管理者，也可作为大专院校经济类本科生、研究生和 MBA 学员的教材或参考书。

本书赠送资源

配套资源

免费教学视频：本书全部 89 集共计 346 分钟的教学视频，用手机扫描书中二维码，可以随时观看学习。

全部实际案例：本书全部 60 余个实际案例素材。

拓展学习资源

30 个函数综合练习资料包

75 个分析图表模板资料包

《Power Query 自动化数据处理案例精粹》电子书

《Power Queny-M 函数速查手册》电子书

《Power Pivot DAX 表达式速查手册》电子书

《Excel 会计应用范例精解》电子书

《Excel 人力资源应用案例精粹》电子书

《新一代Excel VBA 销售管理系统开发入门与实践》电子书

《EXCEL VBA 行政与人力资源管理应用案例详解》电子书

本书资源获取方式

读者可以扫描下面的二维码，或在微信公众号中搜索"办公那点事儿"，关注后输入 EX2952 至公众号后台，即可获取本书相应资源的下载链接。将该链接复制到计算机浏览器的地址栏中（一定要复制到计算机浏览器的地址栏中），根据提示进行下载。读者可扫描下方右侧二维码加入交流圈，在线交流学习。

　　读者也可加入本书 QQ 交流群 924512501（若群满，会创建新群，请注意加群时的提示，并根据提示加入对应的群），读者也可互相交流学习经验，作者也会不定期在线答疑解惑。

韩小良

目录 contents

第1章 图表的魅力　1

1.1 一次失败的汇报　1
1.1.1 为什么这样的报告是失败的　2
1.1.2 应该如何展示你的分析　2
1.1.3 报告，不仅仅是表格数字和柱形图　5

1.2 图表是什么　5
1.2.1 图表是思考　5
1.2.2 图表是挖掘　6
1.2.3 图表是汇报　7
1.2.4 图表是决策　9

第2章 阅读表格，组织数据　10

2.1 阅读表格　10
2.2 重新组织数据　12
2.3 核心技能　15

第3章 让图表准确表达观点　18

3.1 图表的类型及其选择的基本原则　18
3.1.1 柱形图及其适用场合　18
3.1.2 条形图及其适用场合　19
3.1.3 XY散点图及其适用场合　19
3.1.4 折线图及其适用场合　20
3.1.5 面积图及其适用场合　20

3.1.6 饼图及其适用场合　20
3.1.7 圆环图及其适用场合　21
3.1.8 雷达图及其适用场合　21
3.1.9 气泡图及其适用场合　22
3.1.10 树状图及其适用场合　22
3.1.11 旭日图及其适用场合　23
3.1.12 直方图及其适用场合　23
3.1.13 箱形图及其适用场合　23
3.1.14 瀑布图及其适用场合　24
3.1.15 漏斗图及其适用场合　24
3.1.16 组合图，不同类型图表一起来展示　25
3.1.17 图表的其他类型　25
3.1.18 迷你图　25

3.2 三维图表还是平面图表　25
3.3 在图表上正确分类显示数据　27
3.3.1 两种绘制图表的角度　28
3.3.2 快速转换图表数据分析的视角　28

第4章 绘制图表的秘方　30

4.1 图表基本制作方法和技巧　30
4.1.1 插入图表命令　30
4.1.2 以数据区域的所有数据绘制图表　30
4.1.3 以选定的数据区域绘制图表　31
4.1.4 以现有的数据区域手工绘制图表　31
4.1.5 利用名称绘制图表　34
4.1.6 利用数组常量绘制图表　35

4.2 制作图表的重中之重　37
4.2.1 为什么有时候选定区域后画不出图　37
4.2.2 数据区域第一列或第一行是数字的情况　38
4.2.3 分类轴标签数据是日期时的问题　39
4.2.4 如何绘制隐藏的数据　41

4.3 更改整个图表类型或某个数据系列图表类型　41
4.3.1 更改整个图表的图表类型　41
4.3.2 更改某个数据系列的图表类型　42

4.4 对图表进行修改　43
4.4.1 添加新数据系列　43
4.4.2 修改数据系列　44
4.4.3 删除数据系列　44

4.5 设置数据系列的坐标轴　44
  4.5.1　设置系列坐标轴的方法　44
  4.5.2　设置系列次坐标轴的注意事项　45
4.6 为图表添加元素　46
  4.6.1　添加图表元素的命令　46
  4.6.2　为图表添加或编辑图表标题　47
  4.6.3　为图表添加坐标轴标题　48
  4.6.4　为数据系列添加数据标签　49
  4.6.5　为图表添加数据表　51
  4.6.6　为图表添加图例　51
  4.6.7　为图表添加网格线　52
  4.6.8　为数据系列添加趋势线　53
  4.6.9　为数据系列添加线条　54
  4.6.10　为数据系列添加涨 / 跌柱线　55
  4.6.11　为数据系列添加误差线　55
4.7 图表的其他操作　56
  4.7.1　图表的保存位置　56
  4.7.2　复制图表　57
  4.7.3　删除图表　57

第 5 章　格式化图表　58

5.1　图表结构及主要元素　58
5.2　为图表添加元素　61
5.3　选择图表元素的方法　61
5.4　设置图表元素格式的工具　61
5.5　格式化图表区　62
5.6　格式化绘图区　63
5.7　格式化坐标轴　63
5.8　格式化图表标题、坐标轴标题、图例　63
5.9　格式化网格线　64
5.10　格式化数据系列　64
5.11　格式化数据标签　65
5.12　突出标识图表的重点信息　65
5.13　让图表元素显示为单元格数据　66
5.14　让数据点显示为形状　66
5.15　简单的是美的　66

第6章 趋势分析图　67

6.1　趋势分析的常见图表类型　67
- 6.1.1　折线图及其设置与应用　67
- 6.1.2　折线图与柱形图结合　69
- 6.1.3　折线图与面积图结合　70
- 6.1.4　XY 散点图及其设置与应用　71

6.2　经典趋势分析图表　72
- 6.2.1　寻找历史极值和波动区间　72
- 6.2.2　选择某段区间跟踪监控　73
- 6.2.3　预算差异跟踪分析　74
- 6.2.4　用不同类型的折线表示不同阶段的数据　77
- 6.2.5　案例展示：反映过去、现在和未来的趋势分析　78

第7章 对比分析图　79

7.1　柱形图　79
- 7.1.1　簇状柱形图及其设置与应用　79
- 7.1.2　堆积柱形图及其设置与应用　85
- 7.1.3　堆积百分比柱形图及其设置与应用　88
- 7.1.4　三维柱形图及其设置与应用　88

7.2　条形图　90
- 7.2.1　条形图的特殊注意事项　91
- 7.2.2　条形图适用的场合　91
- 7.2.3　条形图的多种图表类型　92

7.3　经典对比分析图表　93
- 7.3.1　同比分析　93
- 7.3.2　依据标准值来设置柱形颜色　93
- 7.3.3　排名分析　96
- 7.3.4　入职离职分析（旋风图）　97
- 7.3.5　入职离职分析（上下箭头图）　100
- 7.3.6　不同宽度柱形的对比分析图　103
- 7.3.7　神奇的动态图表　105

第 8 章 结构分析 107

8.1 结构分析的常用图表类型 107
- 8.1.1 普通饼图及其设置与应用 107
- 8.1.2 复合饼图和复合条饼图及其设置与应用 113
- 8.1.3 圆环图及其设置与应用 115
- 8.1.4 旭日图及其设置与应用 115
- 8.1.5 树状图及其设置与应用 116
- 8.1.6 排列图及其设置与应用 117

8.2 经典一维结构分析图表 118
- 8.2.1 一维结构分析图综述 118
- 8.2.2 绘制清晰明了的图表 118

8.3 经典多维结构分析图表 119
- 8.3.1 使用双层饼图 119
- 8.3.2 饼图和圆环图组合 123
- 8.3.3 使用堆积条形图或堆积百分比条形图 127
- 8.3.4 使用堆积柱形图或堆积百分比柱形图 129
- 8.3.5 使用堆积面积图 130

8.4 既看整体又看内部结构的图表 130
- 8.4.1 以一个柱形表示整体和内部结构 130
- 8.4.2 以两个柱形表示整体和内部结构 133

8.5 利用动态图表分析不同大类下的小类结构 137
- 8.5.1 使用函数制作动态图表 137
- 8.5.2 使用数据透视图 138

第 9 章 分布分析图 140

9.1 分布分析的常用图表类型 140
- 9.1.1 直方图 140
- 9.1.2 箱形图 141
- 9.1.3 气泡图 143
- 9.1.4 雷达图 146
- 9.1.5 因果散点分布图 147
- 9.1.6 强化的点分布图 148

9.2 经典的数据分布分析图表 149
- 9.2.1 滑珠图 149
- 9.2.2 点状图 155
- 9.2.3 经典数据分布图表效果分享 159

第10章 达成分析图 161

10.1 柱形图及各种变形 161
- 10.1.1 最简单的表达图表 161
- 10.1.2 目标和完成一起对比的图表 161
- 10.1.3 利用柱形图显示超额完成或未完成的图表 162
- 10.1.4 利用上下箭头显示超额完成或未完成的图表 164
- 10.1.5 完成进度杯形图 164

10.2 条形图及各种变形 167
- 10.2.1 常规的表达方式 167
- 10.2.2 目标和完成一起比较的图表 168
- 10.2.3 利用堆积条形图显示超额完成或未完成的图表 168
- 10.2.4 利用左右箭头显示超额完成或未完成的图表 169
- 10.2.5 将条形图与工作表单元格联合使用 169

10.3 折线图中的涨／跌柱线 170
- 10.3.1 利用上下箭头表示超额或未完成缺口 170
- 10.3.2 形象的靶图 175

10.4 高大上的仪表盘 176
- 10.4.1 仪表盘的基本制作方法和技巧 176
- 10.4.2 指针可以往正值或负值摆动的仪表盘 181
- 10.4.3 几个指针的仪表盘 182
- 10.4.4 刻度可调节的仪表盘 182

第11章 因素分析图 184

11.1 瀑布图的制作方法 184
- 11.1.1 Excel 2016 里一步到位制作瀑布图 184
- 11.1.2 通过折线图的涨／跌柱线制作瀑布图 186
- 11.1.3 通过堆积柱形图制作瀑布图 190

11.2 瀑布图的实际应用案例 192
- 11.2.1 预算偏差因素分析 192
- 11.2.2 经营业绩同比分析 193
- 11.2.3 净利润因素分析 193
- 11.2.4 产品销售额的量价影响分析 194
- 11.2.5 产品毛利的量价本影响分析 195

第 1 章
图表的魅力

每周、每月、每季度、每年年底，都要汇总大量的数据，进行大量的计算，都要制作报告，花费很多的心血制作PPT，这一切，都要耗费大量时间。

然而，大量的时间、大量的精力、大量的心血却在最后3分钟的汇报上功亏一篑！这让自己感到压力和迷茫：我到底哪里出错了？

1.1 一次失败的汇报

> 在一次培训课间隙，一个学生跟我说："老师，我上周汇报时，又挨批了，领导非常不满意我做的 PPT，说我这个 PPT 的模板都用了一年了，月月这样一副面孔，能不能改进点？能不能把问题说清楚点？能不能让他明白点？"

是怎样的一个 PPT 呢？请看图 1-1 和图 1-2。

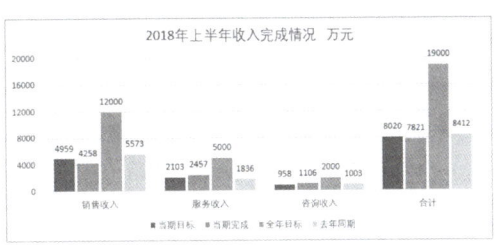

图1-1　汇总结果表　　　　　　图1-2　根据汇总数据画的图表

图 1-3 所示是以此制作的一张 PPT 幻灯片。

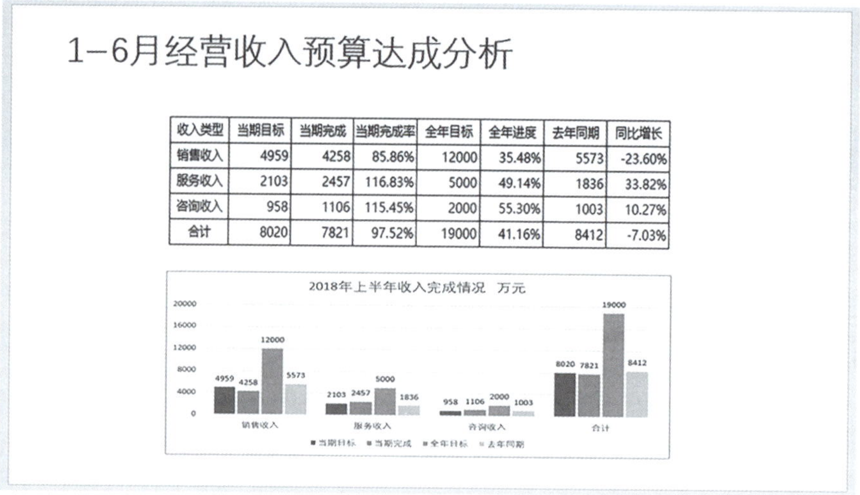

图1-3 一张PPT幻灯片

1.1.1 为什么这样的报告是失败的

这个表格数据反映的信息非常多,并不是用一个柱形图就能完整表达出来的。

首先,针对这个表格数据,要重点说清楚以下三点信息。

(1)今年同期预算的完成情况。

(2)今年全年预算的完成进度情况。

(3)与去年同比的增长情况。

还要进一步向领导解释以下问题。

(1)今年为什么没完成当期预定目标?

(2)全年完成进度正常吗?在下半年应当如何改进?

(3)与去年相比,为什么增长了?为什么下降了?

(4)针对上半年的经营情况,对下半年的经营有什么建议?

就上面的图表而言,对前3个问题没有做任何的解释和说明,更谈不上总结上半年、展望下半年了。

1.1.2 应该如何展示你的分析

辛辛苦苦做了大量的计算,得到了一个汇总表,然后稀里糊涂地画了个柱形图,就这样去做汇报PPT了,其实这是不用心的表现。

首先,领导第一眼要看的是总收入的达成情况和同比增减情况,因此你的第一张幻灯片要从总收入分析入手。

(1)上半年总收入达成情况如何?其中各项收入的影响程度如何?

(2)上半年总收入同比增长情况如何?其中各项收入的影响程度又如何?

这种分析就是先从总数入手,看完成率,看增长率,看原因。

用仪表盘的形式展示总收入的整体完成情况,如图1-4所示。

单独看这个 97.5% 的完成率（缺口 199 万元未完成），似乎没什么大问题。但是，如果再从收入的内部结构中进行分析，会发现什么问题？

如图 1-5 所示，尽管服务收入和咨询收入均超额完成，超额合计达 502 万元，但销售收入未完成缺口达 701 万元。

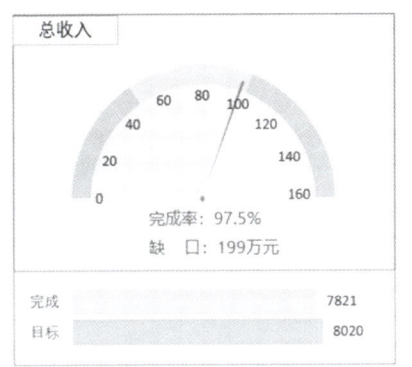

图1-4　上半年总收入目标完成情况

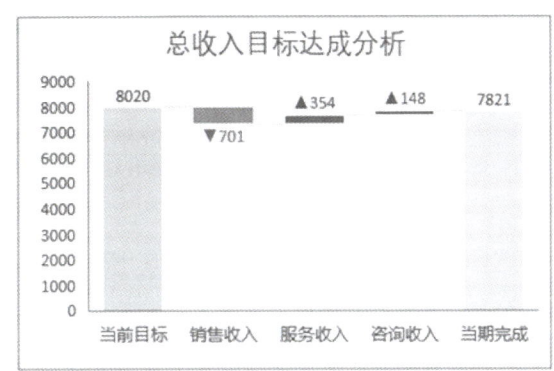

图1-5　总收入目标完成的因素分析

那么，销售收入为什么没有达成目标预定的目标？哪个地方出现了问题？

先看各个产品销售情况对总收入的影响，如图 1-6 所示。

可以看出，产品 2 和产品 5 的销售收入远远没有达成目标，尤其是产品 5，销售缺口达 661 万元，那么，为什么该产品销售出现了这么大的问题？

分析每个产品销售收入的多少和它占总收入的比重，如图 1-7 所示。产品 2 是企业的主要产品之一，其销售占据全部销售的 37.6%，产品 5 销售占比为 17.4%，合计达 55%，而恰恰就是这两个重要产品的销售远远没有达到预计目标。

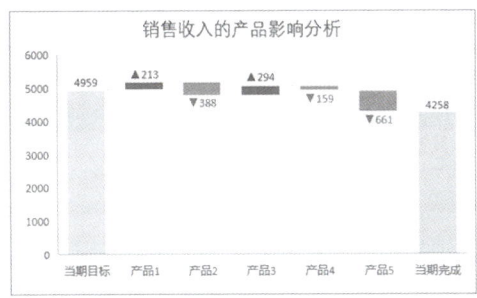

图1-6　各个产品销售完成情况对总收入的影响分析

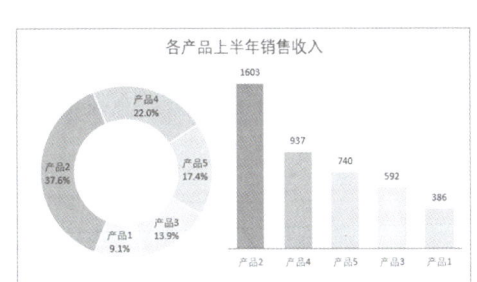

图1-7　上半年各个产品销售收入对比

那么，造成这两个产品销售没有完成的原因是什么？

先查明是销量下降引起的，还是价格下降引起的，这就需要分析该产品的量价因素。

（1）产品 5 的分析如图 1-8 所示。可以看到，该产品不论是销量还是单价，都比预期出现了明显的下降，尤其是销量的下降，减少了 555 万元的销售额。

（2）产品 2 的分析如图 1-9 所示。可以看到该产品销售额未达标的主要原因是产品价格出现了大幅下滑，由于产品价格下滑导致 945 万元的销售额下降。但销量超额完成了预算，并且带来了 557 万元的销售额增量。

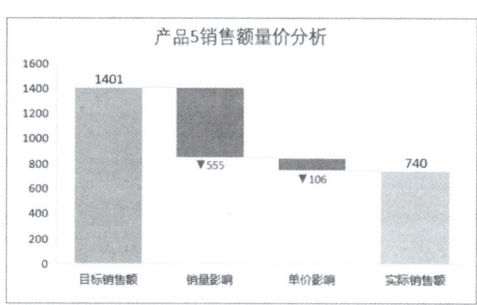

图1-8 产品5销售额目标未达成的量价因素分析

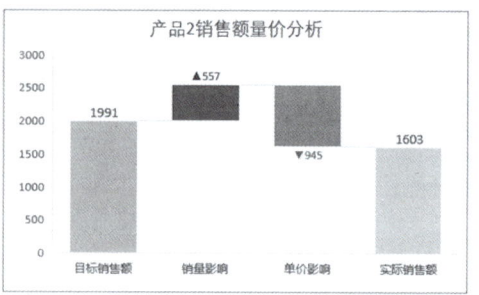

图1-9 产品2销售额目标未达成的量价因素分析

这里，要重点分析为什么产品5出现了量价双双没有达到预期。

首先要明白，我们分析的是上半年6个月的总数，这个总数尽管看起来出现了问题，但并不代表月月都有问题，也可能仅仅是某个月出现问题，而其他月份是正常的。当然，也可能是月月下滑。

因此，需要了解该产品每个月的销量和单价的变化情况，如图1-10所示。可以看到，4月份的销售出现了显著的下滑，产品单价也大幅降低。那么，该产品在4月份到底出现了什么问题？为什么5月份销量又出现了大幅反弹？

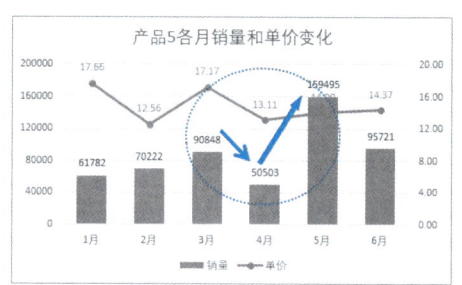

图1-10 产品5各月销售情况

销售收入的产品影响分析，暂时就分析到这里。再从市场分布和业务部门的角度，看看销售收入目标达成的偏差分析问题，分别如图1-11和图1-12所示。

从市场上看，除了国内[①]超额完成目标外，其他各个市场均没有完成，其中欧洲市场差距最大。而从业务部门来看，业务部3的完成率与目标差距很大。那么，造成这样的原因是什么？

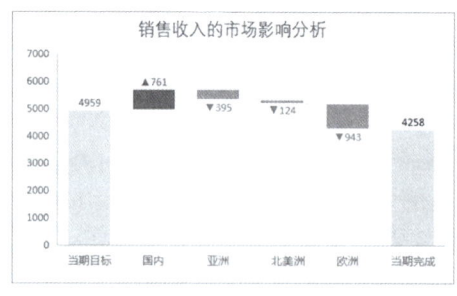

图1-11 销售收入目标达成的市场分析

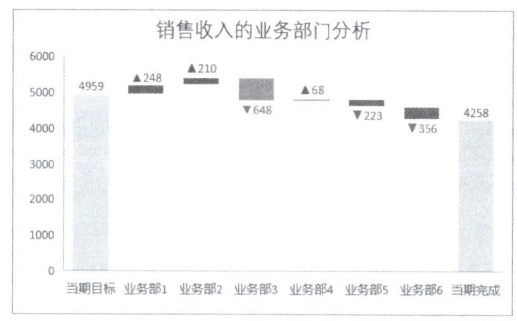

图1-12 销售收入目标达成的业务部门分析

---

① 本图书从市场角度讨论区域划分。如无特别说明，国内单独区分，不包含在亚洲内。

从汇总表格数据的可视化出发,先找问题,再分析问题,最后解决问题。

1.1.3 报告,不仅仅是表格数字和柱形图

从上面的讨论可以看出,分析报告,首先是一个汇总结果数字报表,然后才是如何直观地把这些数字背后的信息表达出来,也就是要画什么样的图表才最有说服力。

图表,并不仅仅是一个Excel表格或者一个柱形图、折线图、饼图。画图的目的,是让别人能够更加清楚地观察这些数据,并能启发别人对数字的思考。

在前面的分析中,从图表来说,使用了仪表盘、条形图、圆环图、柱形图、折线图,针对不同的数据和场景使用不同的图表,或者联合使用这些图表,才能把表格数字背后的信息清楚地展示出来。

好的图表不在于形式的尽善尽美,而在于能够反映出对数据的理解和思考,以及能够引导和启发别人去思考。

1.2 图表是什么

相信大多数Excel使用者都会画一些基本的图表。但是,图表不仅仅是一些皮毛而已,实际上,图表是Excel中最难学的技能,我们逐步分析如下。

1.2.1 图表是思考

图表是对数据的思考,以便让别人能够理解其中的意思,并进一步思考。

图1-13是四个分公司历年来的营收数据汇总表,现在要用图形表达这个表格的信息。

分公司	2012年	2013年	2014年	2015年	2016年	2017年
分公司A	691	714	907	837	933	982
分公司B	698	763	974	1093	825	1055
分公司C	901	955	879	953	706	645
分公司D	844	1044	948	912	1033	1018

图1-13 四个分公司历年来的营收数据

相信大部分人针对这张表格会画如图1-14所示的柱形图。从这样的图形中,根本就看不出来想要表达什么,仅仅是画了一张柱形图而已。

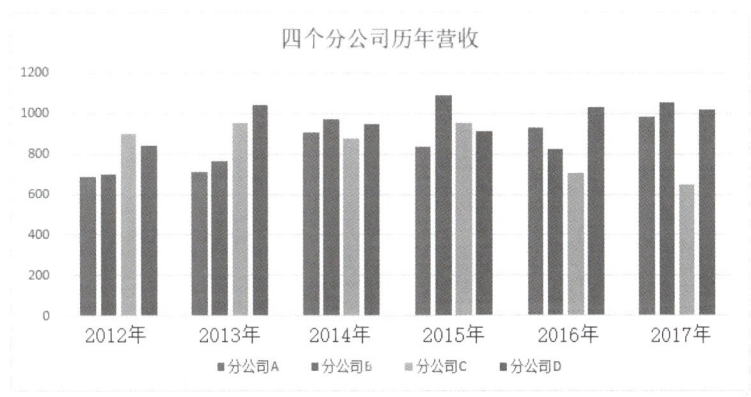

图1-14 柱形图

这四个分公司的营收数据摆在这里，数字也很清楚。但是，想通过这个表格对老板说什么？

别急，先想想，为什么要辛辛苦苦地做这张表格？

做这张表格的目的，就是分析这四个分公司历年来的营收，也就是历年来的业绩情况，也就是要了解它们这几年来的变动情况和未来的方向，这样，就需要做如下考虑。

（1）哪家分公司业绩相对较好？

（2）发展趋势怎样？是稳定发展、剧烈波动，还是逐步向好？

针对这两点，从营收体量和发展趋势两个角度出发，可以绘制如图 1-15 所示的图。

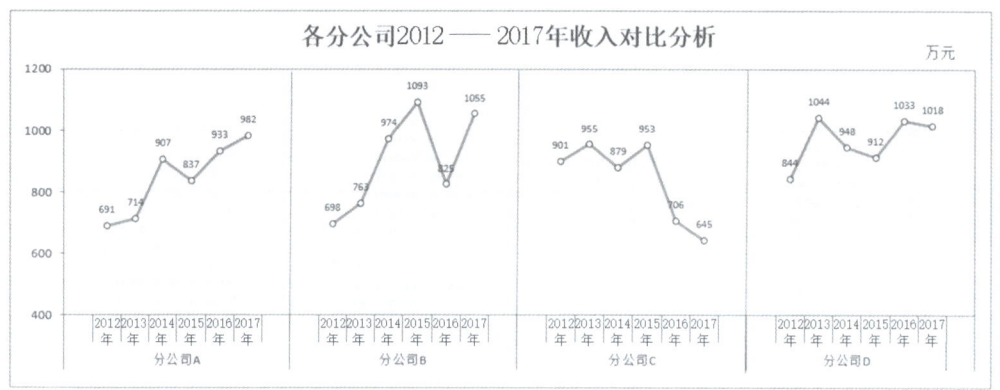

图1-15　四个分公司近6年营收统计

从图 1-15 中可以看到，分公司 A 发展稳定，业绩也在逐年增长；反观分公司 C，业绩出现了大幅下滑。

这样，通过这张图，可以一目了然地看出各个分公司的成长过程及现状，为以后制定经营方针提供了一个参考依据。

1.2.2　图表是挖掘

图表是对数据背后信息的挖掘，而不仅仅是看到的数字。这一点在前面的目标达成分析的案例中已经做了一些介绍。

这种挖掘，实际上就是发现问题、分析问题、解决问题的过程，其分析的逻辑是很严谨的，一环套一环，直至最后把影响因素找出来。

下面再看一个例子。

已经建立了一个人工成本滚动分析模板，可以自动对人工成本进行跟踪分析，包括当年环比分析、预算分析，以及与去年的同比分析。

其中，当年各月的环比分析是一个动态图表，可以查看指定部门各月的人工成本变化，如图 1-16 所示。这是一个最简单的柱形图。

从图 1-16 中可以看到，信息部 5 月的人工成本出现了大幅上升。为什么会上升？是哪些项目引起的？由此引出第 2 个图：分析两个月人工成本环比增减因素，如图 1-17 所示。

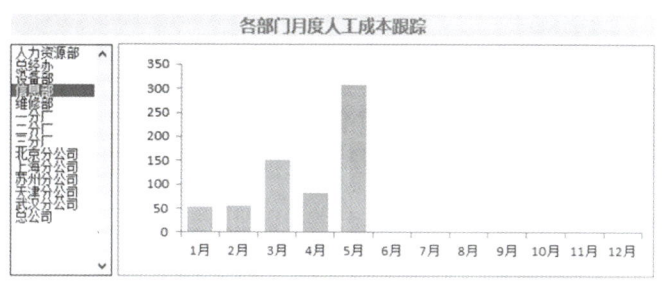

图1-16　跟踪分析指定部门各月的人工成本

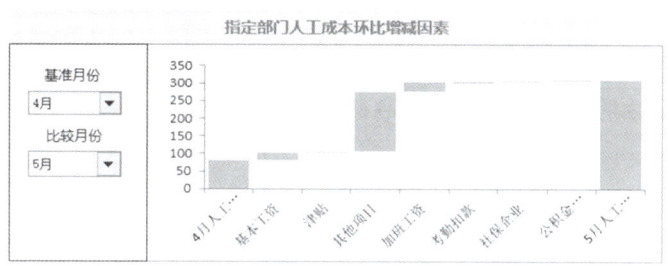

图1-17　两个月人工成本环比增减因素

从图 1-17 可以看到，5 月比 4 月人工成本大幅上升的原因是"其他项目"出现了大幅增加，那么，这个"其他项目"是什么？是不是每个月都是很大的数，或者仅仅是这个月出现了异常？由此引出了第 3 个图：对指定项目在各月的变化跟踪，如图 1-18 所示。

从图 1-18 中可以看出，这个"其他项目"有两个月出现了巨增，一个是 3 月，一个是 5 月，而 5 月是 3 月的近 1 倍。其他月份还是很正常的。原来，这个"其他项目"是去年的年终奖，分 3 月和 5 月两次发放，3 月发 1/3，5 月发剩下的 2/3。

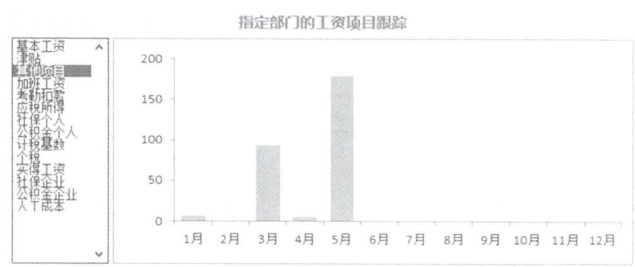

图1-18　分析指定人工成本项目各个月的情况

1.2.3　图表是汇报

不论是何种形式的图表，最终都要形成一个完整的分析报告。报告的手段和工具之一，就是制作 PPT，然后在汇报会上，一张一张幻灯片放映，一个一个数据展示，一个一个问题抛出提问并解决。

在制作 PPT 时，文不如表，表不如图，这是大家都知道的常识。在 PPT 上，能放图的就不要放表，能放表的就不要放文字，即使要放文字，也应该是用最简单明了的几个字把问题说清楚。

图 1-19 所示是一次培训中，一个学生展示的 PPT，希望能帮助他修改一下。

先不说 PPT 界面是否好看，就说这张 PPT 上的数据信息吧，到底想给领导说什么？说清楚了吗？这个表格信息，要花多长时间才能解释清楚？如果在这张幻灯片上花了 10 分钟，其他的问题还有时间讲吗？

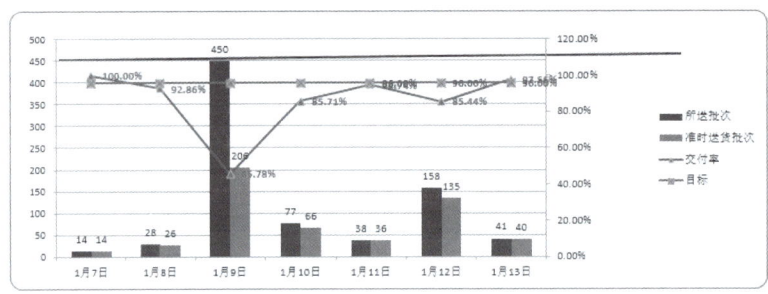

图1-19　信息杂乱的PPT

图 1-20 所示是进行了修改和完善的 PPT。这张 PPT，重点是把那些异常的、需要提请领导注意的几个数据标识出来。

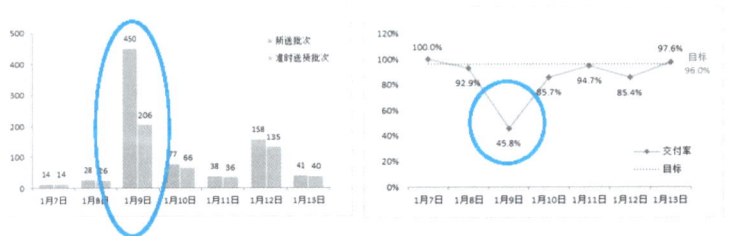

图1-20　展示重点信息的简洁PPT

1.2.4 图表是决策

还是那句话，画图的目的是为了发现问题、分析问题、解决问题，解决问题才是终极目标。

那么，怎样才能快速从海量数据里发现问题并提出解决方案呢？首先是制作分析报表，然后是把这个报表数字进一步提炼和展示。

例如，图1-21所示就是今年上半年和去年上半年门店盈利分布图。从这个图表可以看出，尽管亏损门店在减少，但仍有不少工作要做，尤其是那些亏损门店的亏损原因的分析，以及如何从提升销售、降低成本费用两方面入手来提升盈利能力。

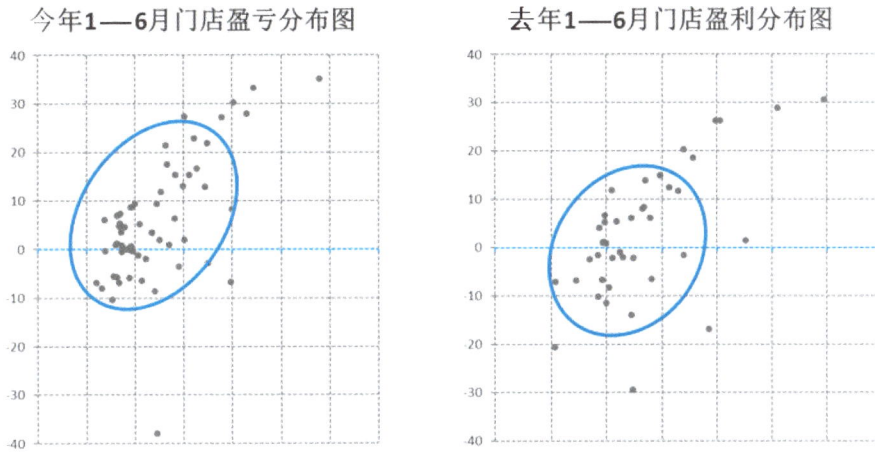

图1-21　今年上半年和去年上半年门店盈利分布图

图1-22所示是一个预算利润完成分析图。从图中可以看出，尽管销售没有达到预期，但由于控制节约了费用，净利润依然达成预算。

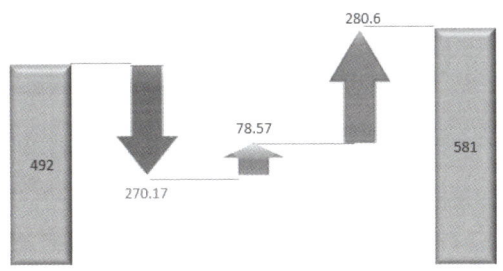

图1-22　利润预算达成分析

但是，这种状况是否值得庆祝呢？

首先应重点增加企业的收入来源，加强开源，提升销售，不断输入新的血液，而不能单纯地通过降低费用、省吃俭用来提升利润。

其实，这个图表也给领导敲响了警钟：貌似利润预算达成的外表下，却隐藏着巨大的经营危机，尤其是实体店这样的行业，扩大销售永远是要考虑的第一个问题。

第 2 章
阅读表格，组织数据

由于图表是要挖掘出所要展示的信息，吸引别人来关注你希望被关注的，那么，你就不能仅仅依据现有的数据插入图表，而是要好好阅读一下表格，必要时还要重新组织数据。

2.1 阅读表格

扫码看视频

阅读表格，是数据分析的第一步，也是绘制图表的第一步。
表格的结构是什么？
有几个分析维度？
数据表达的是什么信息？
要重点分析哪个维度、哪些信息？
如何获取重点信息？
用什么形式把这些信息展现出来？
想要给领导传达一种什么样的想法？
……
这些思考，来源于对表格的仔细阅读和理解。
很多人在画图时忽略了这样一个极其重要的准备工作。
图 2-1 是一个最简单不过的汇总表了，是 2017 年各大市场各月的销售数据。现在要求把这个表格数据可视化，绘制分析图表。

地区	1月	2月	3月	4月	5月	6月	7月	8月	9月	10月	11月	12月	合计
国内	614	650	658	517	431	325	334	386	472	372	334	436	5529
北美	732	647	643	732	753	690	757	953	854	984	843	886	9474
欧洲	503	464	525	498	622	573	537	631	627	718	646	597	6941
亚洲	467	351	410	314	494	329	415	465	594	535	687	1012	6073
合计	2316	2112	2236	2061	2300	1917	2043	2435	2547	2609	2510	2931	28017

图2-1　2017年各大市场销售统计汇总

尽管这个表格是各大市场各月的数据，但绝对不能随手绘制如图 2-2 和图 2-3 所示的柱形图或者折线图，因为这样做的话，不仅自己不明白，别人也不明白。
首先，仔细阅读一下这个表格，看看需要从这个表格中挖掘出什么问题，并确认选用什么图形来表示。
这个表格是四个市场的销售数据，那么首先应该分析这四个市场年度销售总额的份额情况，也就是说，哪个市场份额最大。

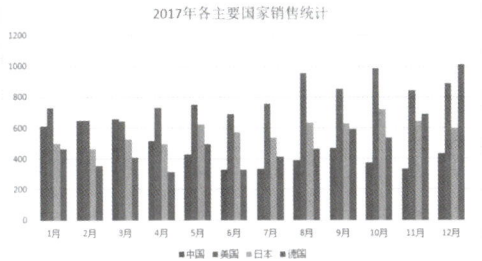

图2-2 柱形图

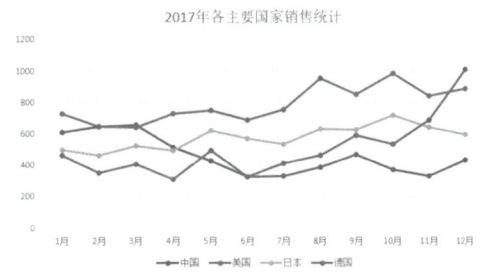

图2-3 折线图

其次，分析每个市场的各月销售波动情况和变化趋势，以便发现一些好的或者不好的苗头，及时做出应对预案。

再次，分析各个月总公司总销售额的变化，不仅要看总数，还要看每个市场的结构占比。

如果使用一个饼图来分析各个市场的占比情况，这种饼图的表达力就比较差了，如图2-4所示。这个图表几乎看不出来亚洲、国内和欧洲之间的差异。

我们需要认真地思考一下，如何才能把每个地区的占比清晰地表示出来？

饼图的作用是分析各个项目的占比，但是在有些情况下使用一个饼图来表达这些项目的占比并不是一个好的选择，假如项目很多或者几个项目之间相差不大时，饼图就没法准确清晰地表达比例。

既然是考察每个市场的占比，为什么不把每个市场单独绘制一个饼图呢？该市场作为单独考察的对象，把其他地区算作一起，这样就能更加突出显示要分析的市场了，如图2-5所示。

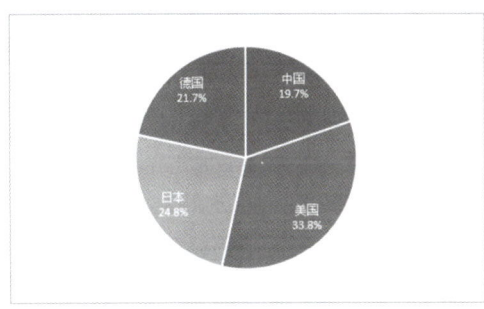

图2-4 使用饼图表达各个国家的占比，比较不清晰

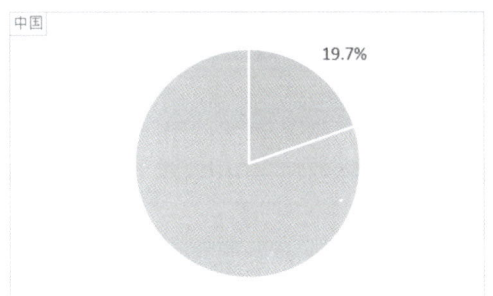

图2-5 单独表达某个国家的占比

另外，不仅要考虑每个市场的份额，还要考察每个市场一年来的销售情况。这样，就需要用折线图来反映出这样的思考。但是，如果要把所有市场的数据绘制在一起，这些线条穿插在一起，图表就变得很乱，更谈不上一眼看出每个月的变化波动。

因此，每个市场的份额分析和变化分析，使用图2-6所示的组合图表，就是一个认真考虑的结果。

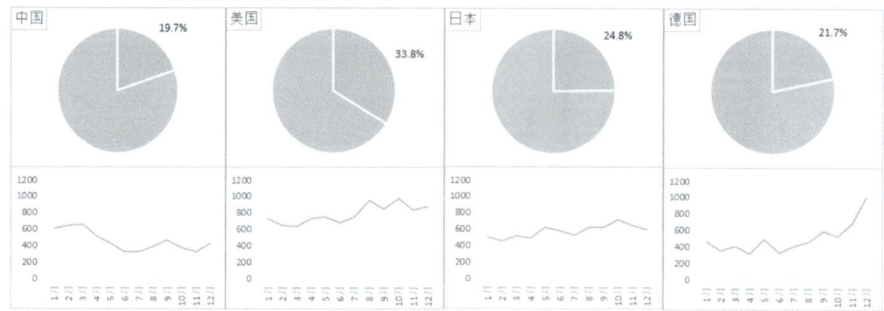

图2-6 分析每个国家的份额和变化

最后,是考查各个月总公司总销售额的变化、每个市场的结构占比变化。这样的分析,可以使用两种图形来展示:堆积柱形图或者堆积面积图,后者的表现力更加突出,分别如图2-7和图2-8所示。

图2-7 堆积柱形图

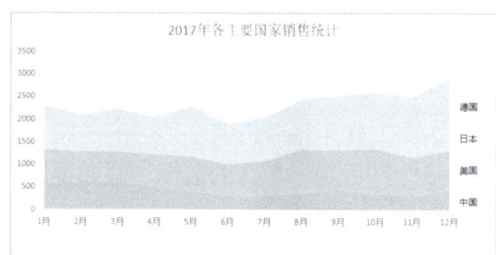

图2-8 堆积面积图

2.2 重新组织数据

大多数情况下,直接使用原始表格数据无法绘制出理想的图表。另外,有些图表尽管可以使用原始数据直接绘图,但是,总觉得这样的图表缺少了点什么,似乎有一种想要说又说不出来的感觉。

大部分的图表需要把原始表格数据进行重新组织,以便能够用来绘图,这种数据的重新整理和组织,大多数情况下需要使用函数来提高效率。

例如,图2-9所示的表格是公司近年来的人数统计,现在需要用图表来分析这个表格。

在画图之前,先要仔细阅读一下表格,想想要怎么表达这张表格。

由于是不同维度、不同类别的几年中人数统计结果,这就意味着,需要在某个维度下,分析不同类别的人数变化情况。

例如,从年龄上看,35岁以下的人数是怎么变化的?是逐年减少,还是逐年增加?51岁以上的人数是逐年减少还是逐年增加?这种分析,有助于了解企业员工年龄分布及其逐年的变化趋势。

分析维度	维度类别	2009年	2011年	2013年	2015年
年龄	35岁以下	26	51	108	225
	36-40岁	28	9	69	147
	41-45岁	100	46	157	99
	46-50岁	43	139	33	10
	51岁以上	68	76	84	35
职称	高级	113	147	161	204
	中级	109	89	206	254
	初级及以下	43	85	84	58
学历	博士	13	22	82	64
	在职研	27	34	58	95
	硕士	76	83	73	101
	本科	116	132	179	124
	大专及以下	33	50	59	132
性别	男	158	184	262	330
	女	107	137	189	186
合计		265	321	451	516

图2-9 公司近年来的人数统计

对于每个维度而言，其下的类别个数是不同的，年龄下有5个，性别下就只有2个，这样的分析，需要制作动态图表，选择不同的维度来分析不同类别的人数逐年变化。图2-10和图2-11所示就是一个分析例子。

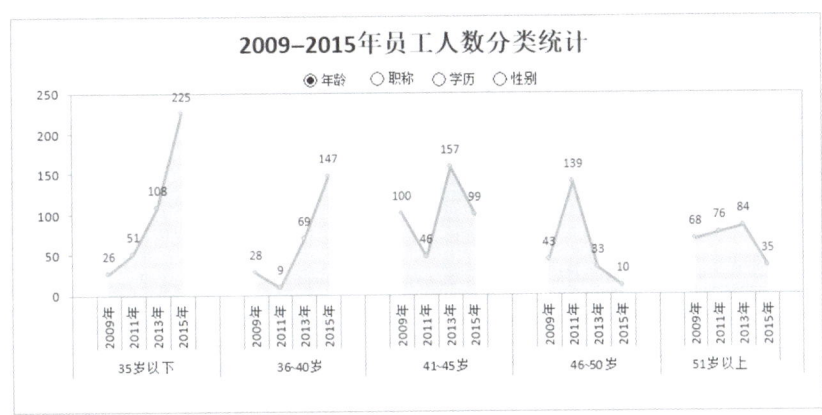

图2-10 分析指定维度下各个类别人数的逐年变化（1）

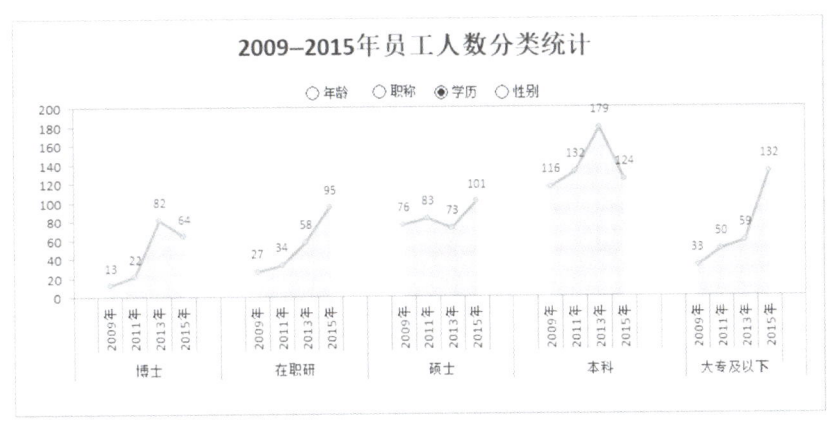

图2-11 分析指定维度下各个类别人数的逐年变化（2）

这样的图表，需要设计辅助区域来完成，也就是要对原始表格数据重新整理，以满足制作图表的要求，如图2-12所示。而要快速设计这样的数据区域，函数肯定是离不开的。

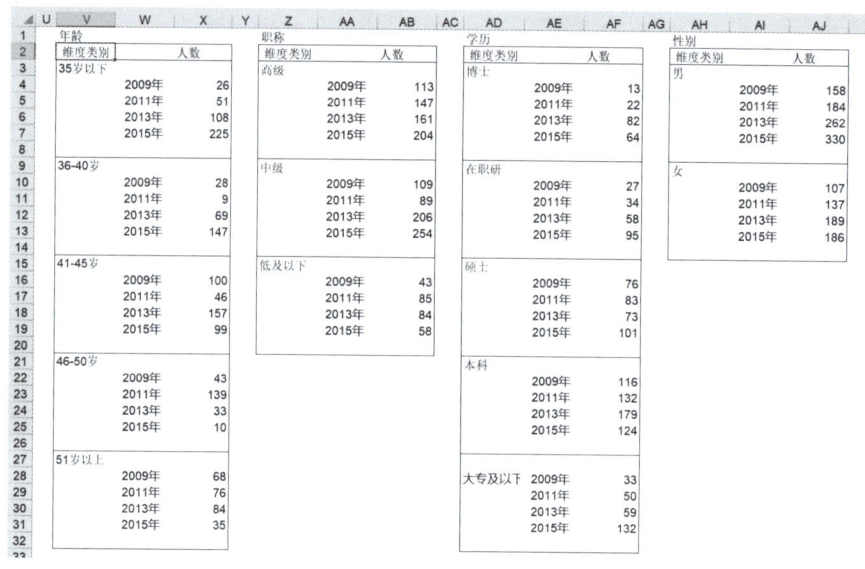

图2-12　重新组织绘图数据

有时候，对数据做简单的处理，就会使图表的信息更加突出，也更加引人注目。例如，图2-13所示，很多人就直接使用柱形图。

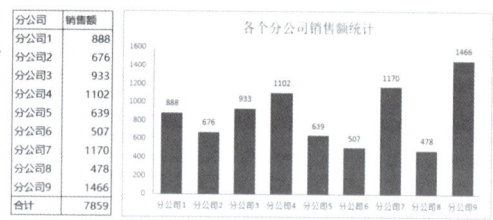

图2-13　直接使用数据绘制的柱形图

先想想，这个表格数据的信息是什么？当然是各个分公司的业绩对比。那么，既然是业绩对比，这个柱形图就没有把这个对比表达出来，领导还需要睁大眼睛，从图中寻找哪个分公司最好，哪个分公司最差，这是这个图表的一个缺点。

通过简单的排序处理，就能让图表变得与众不同，如图2-14所示。

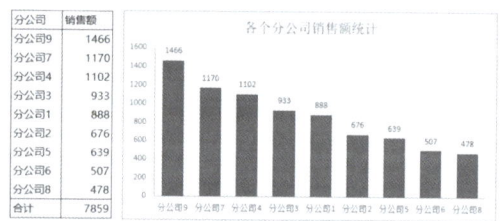

图2-14　先排序再画图的分公司业绩对比分析图

这样的业绩排名，如果再做进一步的分析，例如设置一条平均线，把那些平均值以下的自动标为红色，平均值以上的自动标为蓝色，效果如图 2-15 所示，这样的图表就更能表达出你对数据的一种思考和特殊处理:哪些分公司业绩较好，哪些分公司业绩较差。

分公司	销售额
分公司9	1466
分公司7	1170
分公司4	1102
分公司3	933
分公司1	888
分公司2	676
分公司5	639
分公司6	507
分公司8	478
合计	7859

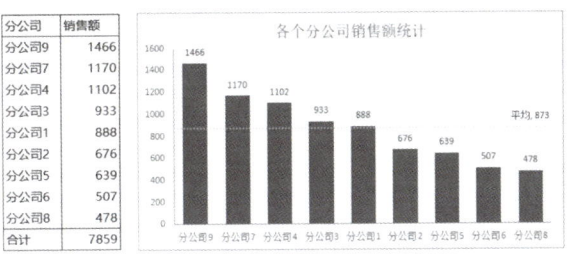

图2-15　自动标注均值以上和均值以下的柱形

而要绘制这样效果的图表，重新设计数据区域是不可少的，如图 2-16 所示。

	A	B	C	D	E	F	G	H
1								
2		分公司	销售额			平均	均值以上	均值以下
3		分公司9	1466			873	1466	
4		分公司7	1170			873	1170	
5		分公司4	1102			873	1102	
6		分公司3	933			873	933	
7		分公司1	888			873	888	
8		分公司2	676			873		676
9		分公司5	639			873		639
10		分公司6	507			873		507
11		分公司8	478			873		478
12		合计	7859					
13								

图2-16　重新设计三列数据，使用函数进行处理

2.3 核心技能

绘制图表的第一步，是阅读表格，梳理清楚要分析的切入点，然后在白纸上画分析架构草图，再利用函数公式（有时使用数据透视表更简单）对数据进行重新整理加工，得到能够绘制图表的数据区域。

下面介绍一个案例，预算表格是现成的，实际表格是根据从 K3 导入的数据建立的自动化滚动汇总表格，如图 2-17 和图 2-18 所示。

	A	B	C	D	E	F	G	H	I	J	K	L	M	N	O
1															
2		费用项目	1月	2月	3月	4月	5月	6月	7月	8月	9月	10月	11月	12月	年度合计
3		折旧费	1571	1444	1473	1376	1456	1553	1235	1216	1235	1256	1490	1397	16702
4		无形资产摊销费	835	782	956	760	897	828	793	779	836	829	750	913	9958
5		职工薪酬	10962	10070	9411	10788	11189	12343	10431	11673	12843	11339	12010	11981	135040
6		差旅费	1087	1064	1084	1204	1431	1496	1358	1360	1300	1439	1696	1644	16163
7		业务招待费	896	840	798	842	837	771	881	929	998	931	896	915	10534
8		办公费	4103	4046	4082	5038	5173	4931	4990	5149	4337	4342	4409	4481	55081
9		车辆使用费	708	718	887	828	781	774	806	784	748	746	859	824	9463
10		修理费	1438	1358	1094	1056	1093	988	1236	1043	1148	1376	1116	1118	14064
11		租赁费	1011	962	1012	1068	1022	1137	1014	1111	1016	1173	1186	1075	12787
12		税金	5469	5581	4275	4238	4669	5041	5901	5541	5573	4851	5366	4926	61431
13		管理费用	28080	26865	25072	27198	28548	29862	28645	29585	30034	28282	29778	29274	341223
14															

图2-17　管理费用预算表

费用项目	1月	2月	3月	4月	5月	6月	7月	8月	9月	10月	11月	12月	年度合计
折旧费	1703	1258	1266	1721	1266								7214
无形资产摊销费	619	984	1185	1489	1185								5462
职工薪酬	11412	7317	7769	9027	7769								43294
差旅费	606	1404	360	848	360								3578
业务招待费	299	575	977	753	977								3581
办公费	6027	3413	6026	4681	6026								26173
车辆使用费	391	388	863	734	863								3239
修理费	1233	794	1810	209	1810								5856
租赁费	344	1730	323	1471	323								4191
税金	3697	3499	4184	5129	4184								20693
管理费用	26331	21362	24763	26062	24763								123281

图2-18 实际执行汇总表

如何对这两个表格绘制分析图表，构建管理费用分析模板？

在纸上将要分析的重点和逻辑关系画出来，这样能更清楚知道要做什么，按照什么步骤做。草稿图如图 2-19 所示。

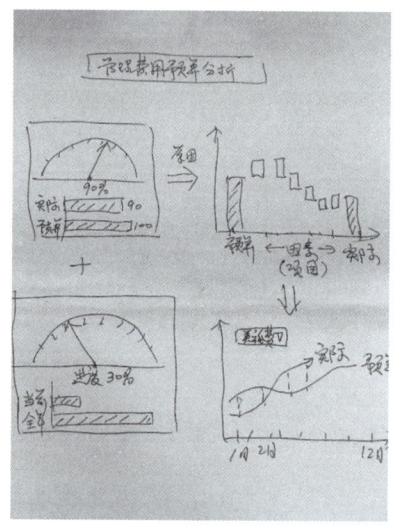

图2-19 针对此表格问题的分析图表及布局草图

有了这个基本的草图，就可以组织数据绘制仪表盘、瀑布图、折线图，以便对管理费用预算执行情况进行跟踪分析。绘图数据如图 2-20 所示。

表盘

刻度值	度数
0	0
	12
10	0
	12
20	0
	12
30	0
	12
40	0
	12
50	0
	12
60	0
	12
70	0
	12
80	0
	12
90	0

当期完成

预算	135763
实际	123281
差异	-12482
执行率	90.8%

已完成度数	108.96724
指针度数	2
剩余度数	249.03276

执行率90.8%

预算内 12482 元

全年进度

预算	341223
实际	50825
差异	-290398
全年进度	14.9%

已完成度数	17.87394
指针度数	2
剩余度数	340.1261

全年进度14.9%

项目	金额	起点	终点	中点
预算	135763	0	135763	67881.5
折旧费	-106	135763	135657	135710
无形资产摊销费	1232	135657	136889	136273
职工薪酬	-9126	136889	127763	132326
差旅费	-2292	127763	125471	126617

3

折旧费
无形资产摊销费
职工薪酬
差旅费
业务招待费

	预算	实际	差异	中点
1月	10962	11412	450	11187
2月	10070	7317	-2753	8693.5
3月	9411	7769	-1642	8590
4月	10788	9027	-1761	9907.5
5月	11189	7769	-3420	9479

1月 2月 3月 4月 5月 预算 实际 分析报告

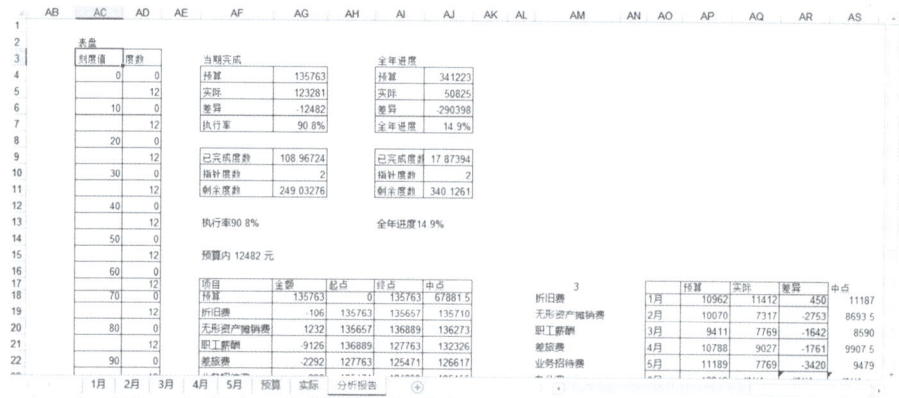

图2-20 组织绘图数据

有了这个绘图数据，就可以建立管理费用预算跟踪分析模板，如图 2-21 所示。

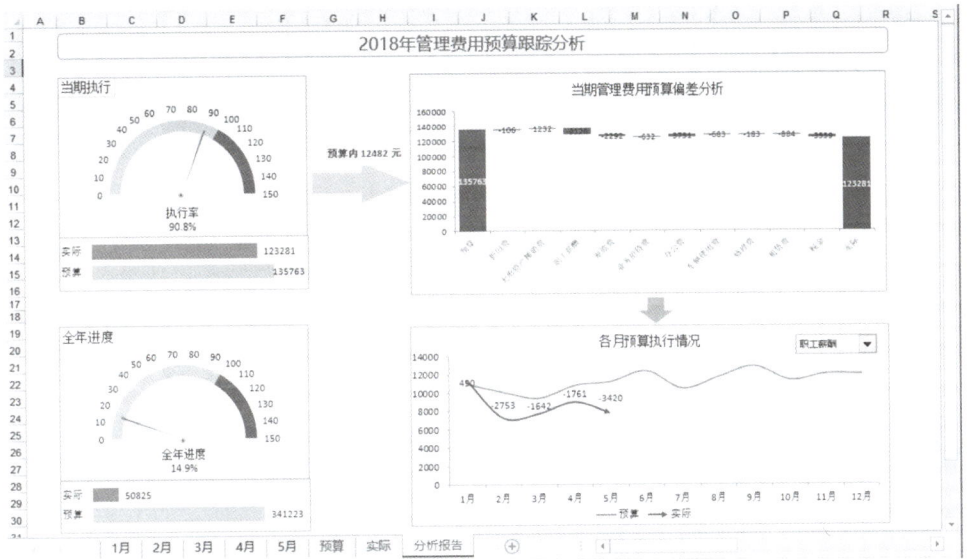

图2-21　管理费用预算跟踪分析模板

第 3 章
让图表准确表达观点

绘制 Excel 图表不是一件难事，但是，要使图表准确表达出信息，让图表更加引人注目和有说服力，是需要动一番脑筋的。本章介绍使用图表表达信息的一些基本理念和思路，以及绘制图表时的一些注意事项。

3.1 图表的类型及其选择的基本原则

扫码看视频

Excel 2016 提供了 16 大类图表，包括柱形图、折线图、饼图、条形图、面积图、XY 散点图、地图、股价图、曲面图、雷达图、树状图、旭日图、直方图、箱形图、瀑布图、漏斗图等，如图 3-1 所示。

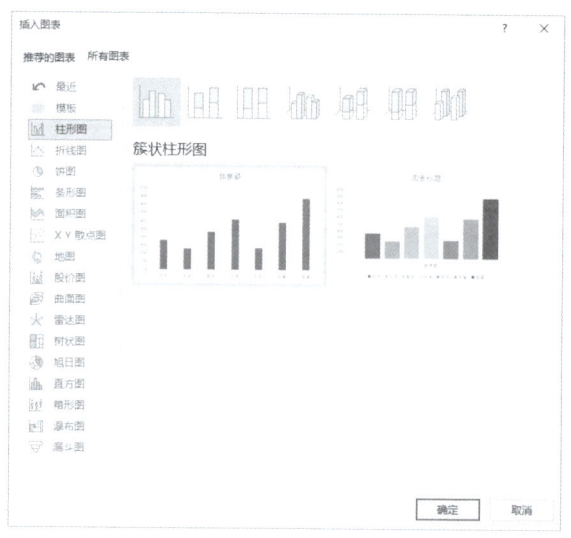

图3-1　Excel 2016提供的图表类型

在这些众多的图表类型中，选用哪一种图表更好呢？根据数据的不同和使用要求的不同，可以选择不同类型的图表。

图表的选择首先与数据的形式有关，然后才考虑感观效果和美观性。

3.1.1 柱形图及其适用场合

由一系列垂直柱体组成，通常用来比较两个或多个项目的相对大小，但这种图表对趋势的分析较弱。例如，不同产品每月、每季度或每年的销售量对比等。柱形图是应用较广的图表类型，是 Excel 的默认图表，如图 3-2 所示。

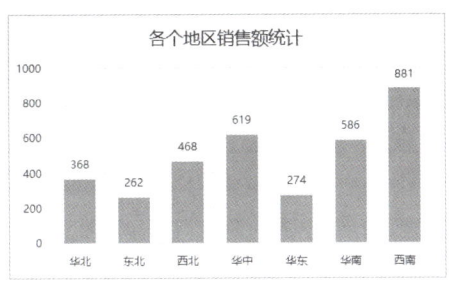

图3-2　最常见的柱形图：比较相对大小

3.1.2　条形图及其适用场合

由一系列水平色条组成，用来比较两个或多个项目的相对大小，如图 3-3 所示。因为它与柱形图的行和列刚好是旋转了 90°，所以有时可以互换使用。例如，可以用条形图制作工程进度表、制作两个年度的财务指标对比分析图等。当需要特别关注数据大小，并且分类名称又较长时，条形图就比较合适。

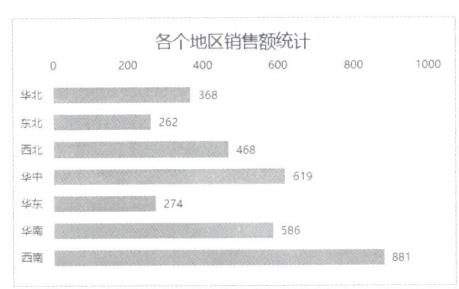

图3-3　最常见的条形图：比较相对大小

3.1.3　XY 散点图及其适用场合

XY 散点图用来展示成对的数（自变量和因变量）和它们所代表的趋势之间的关系。

XY 散点图的重要作用是可以用来绘制函数曲线，从简单的三角函数、指数函数、对数函数到更复杂的混合型函数，都可以利用它快速准确地绘制出曲线，在教学、科学计算中会经常用到 XY 散点图。

此外，在经济领域中，还经常使用 XY 散点图进行经济预测及盈亏平衡分析等，如图 3-4 所示。

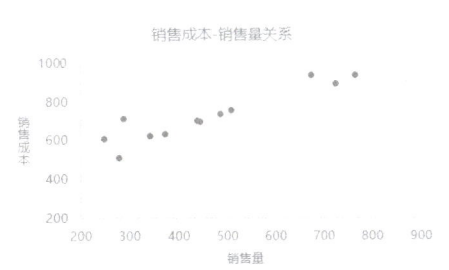

图3-4　XY散点图：分析销售成本与销售量的关系

3.1.4 折线图及其适用场合

折线图用来显示一段时间内的数据变化趋势，一般来说横轴是时间序列。

例如，跟踪每天的销量变化，分析价格变化区间及走势趋势，跟踪日生产合格率，跟踪分析每个月的预算与实际执行情况等，如图3-5所示。

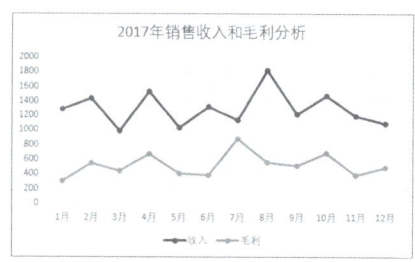

图3-5　折线图：跟踪数据波动和变化趋势

3.1.5 面积图及其适用场合

面积图用来显示一段时间内变动的幅值。当有几个部分正在变动，而你对那些部分的总和感兴趣时，面积图就特别有用。

面积图可使你看见单独各部分的变动，同时也可以看到总体的变化。可以使用面积图进行盈亏平衡分析，对价格变化范围及趋势进行分析及预测等，如图3-6所示。

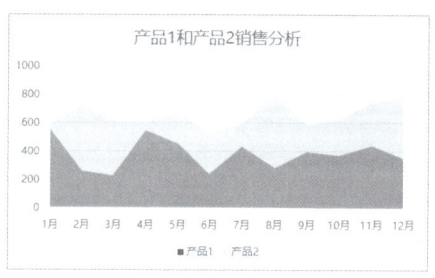

图3-6　面积图：观察数据的波动

3.1.6 饼图及其适用场合

饼图在对比几个数据在其形成的总和中所占百分比值时最有用。整个饼代表总和，每一个数用一个扇形区域来代表，如图3-7所示。例如，表示不同产品的销售量占总销售量的百分比、各单位的经费占总经费的比例等。

饼图多用于一个数据列的情况，由于饼图信息表达清楚，又易学好用，所以在实际

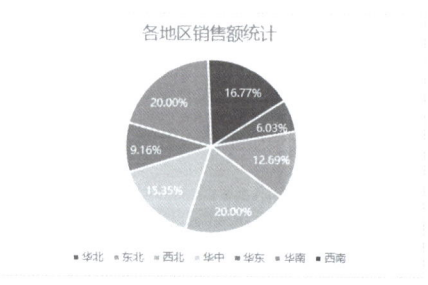

图3-7　饼图：观察数据的结构占比

工作中用得比较多。

但是，饼图不适合项目特别多的场合，那样会显得非常凌乱；当某些项目数据差别不大时，根本看不出它们之间的差异。

3.1.7 圆环图及其适用场合

如果要分析多个系列的数据中每个数据占各自数据集总数的百分比，可以使用圆环图，如图 3-8 所示。

如果将饼图与圆环图结合起来，还可以制作出更加复杂的组合图表，使图表的信息表达更加丰富。

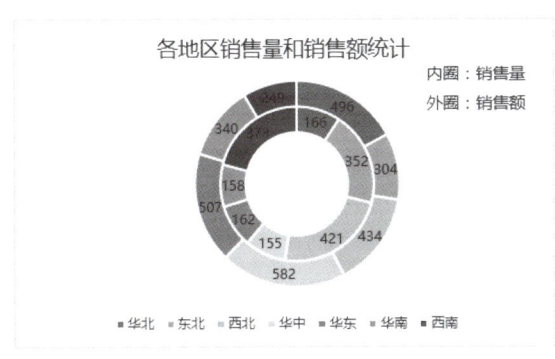

图3-8　圆环图：观察多个系列的数据结构占比

3.1.8 雷达图及其适用场合

雷达图显示了数据如何按中心点或其他数据变动。每个类别的坐标值从中心点辐射。来源于同一序列的数据用一根线条相连。采用雷达图来绘制几个内部关联的序列，很容易地做出可视的对比。例如，可以利用雷达图对财务指标进行分析，建立财务预警系统。

图 3-9 所示就是一个财务指标雷达图。

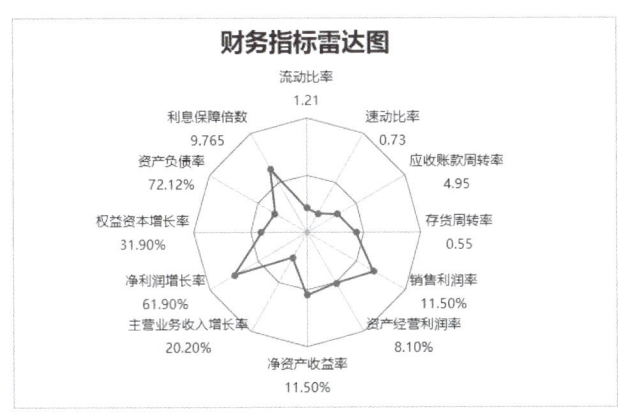

图3-9　雷达图：监控每个财务指标

3.1.9　气泡图及其适用场合

气泡图是 XY 散点图的扩展，它相当于在 XY 散点图的基础上增加了第三个变量，即气泡的大小尺寸。气泡图可以应用于分析更加复杂的数据关系。

例如，要考察不同项目的投资，各个项目都有风险、收益和成本等估计值，使用气泡图，将风险和收益数据分别作为 x 轴和 y 轴，将成本作为气泡大小的第三组数据，可以更加清楚地展示不同项目的综合情况。图 3-10 所示就是一个气泡图应用的例子。

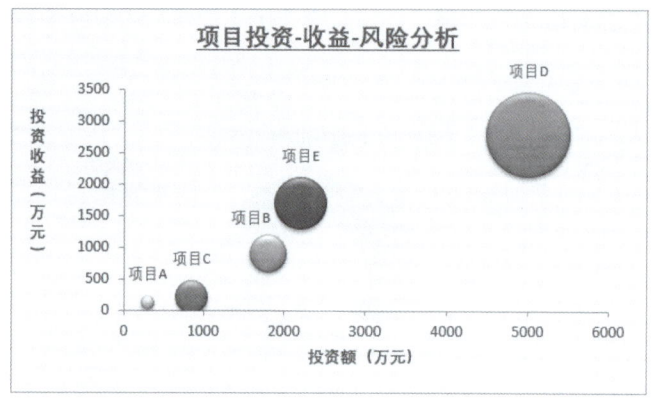

图3-10　气泡图：分析三个变量的关系

3.1.10　树状图及其适用场合

树状图提供数据的分层视图，以便轻松地发现何种类别的数据占比最大，如商店里的哪些商品最畅销。树分支表示为矩形，每个子分支显示为更小的矩形。

树状图按颜色和距离显示类别，可以轻松显示其他图表类型很难显示的大量数据。树状图适合比较层次结构内的比例，但是不适合显示最大类别与各数据点之间的层次结构级别。图 3-11 所示就是一个分析不同国家的销售排序以及各个国家下属的产品结构及排序。

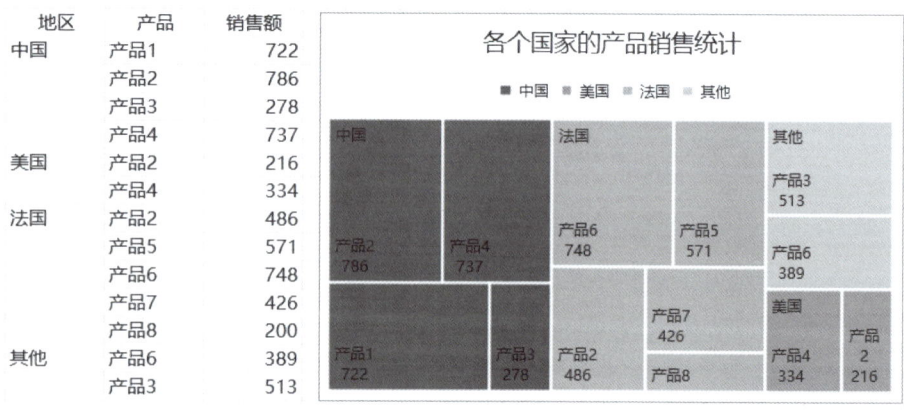

图3-11　树状图：观察多个大类排名及各个大类下的结构占比

3.1.11 旭日图及其适用场合

旭日图非常适合显示分层数据。层次结构的每个级别均通过一个环或圆形表示，最内层的圆表示层次结构的顶级。从内往外逐级显示。

图 3-12 所示就是旭日图，在四个地区中，华东销售额最高；在华东中，上海排名第一；在上海中，产品 CC 排名第一。

地区	城市	产品	销售额
华北	北京		345
	天津		301
华东	上海	AA	162
		BB	111
		CC	241
		DD	198
	南京		378
	苏州	AA	228
		CC	207
	杭州		543
华中	武汉	AA	223
		BB	375
		DD	156
	长沙		223
	南昌		230
华南	广州		359
	深圳		203
	珠海		135
	东莞		274
	中山		158

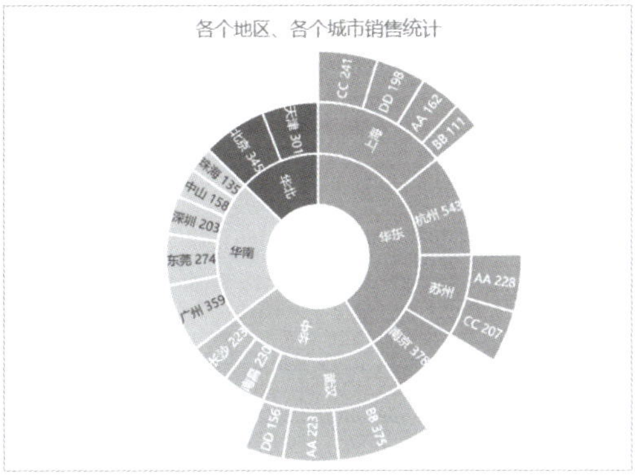

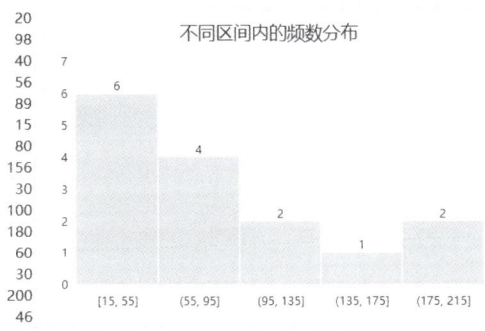

图3-12 旭日图：多维多层次分析数据排名及占比

3.1.12 直方图及其适用场合

直方图是显示频率数据的柱形图，此图会根据指定的区间自动计算频数，并绘制图表，如图 3-13 所示。

20
98
40
56
89
15
80
156
30
100
180
60
30
200
46

图3-13 直方图：自动进行分组统计频数

3.1.13 箱形图及其适用场合

这种图多用于显示数据的四分位点分布，突出显示平均值和离群值。

箱形图具有可垂直延长的名为“虚线”的线条，这些线条指示超出四分位点上限和下限的变化程度，处于这些线条或虚线之外的任何点都被视为离群值。

图 3-14 所示就是分析工资的四分位图。

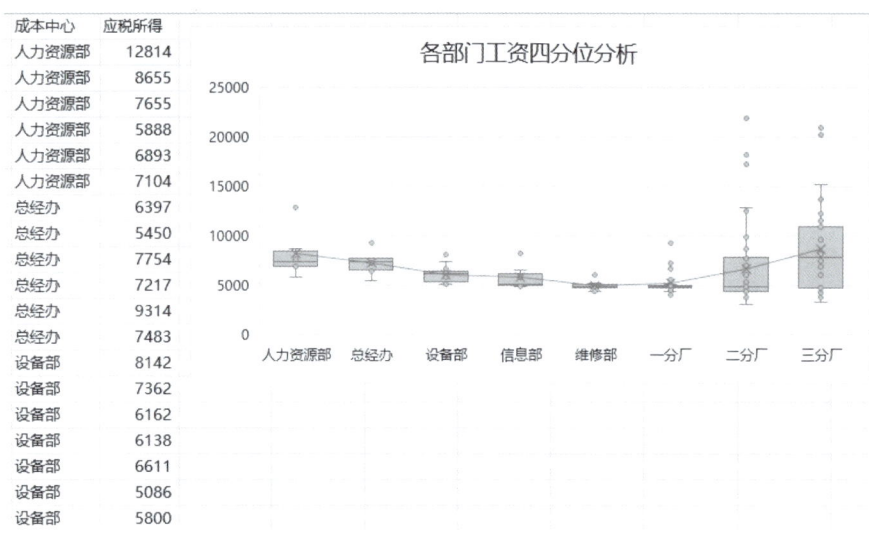

图3-14 箱形图：分析数据的四分位值

3.1.14 瀑布图及其适用场合

瀑布图又称桥图、步行图，是分析影响最终结果的各个因素的重要图表，在财务分析和销售分析中作用巨大。图 3-15 所示就是分析影响净利润因素的瀑布图。

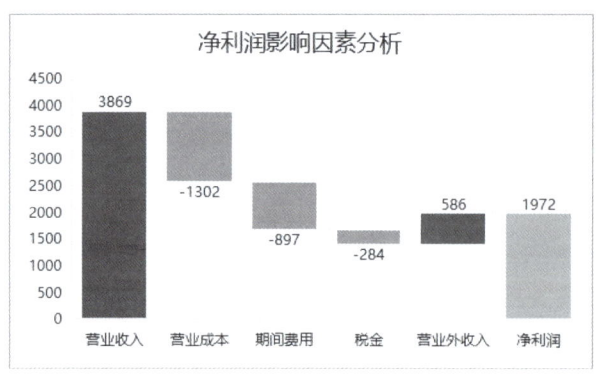

图3-15 瀑布图：分析影响最终结果的各个因素

3.1.15 漏斗图及其适用场合

漏斗图显示流程中多个阶段的值，漏斗图适用于业务流程比较规范、周期长、环节多的流程分析，通过漏斗各环节业务数据的比较，能够直观地发现和说明问题所在。例如，用来分析销售管道中每个阶段的销售潜在客户数，在网购中分析订单转化情况。通常情况下，分析值逐渐减小，从而使条形图呈现出漏斗形状。

图 3-16 就是在网站分析中，通常用于转化率比较的漏斗图，它不仅能展示用户从进入网站到实现购买的最终转化率，还可以展示每个步骤的转化率。

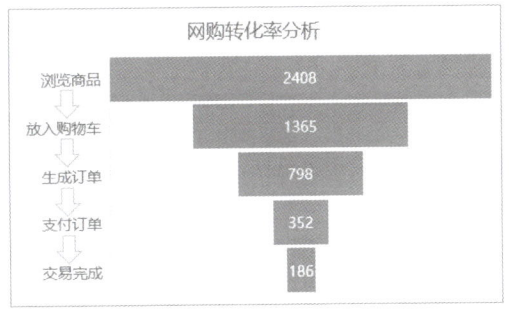

图3-16 漏斗图：分析各个环节的数据比较

3.1.16 组合图，不同类型图表一起来展示

组合图，就是把几种类型的图表画在一张图上，如两轴图、自定义图表等，这些图表可以由自己来设置完成。例如，在一个图表中，一个数据序列绘制成柱形，而另一个则绘制成折线图或面积图，也就是创建组合图表，那么该图表看上去效果会更好些。

但是，有些组合图表类型是 Excel 所不允许的。例如，不可能将一个平面图表同一个三维图表组合在一起。

3.1.17 图表的其他类型

还有一些其他类型的图表，如曲面图、股价图等，在实际工作中用的不是太多。

3.1.18 迷你图

迷你图是在单元格里插入的一个迷你图表，用于对某列或某行数据进行定性分析。这样，可以在表格数据区域的旁边插入多个迷你图，对数据进行全面观察，如图 3-17 所示。

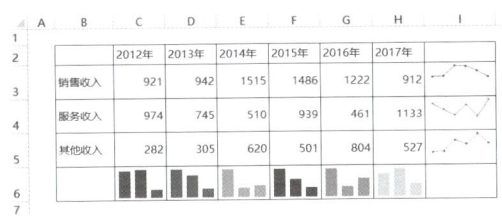

图3-17 迷你图

3.2 三维图表还是平面图表

Excel 提供了大量的平面图表和三维图表。可以根据实际情况，把图表绘制为平面图表或者三维图表，使得报表信息表达更为清楚。

图 3-18~ 图 3-20 所示就是三维图和平面图的信息表达效果。其中，平面图表达的信息更清楚些。

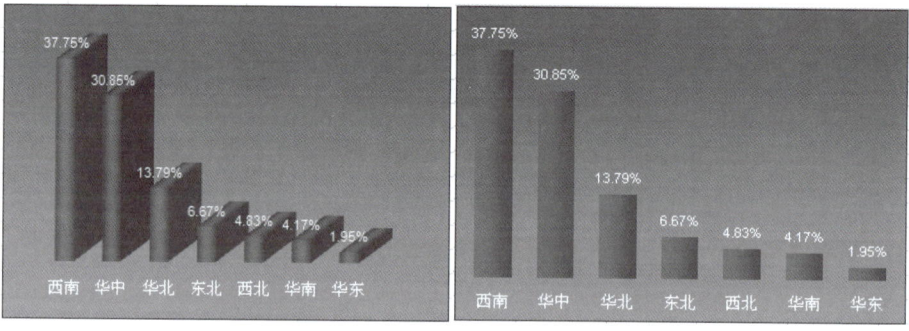

图3-18　三维柱形图和平面柱形图：平面图表达的信息更加清楚

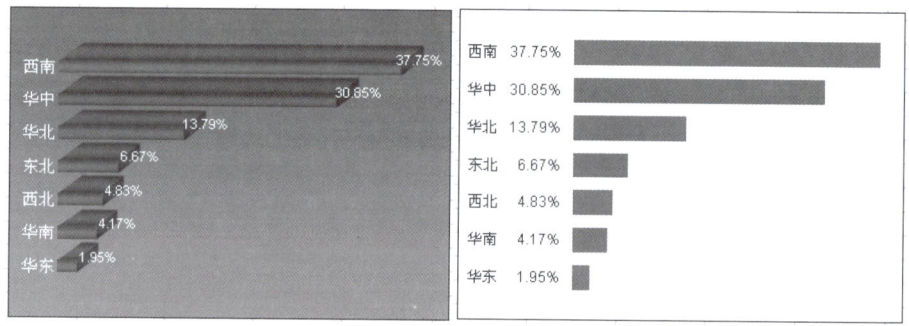

图3-19　三维条形图和平面条形图：平面图表达的信息更加清楚

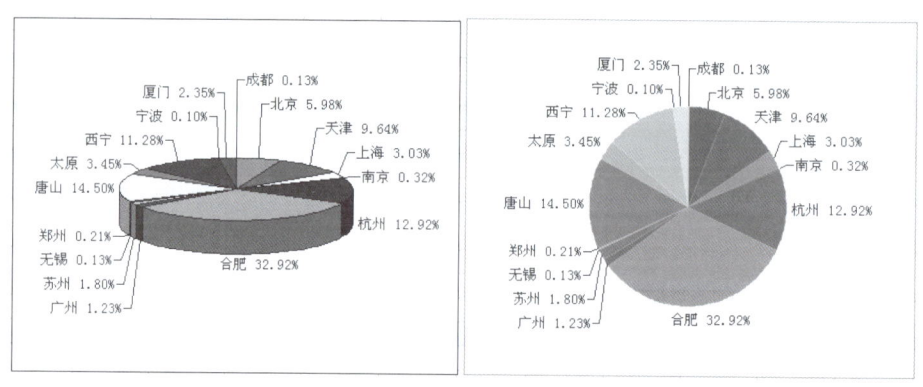

图3-20　三维饼图和平面饼图：平面图表达的信息更加清楚

不论是绘制平面图表还是三维图表，都需要考虑实际数据的具体情况，考虑图表的实用性和美观性，以不影响图表的信息表达为基本准则。上面介绍的几个图表，用三维图表就略逊一筹。

在三维图表中，如果合理设置数据标签及图表的整体结构，那么使用立体图也是一个较好的选择，如图 3-21 所示。

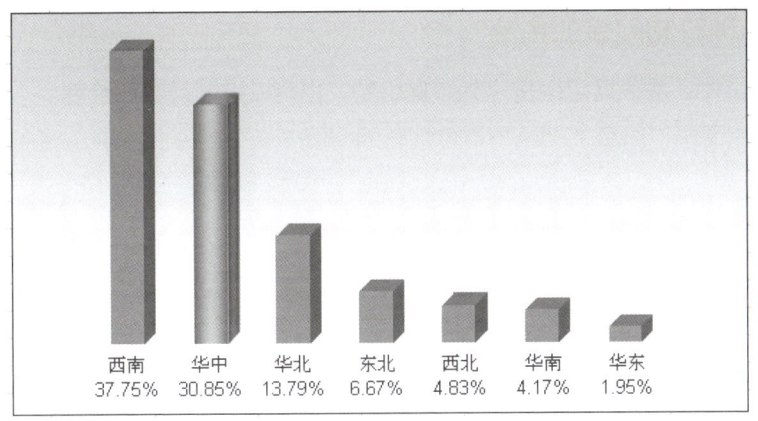

图3-21 三维图表的显示效果

总之，在实际工作中，应根据实际情况来确定绘制三维图表还是平面图表。哪种类型的图表表达信息更清楚，就使用哪种图表。

但是，如果在 PPT 上展示图表，尽量不要使用三维图表。因为这样会分散观众的注意力，影响了重点信息的表达。

如果特别喜欢使用三维图表，就需要尽量避免过大的视觉角度。例如，图 3-22 所示就是视觉角度过大，造成图表不够精炼。

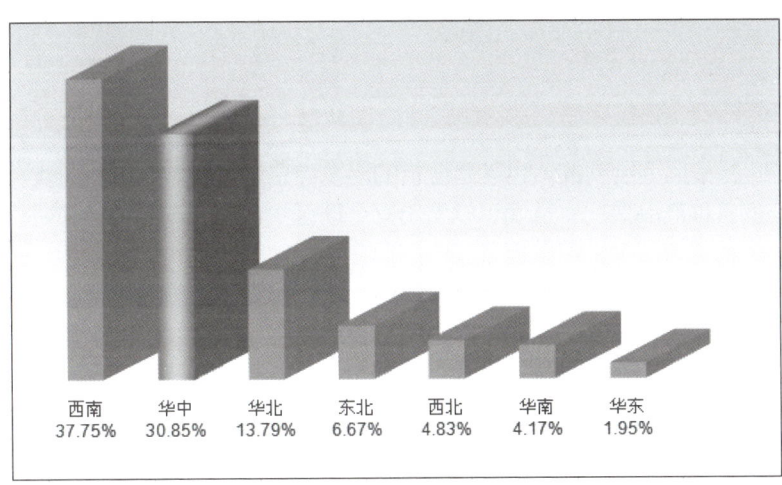

图3-22 三维图表的显示效果：视觉角度过大

3.3 在图表上正确分类显示数据

分析数据的出发点，就是要在图表上正确分类显示数据，也就是说，是按照表格的数据行显示数据，还是按照表格的数据列来绘制数据。不同的数据分类所表达的信息是不同的。

3.3.1 两种绘制图表的角度

在 Excel 中,图表既可以按照列数据绘制,也可以按照行数据绘制。

例如,要考察分析各个地区销售各种产品的情况,示例数据如图 3-23 所示。

	A	B	C	D
1	地区	产品A	产品B	产品C
2	华北	364	346	464
3	华南	468	405	554
4	华东	708	623	560
5	华中	667	558	391
6	西南	302	224	586
7	西北	469	407	224
8				

图3-23　各个地区销售各种产品的情况

相应地,就有两种数据分类显示的图表,分别如图 3-24 和图 3-25 所示。

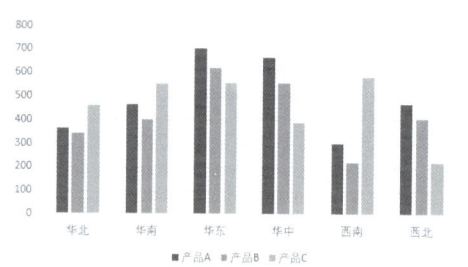
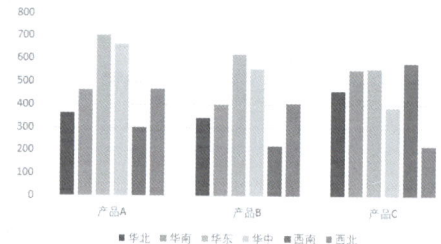

图3-24　各个地区销售不同产品的情况　　图3-25　各个产品在不同地区的销售情况

图 3-24 是按照列绘制的,也就是分析的出发点是对每个地区进行分类,考察每个地区所销售的各种产品情况,从而可以看出某个地区中,哪个产品销售较好、哪个产品销售较差。尽管这个图表也可以观察某个产品在不同地区的销售情况,但是不直观。

图 3-25 是按照行绘制的,也就是分析的出发点是对每个产品进行分类,考察每个产品在不同地区的销售情况,从而可以看出某个产品中,哪个地区的销售较好、哪个地区的销售较差。

由此可见,尽管绘制图表很简单,但是要特别注意,图表应当如何分析数据、要考察什么、要分析什么、要给领导或客户展示什么、要发现什么问题等,只有弄清楚了这些,才能使绘制的图表一目了然地表达出需要的信息。

3.3.2 快速转换图表数据分析的视角

默认情况下,创建的图表都是按照列绘制的。

那么,如何快速转换图表数据分析的视角,以便使图表更加方便、更加明确地表达出信息呢?改变图表绘制方向有以下两种方法。

方法 1:选择图表,直接选择图表工具下的"设计"→"切换行/列"命令,如图 3-26 所示。

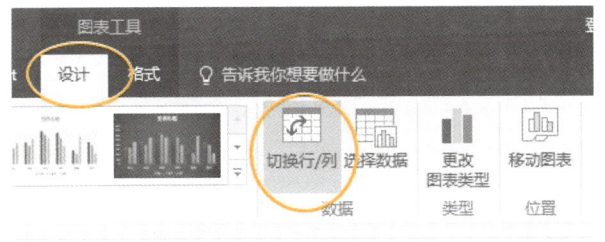

图3-26 "切换行/列"命令,快速转换绘图方向

方法 2:打开"选择数据源"对话框,单击其中的"切换行/列"按钮,如图 3-27 所示。

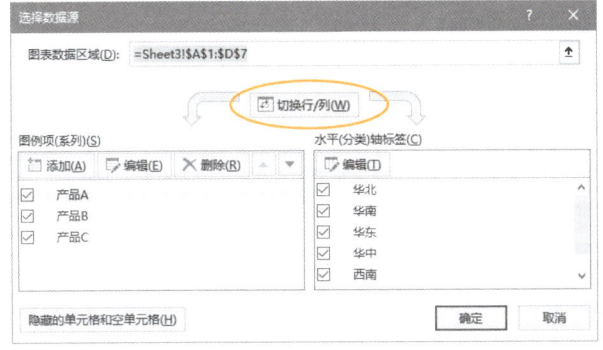

图3-27 "选择数据源"对话框:切换行/列

第 4 章
绘制图表的秘方

先有数，再有图。绘图数据可以是工作表上一个固定的数据区域，可以是一个名称代表的区域，也可以是一个常量数组。根据数据源的不同，绘制图表的方法也不同。

当插入图表后，还需要继续做其他工作。例如，为图表添加必要的元素（图表标题、数据标签等），以及添加新数据、编辑旧数据等。

4.1 图表基本制作方法和技巧

根据数据源的不同，制作图表的方法有以下三种。
- 利用数据区域绘图表：根据工作表上的某个固定的数据区域绘制图表。
- 利用名称绘图表：制作图表的数据是名称代表的单元格区域，更多应用于动态图表制作。
- 利用固定常量绘图表：制作图表的数据是固定的具体常量。

4.1.1 插入图表命令

如果是一个固定的数据区域，单击数据区域的某个单元格，或者选择数据区域，然后选择"插入"→"图表"里面的有关图表即可，如图 4-1 所示。

如果找起来不方便，也可以单击图 4-1 右下角的 按钮，打开"所有图表"对话框，从中选择某种图表。

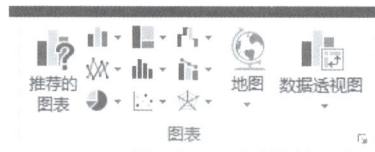

图4-1　插入图表命令组

4.1.2 以数据区域的所有数据绘制图表

如果直接单击单元格区域某个单元格，然后插入选定类型的图表，那么，会将该单元格区域内所有的数据绘制出来，如图 4-2 所示。

扫码看视频

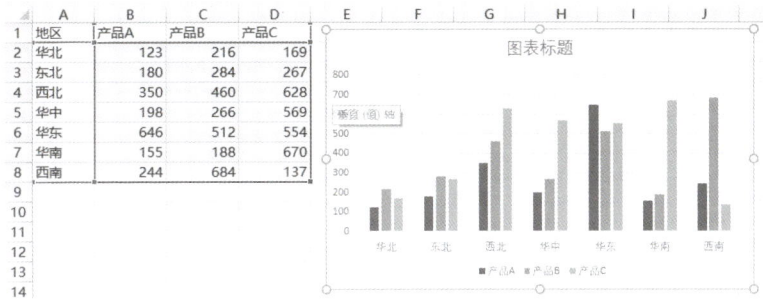

图4-2 默认情况下，会选择所有数据绘制图表

4.1.3 以选定的数据区域绘制图表

如果先选择某个区域，再插入选定类型图表，那么仅仅是对所选定的数据区域绘制图表，如图 4-3 所示。

扫码看视频

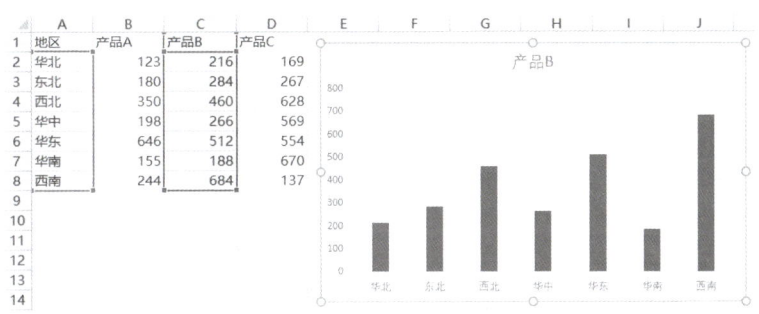

图4-3 单独选择指定的区域绘制图表

4.1.4 以现有的数据区域手工绘制图表

某些情况下，不能以整个数据区域制作图表，也不能先选择某列或某行数据制作图表，而是需要手工制作图表。此时，图表的制作方法就没有上面介绍的那么简单了。

例如，图 4-4 所示是一个数据透视表，现在要用一个饼图分析每个地区的占比。

此时，不论单击表格里的某个单元格，还是仅仅选择某列，得到的都是一个数据透视图，在此图表上，有两个数据系列"销售额"和"占比"，如图 4-5 所示。显然，这样的图表是有问题的，尽管从外表上看不出有什么两样。

如果仅仅用一列数据画图，例如只是用 D 列的占比数字绘制饼图，分类是 B 列的地区名称，就需要使用下面的方法来做。

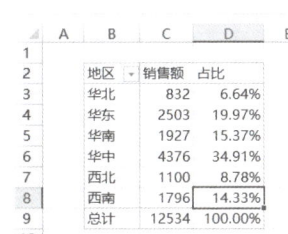

图4-4 数据透视表，同时显示销售额和占比

步骤 ① 单击远离数据透视表数据区域的任一空白单元格。

步骤 ② 插入一个没有任何数据的空白图表，如图4-6所示。

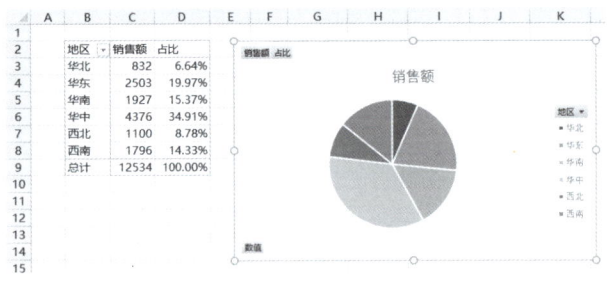

图4-5 默认情况下，数据透视表数据绘制的是数据透视图　　图4-6 插入一个空白图表

步骤 3 在图表上单击右键，从弹出的快捷菜单中选择"选择数据"命令；或者单击图表工具的"设计"选项卡中的"选择数据"按钮，如图4-7和图4-8所示。

图4-7 快捷菜单中的"选择数据"命令　　图4-8 功能区里"设计"选项卡中的"选择数据"按钮

步骤 4 这样就打开了"选择数据源"对话框，如图4-9所示。

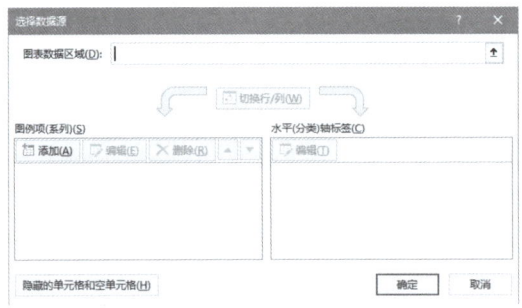

图4-9 "选择数据源"对话框

步骤 5 单击"图例项(系列)"下的"添加"按钮，打开"编辑数据系列"对话框，按图4-10所示设置数据。

（1）在"系列名称"文本框中，输入系列名称"销售额占比"（这个名字自己输入）。

（2）在"系列值"文本框中，选中单元格区域，输入公式"=Sheet4!$D$3:$D$8"。

步骤 6 单击"确定"按钮，返回到"选择数据源"对话框，如图4-11所示。

步骤 7 单击"水平(分类)轴标签"下的"编辑"按钮，打开"轴标签"对话框，如图4-12所示，在"轴标签区域"中选中单元格区域，输入公式"=Sheet4!$B$3:$B$8"。

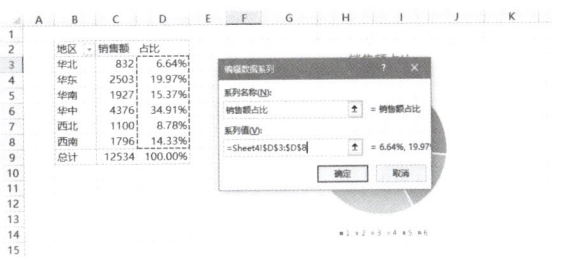

图4-10　编辑数据系列，输入系列值公式

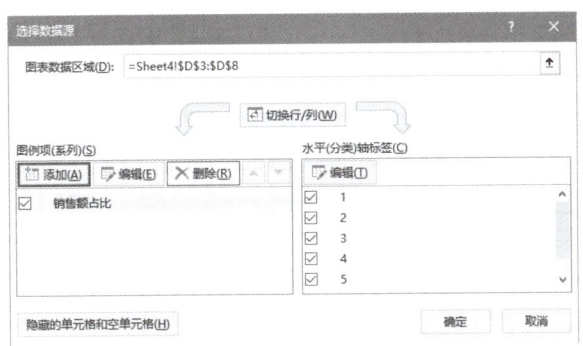

图4-11　添加完毕数据系列

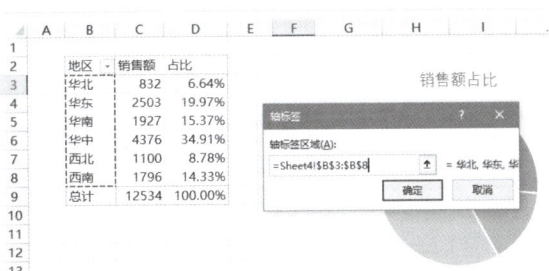

图4-12　编辑轴标签（就是分类轴标签）

步骤 8 单击"确定"按钮，返回到"选择数据源"对话框，可以看到数据系列和轴标签都已经添加好，图表也显示出来了，如图4-13所示。

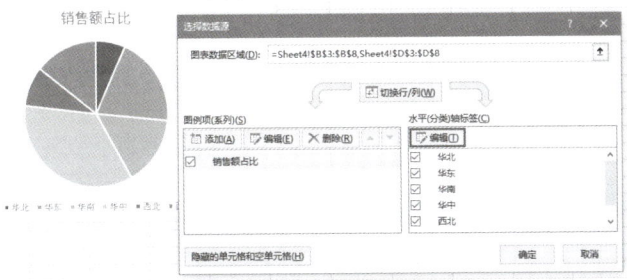

图4-13　添加数据后，图表显示出来

步骤 9 单击"确定"按钮，关闭"选择数据源"对话框，就得到了指定数据区域的图表。

4.1.5 利用名称绘制图表

扫码看视频

即使绘图区域不是工作表上的固定数据区域，而是已经定义好的名称，绘图方法也有自己的特点。

图 4-14 所示就是一个利用定义的动态名称绘图的例子，从中可以查看任意指定产品的各地区销售。

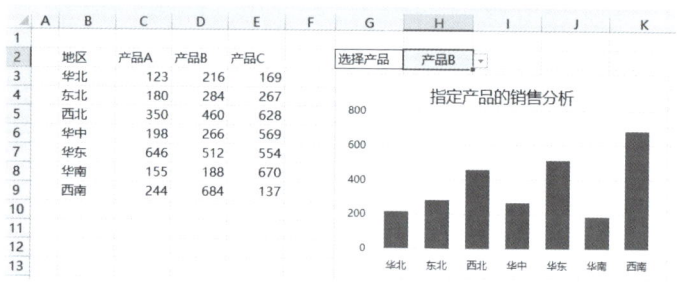

图4-14 利用动态名称绘制的动态图表

本案例中，定义了以下两个名称。

地区：=Sheet1!$B$3:$B$9

产品：=OFFSET(Sheet1!$B$3,,MATCH(Sheet1!$H$2,Sheet1!$C$2:$E$2,0),7,1)

利用名称绘图的具体步骤如下。

步骤 1 单击远离数据区域的任一空白单元格。

步骤 2 插入一个没有任何数据的空白图表。

步骤 3 选择这个空白图表，打开"选择数据源"对话框。

步骤 4 单击"图例项(系列)"下的"添加"按钮，打开"编辑数据系列"对话框，如图4-15所示，为图表添加系列值。

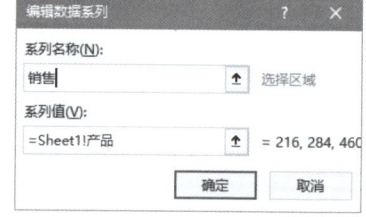

图4-15 编辑数据系列，输入系列值公式

（1）在"系列名称"文本框中，输入系列名称"销售"（这个名字自己任意输入）。

（2）在"系列值"文本框中，输入公式"=Sheet1!产品"。

> **注意**
>
> 绘图使用的是名称，在"系列值"文本框中不能直接输入定义的名称，而是按照下面的规则输入。
>
> =工作表名!定义的名称

步骤 5 单击"水平(分类)轴标签"下的"编辑"按钮，打开"轴标签"对话框，如图4-16所示，在"轴标签区域"输入公式"=Sheet1!地区"。

步骤6 单击"确定"按钮，返回到"选择数据源"对话框，可以看到数据都已添加到图表里，图表也已制作出来，如图4-17所示。

图4-16 编辑轴标签（就是横轴标签）

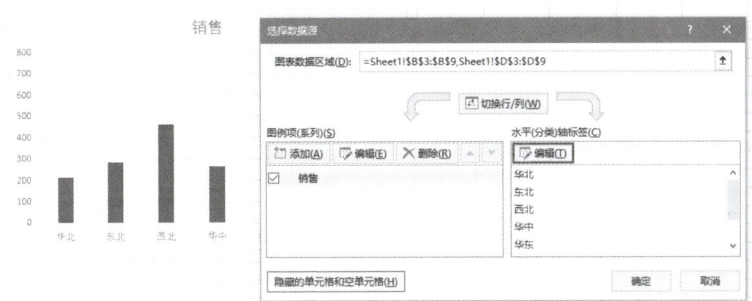

图4-17 添加数据后，图表显示出来

步骤7 单击"确定"按钮，即得到需要的图表。

如果还有其他的已定义名称的数据系列要画图，依上述步骤重来一遍即可。

4.1.6 利用数组常量绘制图表

扫码看视频

在绘制图表时，还可以不使用工作表的单元格区域数据，直接使用给定的数组常量。例如，有下面的两组数据。

数据1：2005年，2006年，2007年。

数据2：456，765，854。

现在要求以这两组数据绘制柱形图，其中"数据1"作为分类，"数据2"作为系列值。下面是具体操作步骤。

步骤1 插入一个没有数据的空白图表。

步骤2 打开"选择数据源"对话框。

步骤3 打开"编辑数据系列"对话框，如图4-18所示，为图表添加数据系列。

（1）在"系列名称"文本框中，输入系列名称"三年销售统计"。

（2）在"系列值"文本框中，输入公式"={456,765,854}"。

步骤4 单击"确定"按钮，返回到"选择数据源"对话框。

图4-18 "编辑数据系列"对话框，输入系列名称和系列值

步骤5 打开"轴标签"对话框，如图4-19所示，在"轴标签区域"输入公式"={"2005年","2006年","2007年"}"，为图表添加分类轴标签。

步骤6 单击"确定"按钮，返回到"选择数据源"对话框，再单击"确定"按钮，就得到一个以数组常量绘制的图表，如图4-20所示。

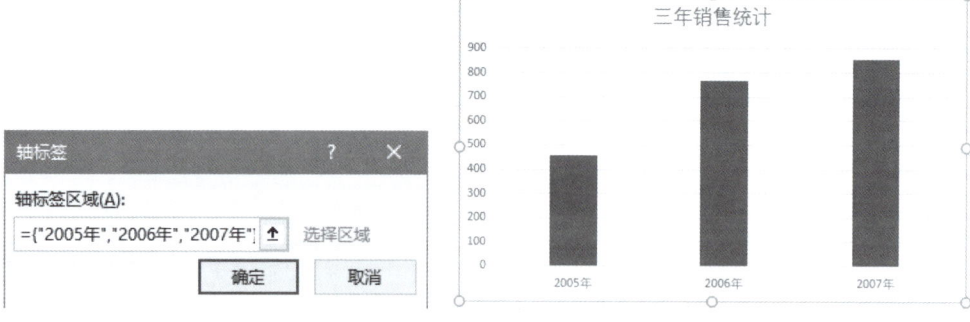

图4-19　添加分类轴标签　　　　　图4-20　利用数组常量绘制的图表

需要注意以下3点。

（1）在输入数据系列值数组和分类轴标签数组时，各个数据之间要用英文逗号隔开，并用大括号括起来。

（2）对于数值数据，可直接写上；而对于文本数据，则必须用英文的双引号括起来。

（3）对于日期数字，既不能像通常在单元格输入日期那样输入日期，如2018-7-6，也不能将日期用英文的双引号括起来，如"2018-7-6"，而必须以具体的数值输入。

例如，假若分类轴标签要显示2018-7-6、2018-7-7和2018-7-8，那么必须输入这样的日期序列号数组："={43287,43288,43289}"，如图4-21所示。

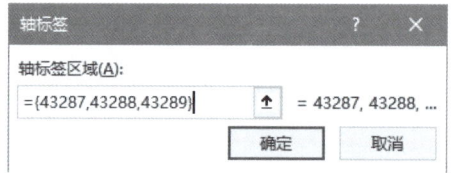

图4-21　以数值形式输入日期常量

以这样的数字输入，得到图表的分类轴标签也是数字，如图4-22所示。

步骤⑦　最后将分类轴的数字格式设置为日期格式即可，如图4-23所示。

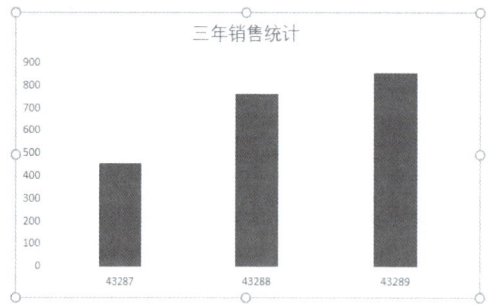 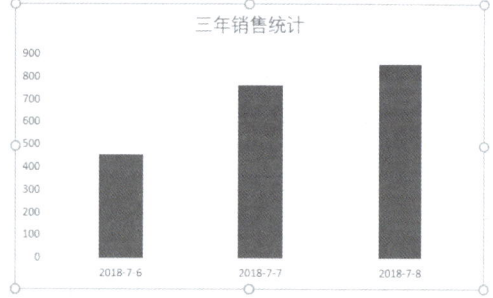

图4-22　得到以数值表示的分类轴标签　　　图4-23　分类轴标签显示成日期格式

4.2 制作图表的重中之重

绘制图表并不是难事,但是,在绘制图表时也会碰到一些问题。如果不注意这些问题,绘制的图表就可能出现错误,甚至不能正确反映信息,影响数据分析。

4.2.1 为什么有时候选定区域后画不出图

某些表格,尤其是利用函数公式做出的表格,如果使用默认的方法,单击数据区域某个单元格,或者选择数据区域,然后插入图表,可能画不出图表。

扫码看视频

下面是一个例子,用函数公式制作的表格,如果直接制作图表,则会是一种奇怪的情形,如图4-24所示。

图4-24 直接使用数据区域无法做图

这种情况下,可以使用前面介绍的手工做图方法,逐步添加数据系列,完成图表的制作。

还可采用一个更为实用的小技巧来快速制作图表:先把数据区域最左上角单元格的标题删除,这里是单元格B2,然后再采用默认的方法插入图表,如图4-25所示。制作完图表后,再把最左上角删除的标题重新输入进去。

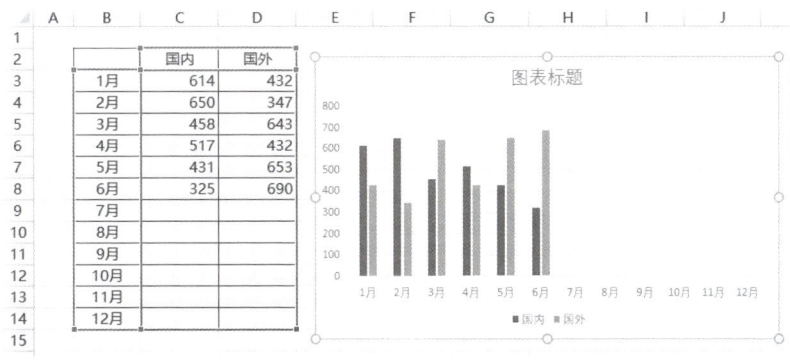

图4-25 删除数据区域左上角的标题就能快速做出图

4.2.2 数据区域第一列或第一行是数字的情况

扫码看视频

如果数据区域的第一列是数字，采用默认情况下插入的图表，不论柱形图还是折线图，这列数据都是作为数据系列绘制在了图表上的，而不是处理为分类轴标签。此时，分类轴标签是默认的数字 1，2，3……，如图 4-26 和图 4-27 所示（注：在图 4-26 和图 4-27 中，第一列的月份不是分类标签，而是数据系列）。

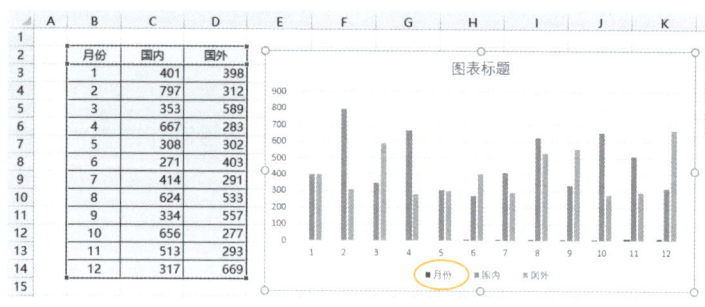

图4-26　柱形图

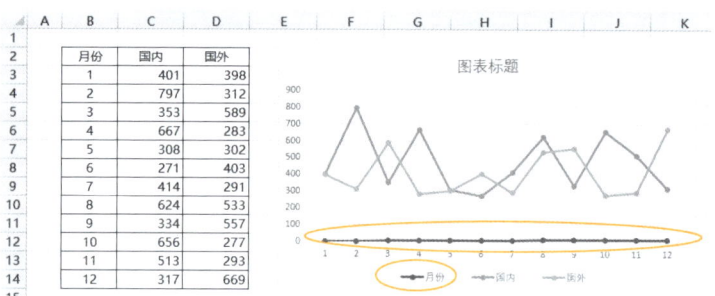

图4-27　折线图

如果这样的数据在数据区域的第一行，此时用数据区域自动绘制图表，也是会出现同样的问题，如图 4-28 和图 4-29 所示。

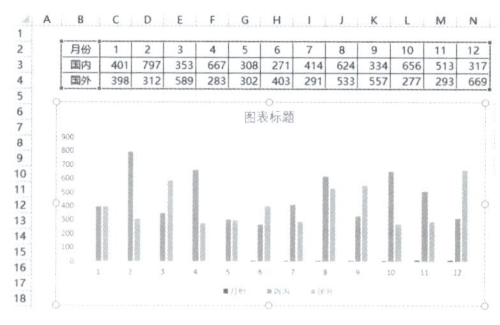

图4-28　柱形图，第一行的月份不是分类标签，而是数据系列

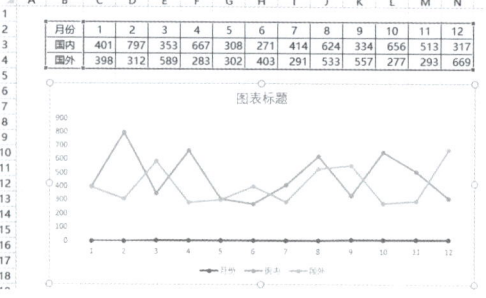

图4-29　折线图，第一行的月份不是分类标签，而是数据系列

为了快速制作图表，最巧妙的方法是删除第一列或第一行的第一个单元格的标题文字，然后再插入图表，如图 4-30 所示。

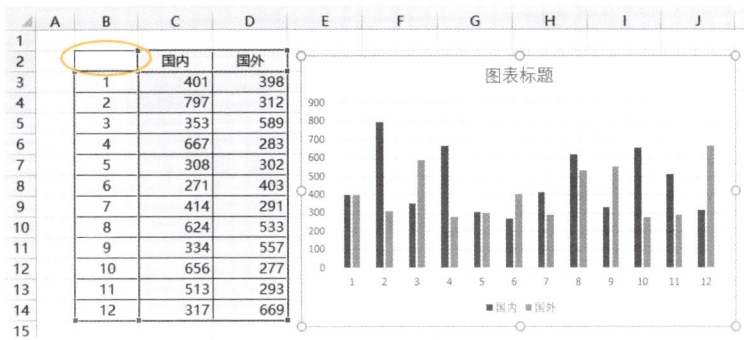

图4-30　删除第一列的标题文字，就能得到正确图表

4.2.3　分类轴标签数据是日期时的问题

扫码看视频

不论是柱形图、条形图，还是折线图、面积图等，当分类轴标签数据是日期数据时，默认的图表会在分类轴上显示连续的日期数据，而不是真实的日期，导致图表失真。

如图 4-31 所示的图表，A 列是工作日，B 列是每个工作日的订单数，但是图表上却是连双休日也引出来了。

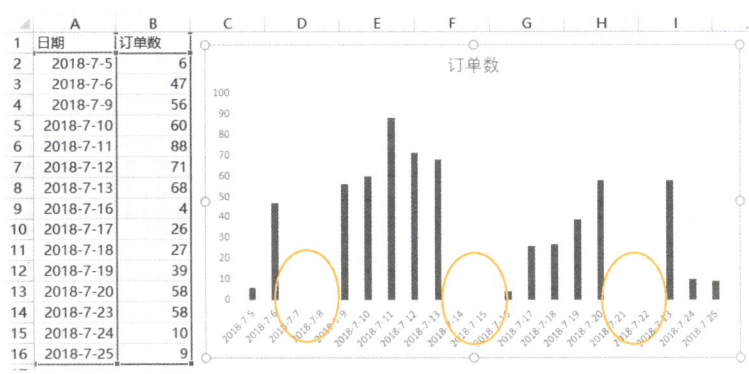

图4-31　日期数据不连续的柱形图：分类轴显示的是连续日期

可以采用下面的两种方法解决这个问题。

方法 1：将 A 列的日期设置为文本型日期，可以使用分列工具快速转换。

方法 2：做辅助列，利用 TEXT 函数将 A 列的日期转换为文本型日期，使得分类轴标签更清楚。

设置后的图表效果分别如图 4-32 和图 4-33 所示。

还有一种方法是，先把 A 列单元格格式设置为常规，将日期显示为日期序列号数字，然后再在图表上将分类轴标签的数字格式设置为日期格式，如图 4-34 和图 4-35 所示。

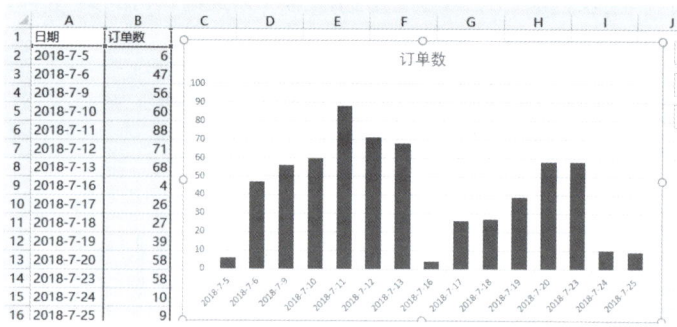

图4-32　将单元格的日期数据转换为文本型日期：分类轴显示的是实际日期分类数据

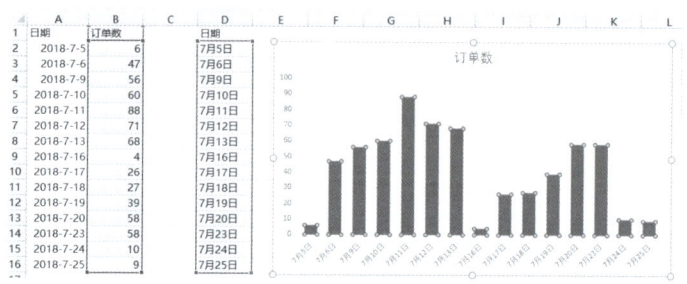

图4-33　做辅助列，利用函数TEXT转换日期，将此列作为分类轴标签

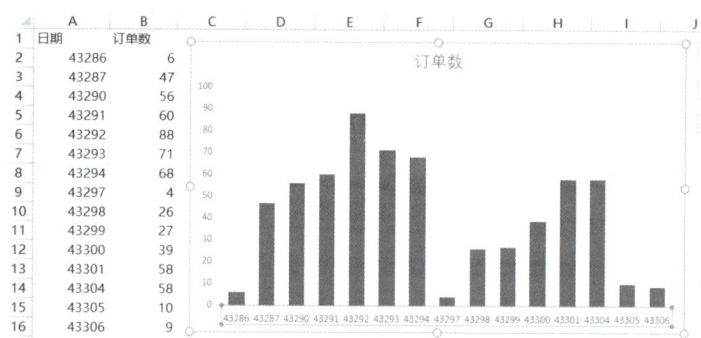

图4-34　先把A列日期的格式设置为常规，使之显示为数字

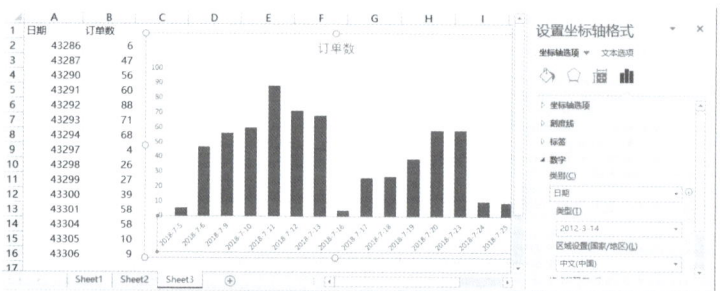

图4-35　再在图表上设置分类轴数字格式为"日期"

4.2.4 如何绘制隐藏的数据

扫码看视频

某些情况下，需要使用辅助行或者辅助列绘制图表。但是，如果这些辅助行或辅助列数据与图表放在一起，会使表格看起来不美观。

可以用图表把这些辅助行或辅助列数据盖住，以免看到这些辅助数据，但这并不是一个好的方法，因为可能不小心破坏这些辅助数据。

好的解决方法是把这些辅助行或辅助列数据隐藏起来。不过，默认情况下，当绘制图表的数据单元格被隐藏后，图表上不会显示这些被隐藏的数据。为了能够使图表绘制被隐藏的数据，需要对图表进行设置。

设置的方法很简单，先打开"选择数据源"对话框，然后单击对话框左下角的"隐藏的单元格和空单元格"按钮，打开"隐藏和空单元格设置"对话框，选择"显示隐藏行列中的数据"复选框，如图 4-36 和图 4-37 所示。

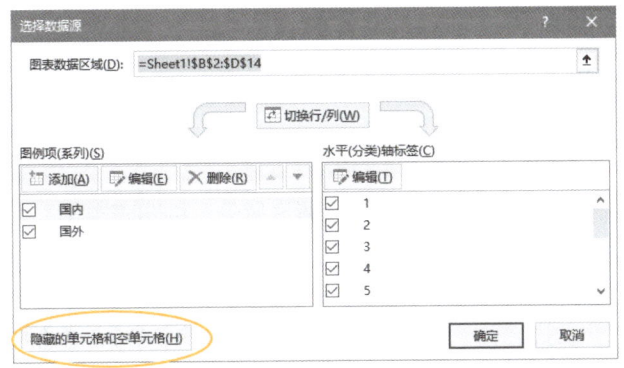

图4-36 单击"隐藏的单元格和空单元格"按钮

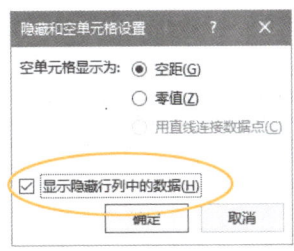

图4-37 选择"显示隐藏行列中的数据"复选框

4.3 更改整个图表类型或某个数据系列图表类型

绘制完图表，如果发现图表类型不对，则需要修改图表类型，此时也没必要重新画一遍图表，只需把图表类型修改一下即可。

4.3.1 更改整个图表的图表类型

扫码看视频

如果要更改整个图表的类型，可以按下面的步骤操作。

 选择图表。

步骤2 右击，从弹出的快捷菜单中选择"更改图表类型"命令，或者单击图表工具下的"设计"→"更改图表类型"按钮。

步骤3 打开"更改图表类型"对话框，如图4-38所示，选择某个图表类型。

步骤4 单击"确定"按钮。

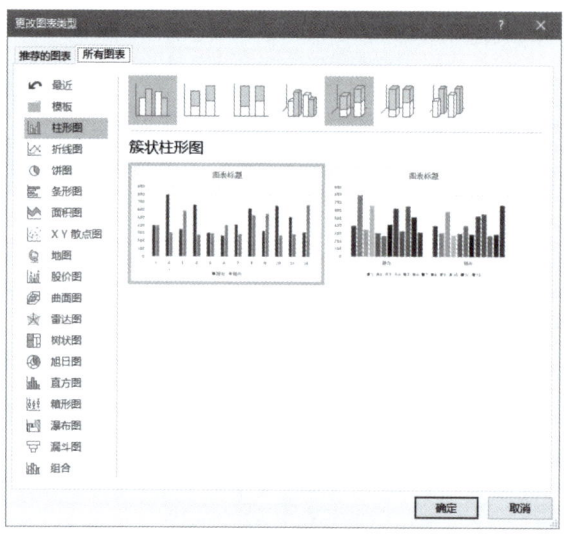

图4-38 "更改图表类型"对话框

4.3.2 更改某个数据系列的图表类型

某些情况下，需要把图表的某个数据系列设置为另外一种图表类型，可以按照下面的步骤操作。

步骤1 选择某个数据系列。

步骤2 右击，从弹出的快捷菜单中选择"更改系列图表类型"命令，或者单击图表工具下的"设计"→"更改图表类型"按钮，打开"更改图表类型"对话框，如图4-39所示。

步骤3 单击对话框底部所列示的系列右侧的下拉箭头，展开图表类型，选择某个图表类型，如图4-40所示。

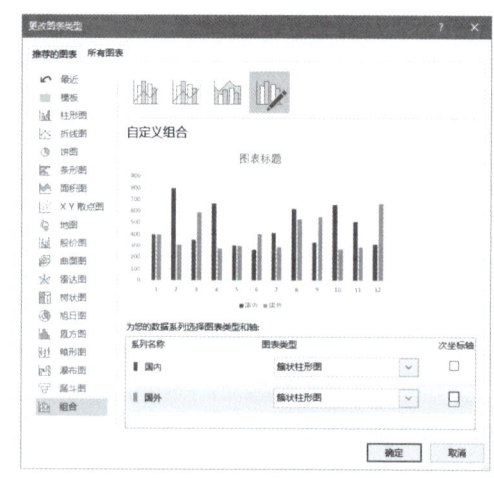

图4-39 "更改图表类型"对话框

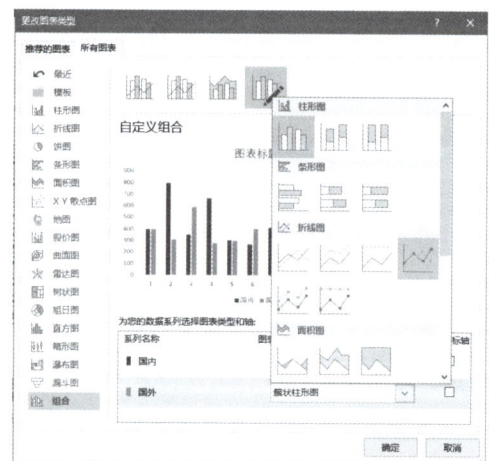

图4-40 为某个系列设置新的图表类型

选择某个图表类型后，就可以在对话框的上面看到修改后的效果，如图 4-41 所示。

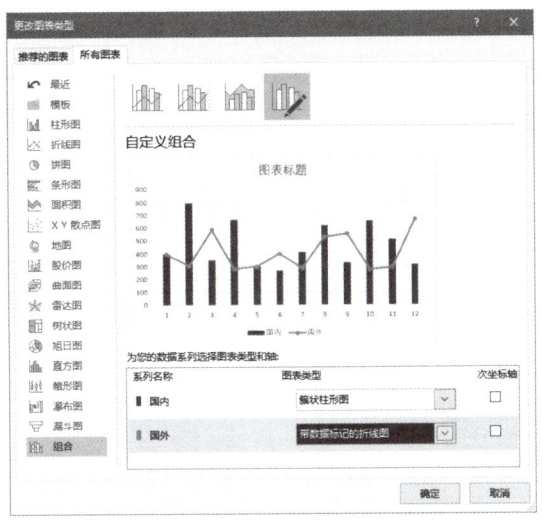

图 4-41　某个系列被修改为折线图

步骤 4　单击"确定"按钮完成更改。

4.4　对图表进行修改

绘制完毕的图表经常需要改来改去，例如再添加几个数据系列、删除不想要的数据系列、将现有的数据系列换成别的数据系列等。这些操作是绘制图表的最基本操作技能。

4.4.1　添加新数据系列

如果图表已经画好，又需要往图表中添加新的数据系列，则根据数据的来源（固定区域还是名称）不同，方法也有所不同。

扫码看视频

1. 利用固定区域绘制的图表

如果是利用固定区域绘图的，为图表添加新系列的方法有以下几种。

方法 1：利用"选择数据源"对话框添加，这个方法比较烦琐。

方法 2：复制粘贴法。就是选择某个数据列区域或数据行区域，按 Ctrl+C 快捷键，再选择图表，按 Ctrl+V 快捷键，就将该数据添加到了图表上。

方法 3：拖拉扩展区域法。就是先单击图表，可以看到图表所引用的单元格区域，然后在工作表上对准引用区域的四个角的填充柄，往右或者往左拖动区域。

2. 利用名称绘制的图表

如果是利用名称绘图，则使用"选择数据源"对话框添加新数据系列。

4.4.2 修改数据系列

扫码看视频

对于利用固定区域绘制的图表，如果想要修改图表的绘图数据区域，可以直接在工作表上扩展或缩小单元格区域，或者拖动数据区域，也可以通过"选择数据源"对话框来进行。

还有一个方法是选择图表的某个系列，在编辑栏里修改 SERIES 函数公式，如图 4-42 所示。

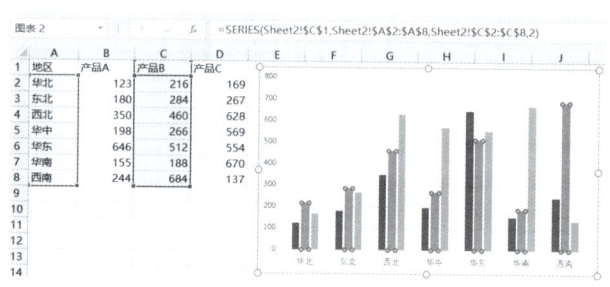

图4-42　选择图表的某个数据系列，在编辑栏出现SERIES函数公式

> SERIES函数的语法如下：
> =SERIES(系列名称,分类轴区域,数据系列区域,系列序号)
> 在这个函数公式中，可以直接修改这4个参数，从而改变该系列。

4.4.3 删除数据系列

删除数据系列操作简单，在图表上选择某个要删除的数据系列，直接按 Delete 键即可。

当然也可以选择要删除的数据系列，单击鼠标右键，在弹出的快捷菜单里选择"删除"命令。

4.5 设置数据系列的坐标轴

> 很多图表需要根据具体情况，把某个或者某几个数据系列与其他的数据系列分开，画在不同的坐标轴上，这就是设置主坐标轴和次坐标轴的问题。

4.5.1 设置系列坐标轴的方法

设置系列坐标轴，是在"设置数据系列格式"对话框进行的。打开"设置数据系列格式"对话框有以下两种方法。

方法1：选择数据系列，单击鼠标右键，从弹出的快捷菜单中选择"设置数据系列格式"命令，如图 4-43 所示。

方法 2：从"格式"选项卡最左侧的图表元素选择框中，先选择数据系列，再单击"设置所选内容格式"按钮，如图 4-44 所示。

打开"设置数据系列格式"对话框后，选择"次坐标轴"单选按钮即可，如图 4-45 所示。

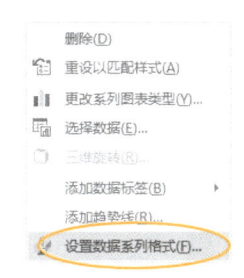 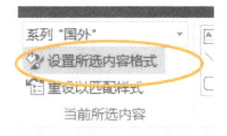 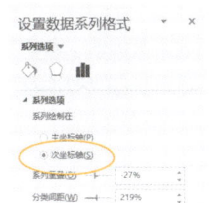

图4-43　快捷菜单中的　　图4-44　"格式"选项卡最左侧的　　图4-45　选择"次坐标
　　　　"设置数据系　　　　　　图表元素选择框和"设置　　　　　　轴"单选按钮
　　　　列格式"命令　　　　　　所选内容格式"按钮

4.5.2　设置系列次坐标轴的注意事项

把某个系列设置为次坐标轴时，会在某些类型图表中引起新的问题。

如图 4-46 所示，绘制默认的图表，销售量和销售额在一个坐标轴上，由于销售额数字远大于销售量，导致销售量柱形看不清楚，甚至看不见。另外，两者单位也不一样，绘制在同一个轴上是根本性的错误。

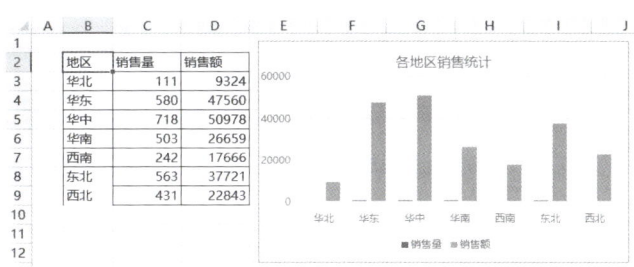

图4-46　默认的同轴图表，销售量和销售额在一个轴上

此时，需要选择数据系列"销售额"，然后设置其为次坐标轴，如图 4-47 所示。

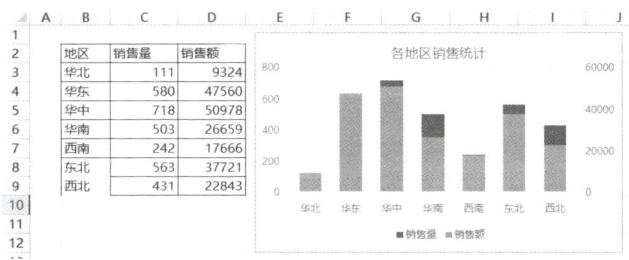

图4-47　销售量在主坐标轴（左边的轴），销售额在次坐标轴（右边的轴）

但是，这种设置也存在着一个很致命的问题：尽管它们分别在两个轴上，但由于销售量和销售额都绘制成了柱形图，因此两个柱形图是重叠的，这样导致销售额的柱形挡住了销售量的柱形，因此这样的图表也是不对的。

这个问题可以通过把其中的一个柱形绘制为另外一个图表类型来解决，例如把销售额绘制为折线图，如图4-48所示。

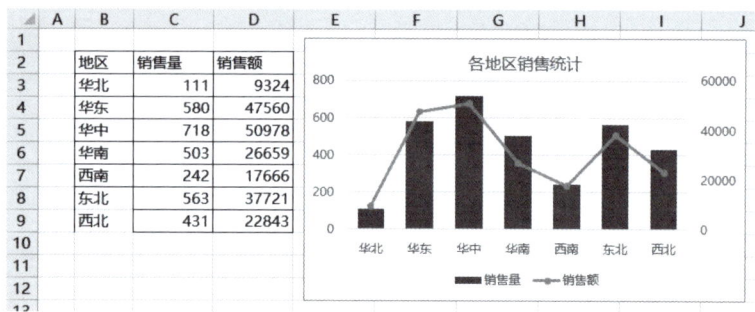

图4-48　两个数据系列分别绘制为不同类型图表，一个是柱形，一个是折线

4.6 为图表添加元素

尽管绘制的图表整体上已经表达出了需要显示的数据，但是仍有一些重要的信息没有显示出来，如图表标题、数据标签、趋势线等。下面就介绍一下主要图表元素的添加方法和编辑技巧。

4.6.1 添加图表元素的命令

扫码看视频

为图表添加元素的命令在"设计"选项卡的"添加图表元素"命令列表中，如图4-49所示。

此处可以为图表添加的元素包括坐标轴、坐标轴标题、图表标题、数据标签、数据表、误差线、网格线、图例、线条、趋势线及涨/跌柱线。

这些元素，有些在所有图表上都有，如坐标轴、图表标题、数据标签等；有些只有在某类图表中才有，如线条在堆积柱形图、堆积条形图、折线图中才有，涨/跌柱线在折线图中才会有。

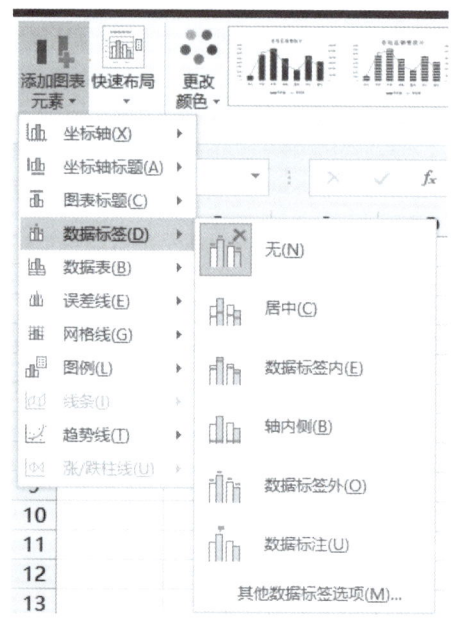

图4-49　"添加图表元素"命令列表

4.6.2　为图表添加或编辑图表标题

如果图表就是一个数据系列，那么就会显示一个默认的图表标题，即该数据系列的标题，如图 4-50 所示。

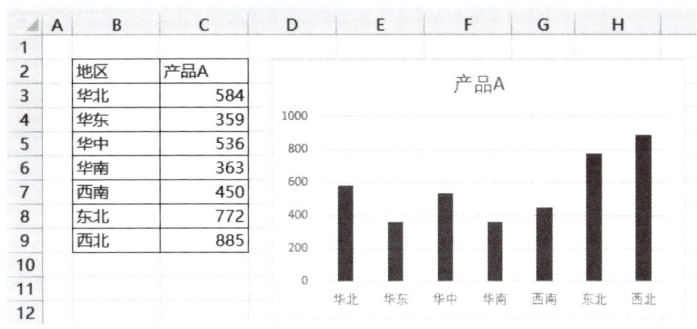

图4-50　只有一个数据系列时，图表标题就是系列的标题

如果是多列数据绘制的图表，图表标题就是默认的"图表标题"四个字，需要重新修改标题文字，如图 4-51 和图 4-52 所示。

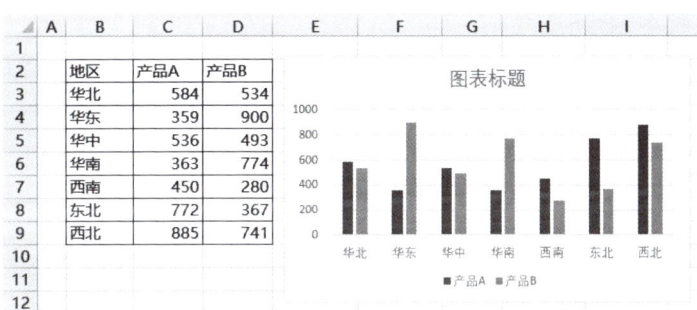

图4-51　多个数据系列绘制图表的默认图表标题

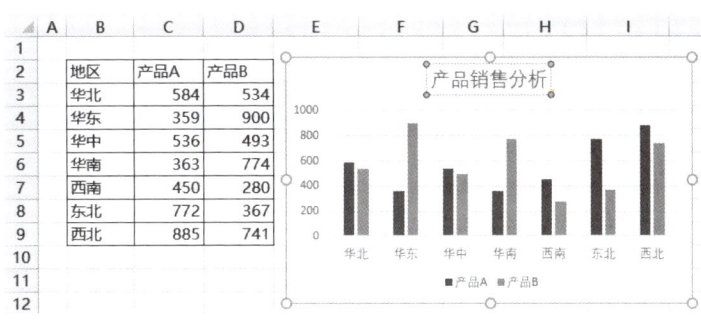

图4-52　修改默认的图表标题文字

如果绘制的图表没有标题，或者标题被删除了，需要为图表添加标题，则选择"设计"→"添加图表元素"→"图表标题"下的命令即可，如图 4-53 所示。

如果不再需要图表标题，可以选择图表标题，按 Delete 键将其删除。

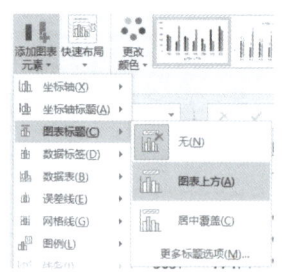

图4-53　添加图表标题命令

4.6.3　为图表添加坐标轴标题

默认情况下，坐标轴有两个：分类轴（即横轴，x轴）和数值轴（即纵轴，y轴）。如果将某个系列绘制到了次坐标轴，那么图表的坐标轴会有主要分类轴、次要分类轴、主要数值轴和次要数值轴。

创建的默认图表是没有坐标轴标题的，如果需要在图表上显示坐标轴标题，则选择"设计"→"添加图表元素"→"坐标轴标题"，如图4-54所示。

同样，添加的坐标轴标题是默认的"坐标轴标题"，需要手工修改为具体的标题文字，如图4-55和图4-56所示。

但是，这样的坐标轴标题文字不美观，需要设置其格式，一般将文字方向设置为"竖排"，如图4-57所示。

如果不再需要坐标轴标题，可以选择该坐标轴标题，按Delete键将其删除。

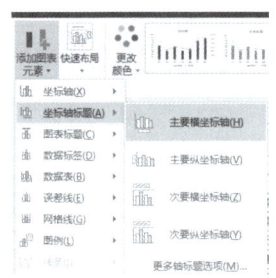

图4-54　添加坐标轴标题

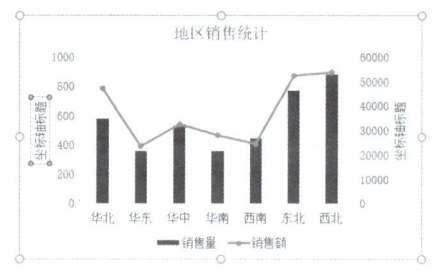

图4-55　添加的默认的坐标轴标题

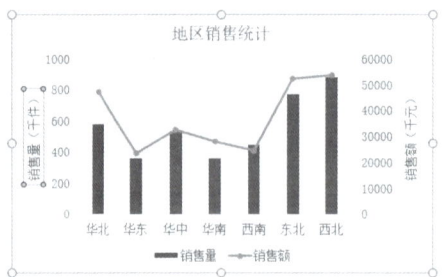

图4-56　修改默认的坐标轴标题文字

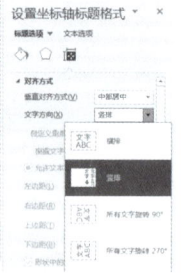

图4-57　设置坐标轴标题格式，将文字方向设置为"竖排"

4.6.4 为数据系列添加数据标签

在创建的默认图表中，数据系列是没有数据标签的，如果要在图表上显示某个数据系列的数据标签，也需要手工添加。

使用"设计"→"添加图表元素"→"数据标签"为数据系列添加数据标签，如图4-58所示。默认情况下，添加的数据标签都是系列的值。如图4-59所示为在柱形的顶端添加了数据标签。

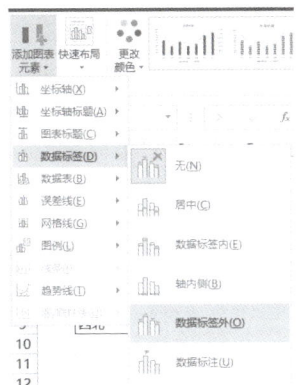

图4-58　添加数据标签

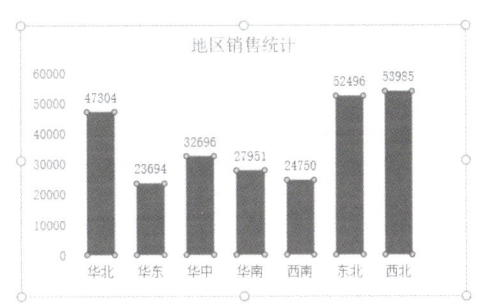

图4-59　在柱形的顶端添加了数据标签

某些情况下，标签里不仅需要显示值，还要显示其他的项目，如系列名称、类别名称，此时就需要选择"其他数据标签选项"命令，打开"设置数据标签格式"对话框，如图4-60所示。可以看到，数据标签有多个内容显示，常用的是以下几个项目。

- 单元格中的值。
- 系列名称。
- 类别名称。
- 值。

这些项目可以同时显示，也可以单独显示。当同时显示几个项目时，要设置它们之间的分隔符，如图4-61所示。

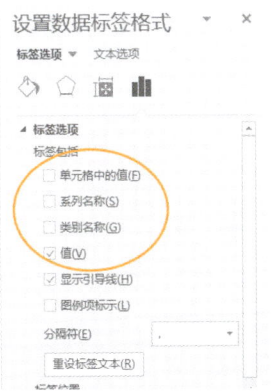

图4-60　几个最常用的数据标签项目

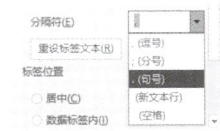

图4-61　设置几个项目同时显示的分隔符

例如，在饼图中，需要同时显示出项目名称及其具体的值和百分比，此时最好使用"（新文本行）"分隔符。效果如图 4-62 所示。

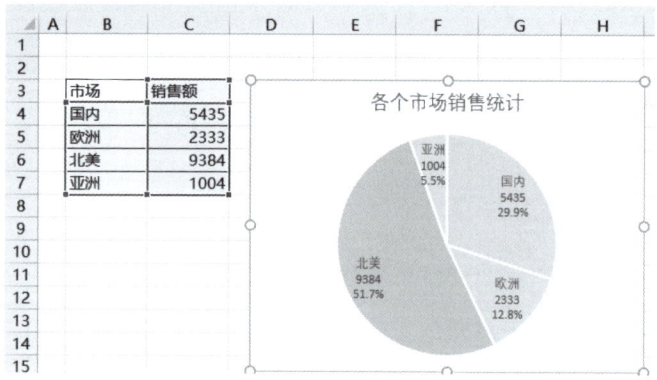

图4-62　饼图中，数据标签同时显示类别、值和百分比

还可以将数据标签显示为指定单元格中的数据，例如，对于图 4-63 所示的数据和图表，想在柱形的顶端显示 D 列的占比数字，就在"设置数据标签格式"对话框中选择"单元格中的值"复选框，然后选中 D 列的区域，如图 4-63 所示。

这样，就得到了图 4-64 所示的图表。这个功能很有用，在很多数据分析图表中，需要使用这种方法来显示重要的数据。

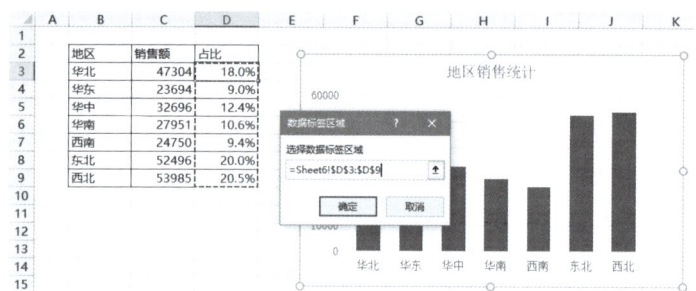

图4-63　在柱形的数据标签上显示其他单元格的值

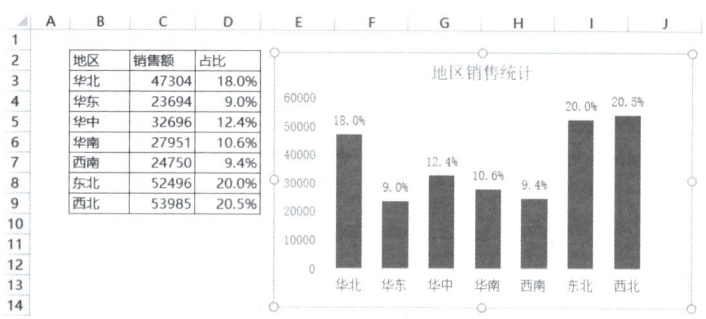

图4-64　数据标签中显示其他单元格的值

如果不再需要某个数据标签，可以选择它，按 Delete 键将其删除。

4.6.5 为图表添加数据表

数据表，就是在图表底部显示绘图数据的表格。有些情况下，需要在图表添加数据表。

添加数据表的方法是选择"设计"→"添加图表元素"→"数据表"命令，如图4-65所示。

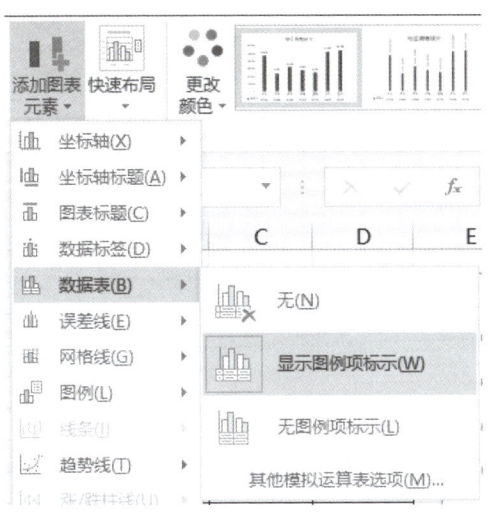

图4-65 添加数据表

图4-66所示就是添加了数据表后的图表。

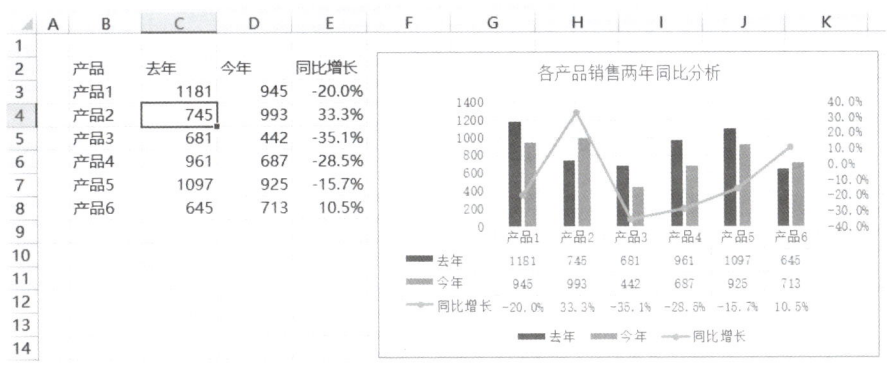

图4-66 在图表底部添加数据表

这个数据表又称模拟运算表，这一点需要大家注意。

4.6.6 为图表添加图例

一般情况下，图表都会显示图例。如果误删除了，可以再添加进来。方法是：选择"设计"→"添加图表元素"→"图例"命令，如图4-67所示。

图例的位置有四种情况，要根据图表的具体情况选择一个合适的位置。

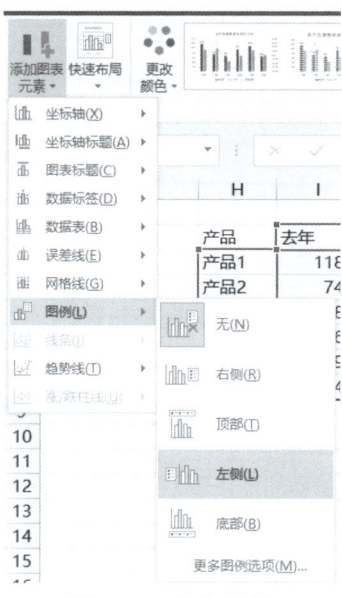

图4-67 添加图例

4.6.7 为图表添加网格线

默认情况下，绘制的柱形图、条形图、折线图等会有数值轴的网格线，如图 4-68 所示。

有些图表不需要这样的网格线，可以选择网格线后按 Delete 键将其删除。

如果需要重新显示网格线，或者再添加垂直网格线，需要选择"设计"→"添加图表元素"→"网格线"命令，如图 4-69 所示。

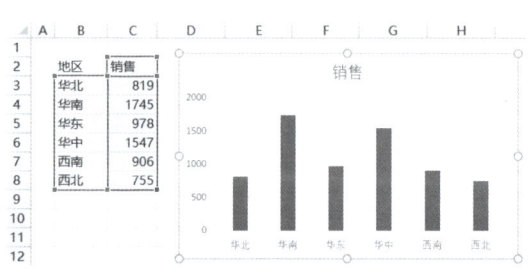

图4-68 有数值轴网格线的柱形图

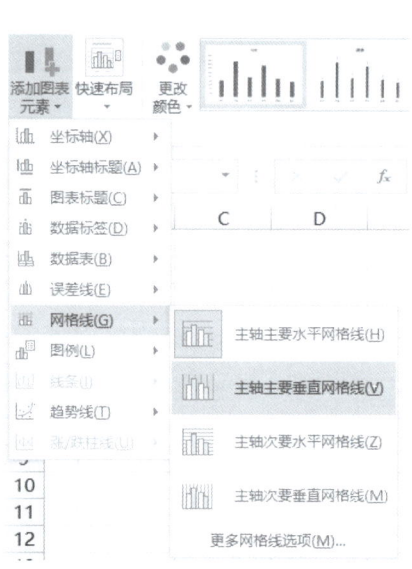

图4-69 添加网格线

4.6.8 为数据系列添加趋势线

某些趋势分析图表中,适当添加趋势线可以更加强调数据的波动和变化趋势,这对有时间序列的数据分析非常有用。

添加趋势线要使用"设计"→"添加图表元素"→"趋势线"命令,如图 4-70 所示。

设置趋势线最好在"设置趋势线格式"对话框进行,如图 4-71 所示,这样可以选择不同的趋势线类型,观察趋势线是否适合当前的图表。

图 4-72 所示就是为数据系列添加了 5 阶多项式模型的趋势线,并设置了趋势线的格式。

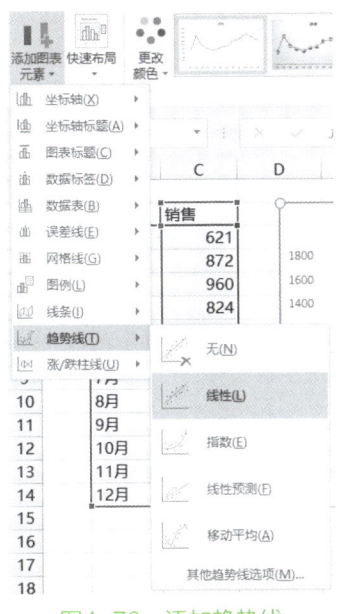

图4-70 添加趋势线

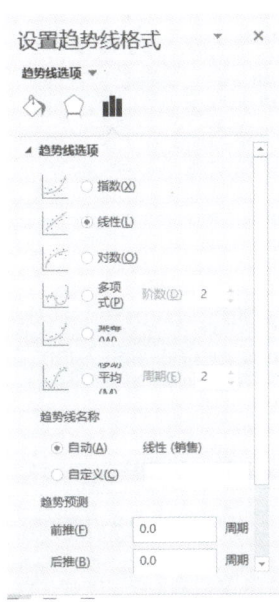

图4-71 设置趋势线格式

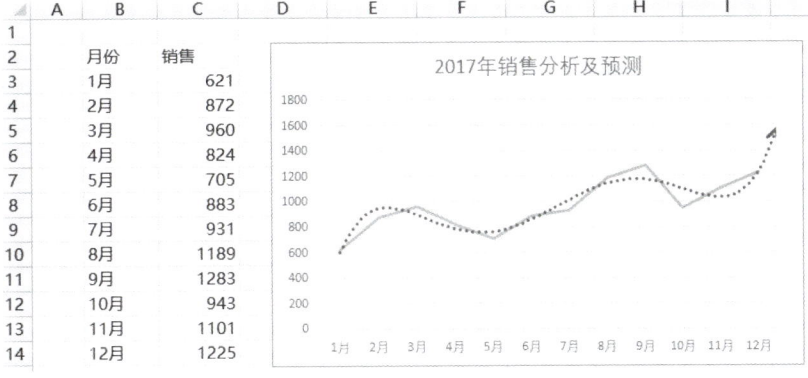

图4-72 添加多项式模型趋势线

4.6.9 为数据系列添加线条

在某些类型图表里,如果有多个数据系列,可以为系列之间添加线条,包括系列线、高低点连线、垂直线等。

添加线条的好处是可以让图表的阅读性更强,以及标识某些重要的数字。

为图表添加线条的方法是使用"设计"→"添加图表元素"→"线条"下的命令选项,根据实际图表类型来选择线条类型,如图 4-73 所示。

图 4-74 所示就是为堆积柱形图添加的系列线示例。

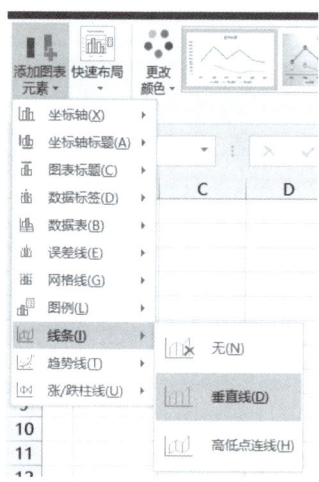

图4-73 添加线条

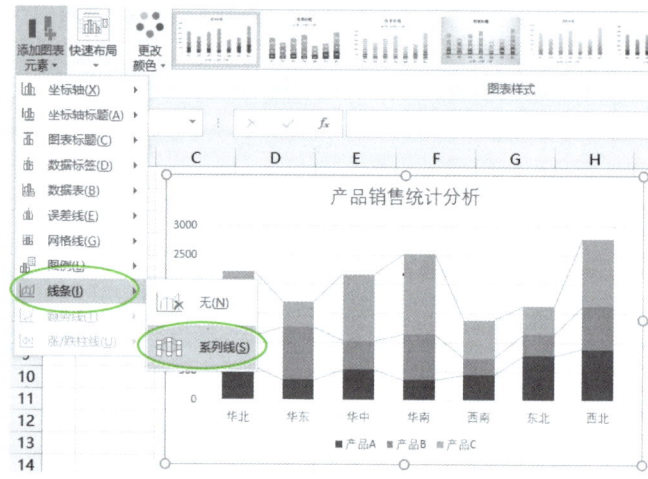

图4-74 在堆积柱形图中添加系列线

图 4-75 所示是为折线图添加的垂直线。

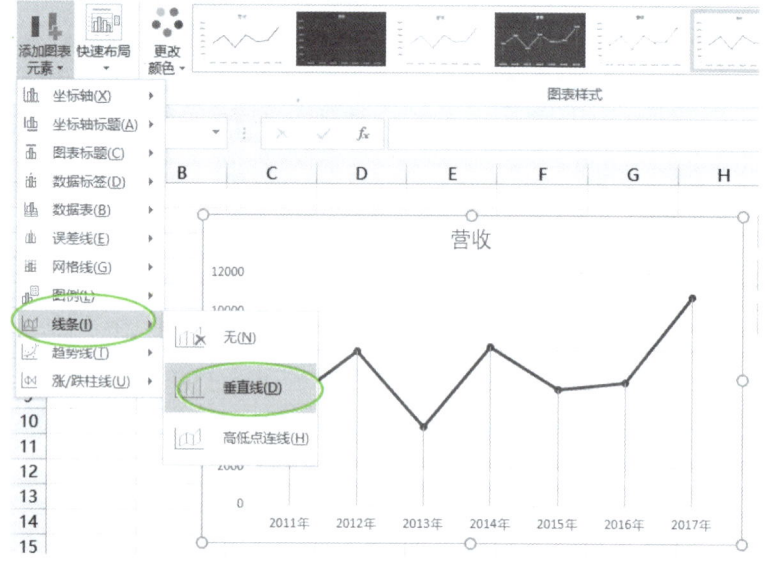

图4-75 在折线图中添加垂直线

图 4-76 所示是在两条折线之间添加高低点连线。

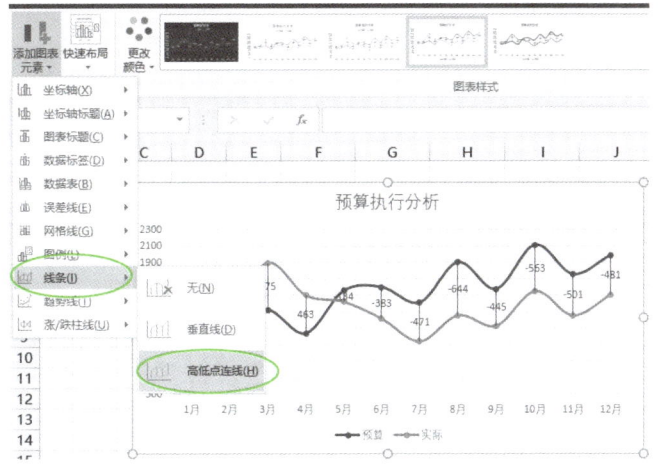

图4-76　在折线图中添加高低点连线

4.6.10　为数据系列添加涨/跌柱线

在某些数据分析中，例如在工资区间分析中绘制薪浮图、在预算分析和同比分析中绘制步行图，可以通过设置涨/跌柱线制作分析图表。

图 4-77 所示就是利用设置涨/跌柱线绘制的各个职级的薪浮图。

添加涨/跌柱线的方法是使用"设计"→"添加图表元素"→"涨/跌柱线"命令，如图 4-78 所示。

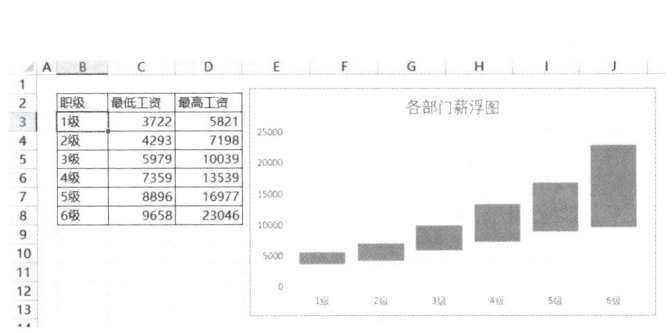

图4-77　在折线图中通过添加涨/跌柱线绘制薪浮图

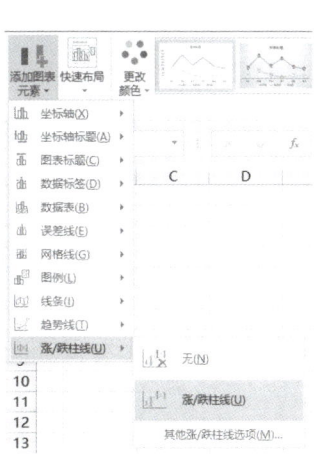

图4-78　添加涨/跌柱线

4.6.11　为数据系列添加误差线

很多人没有用过误差线来分析数据，但是，误差线在分析数据的增量和减量方面，是非常有用的。

添加误差线往往需要在"设置误差线格式"对话框里进行，打开这个对话框的方法是使用"设计"→"添加图表元素"→"误差线"→"其他误差线选项"命令，如图4-79所示。

图4-80所示就是使用误差线来分析今年与去年相比增减的图表。当然，这个图表还需要继续加工。

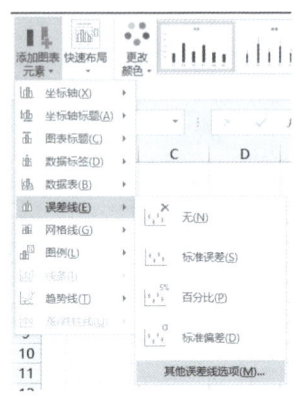

图4-79 其他误差线选项

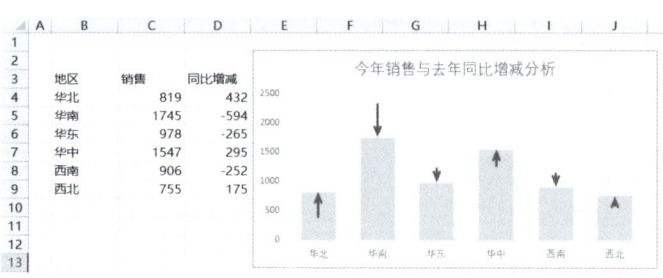

图4-80 图表上的误差线表示上升或下降

4.7 图表的其他操作

> 掌握了图表的制作方法和各种实用技能后，再学习操作图表的其他技巧。

4.7.1 图表的保存位置

默认情况下，图表是作为工作表的嵌入对象，保存在当前工作表中，这样可以同时查看数据源和图表。

如果图表很大，希望单独保存，也可以把图表保存为一个图表工作表，此工作表上没有单元格，只是一个图表。方法如下：单击鼠标右键，从弹出的快捷菜单中选择"移动图表"命令，或者单击"设计"选项卡中的"移动图表"按钮，如图4-81和图4-82所示，就会打开"移动图表"对话框，可以把本图表移动到另外一个工作表，也可以作为新工作表保存，如图4-83所示。

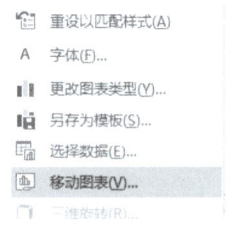

图4-81 快捷菜单中的"移动图表"命令

图4-82 "设计"选项卡中的"移动图表"按钮

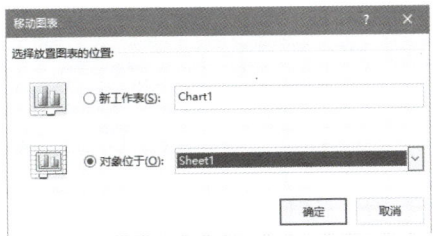

图4-83　图表可以移动到另外一个工作表，也可以作为新工作表保存

4.7.2　复制图表

选择图表，按 Ctrl+C 快捷键，单击工作表中的某个单元格位置，或者另外一个工作表中的单元格位置，再按 Ctrl+V 快捷键，即可把图表复制到指定的位置。

4.7.3　删除图表

如果是嵌入式图表，选择图表，直接按 Delete 键即可删除该图表。

如果是图表工作表，需要把该工作表删除。

格式化图表

制作完毕的图表，往往是最基本的粗线条，不是最终的呈现图表，还需要对图表进行编辑加工和格式化处理，以达到既突出重点信息又美观可人的效果。

本章主要是介绍图表格式化的基本方法和思路，具体每种图表的格式化将在后面的有关章节进行介绍。

5.1 图表结构及主要元素

在一个图表中，有很多图表元素（图 5-1），这些元素都有自己的名称和专业术语，搞清楚这些术语有助于编辑加工图表。

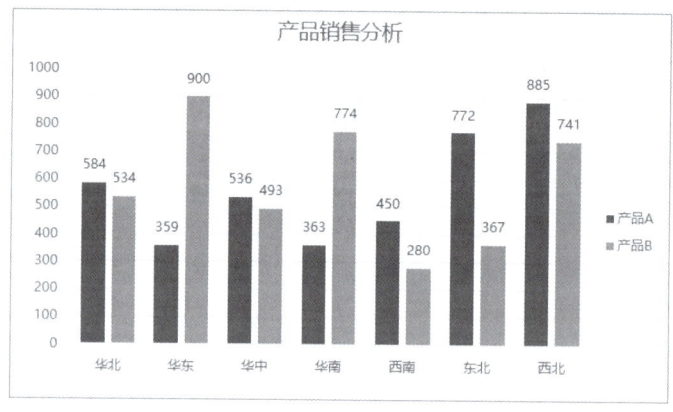

图5-1　图表元素示例图

1. **图表区**

图表区表示整个图表，包含所有数据系列、坐标轴、标题、图例、数据表等。

2. **绘图区**

绘图区是图表的一部分，包括垂直坐标轴和水平坐标轴及其负轴包围的区域。也就是数据系列和网格线所在的区域。

3. 数据系列

数据系列是一组数据点，一般情况下就是工作表的一行或一列数据。

例如，在折线图中，每条折线就是一个数据系列；在柱形图中，每组颜色相同的柱形就是一个数据系列。

图表中的每个数据系列具有唯一的颜色或图案，并且在图表的图例中表示。

Excel 会自动将工作表数据中的行或列标题作为系列名称使用。系列名称会出现在图表的图例中。

系列名称也可以自己定义。如果在绘制图表时，既没有行或列标题作为系列名称使用，也没有由用户自己定义，那么 Excel 会自动将各个数据系列的名称命名为"系列1""系列 2""系列 3"等。

4. 数据点

数据点就是工作表中某个单元格的值，在图表中显示为条形、线形、柱形、扇形、点或其他形状。例如，柱形图中每个柱体就是一个数据点，饼图中的每块饼就是一个数据点，XY 散点图中每个点就是一个数据点。

5. 数据标志

数据标志是一个数据标签，是指派给单个数据点的数值或名称。它在图表上的显示是可选的。数据标签可以包含很多项目，如"系列名称""类别名称""值""百分比"等。

（1）系列名称：即每个系列的名称，也就是图例中的名称。

（2）类别名称：即分类轴上的单个标记，如前面图表横轴上的"华北""华南""西北"等。

（3）值：即每个数据点具体的数值。

（4）百分比：即每个数据点的具体数值占该系列所有数据点数值总和的百分比。

6. 坐标轴

一般情况下，图表有两个用于对数据进行分类和度量的坐标轴：分类轴（或/和次分类轴）和数值轴（或/和次数值轴）。三维图表有第三个轴。饼图或圆环图不显示坐标轴。

某些组合图表一般还会有次分类轴和次数值轴。

通常，主数值轴在绘图区的左侧，而次数值轴在绘图区的右侧（对于条形图，主数值轴在绘图区的下部，而次数值轴在绘图区的上部）。

次数值轴出现在主数值轴的绘图区的对面，它用在绘制混合类型数据的图表（如数量和价格、金额和百分比，以及特殊的图表）。

分类轴就是通常所说的 x 轴，数值轴就是通常所说的 y 轴。

次分类轴出现在主分类轴的绘图区的反面。一般情况下，主分类轴在绘图区的底部，而次分类轴在绘图区的上部。

坐标轴包括坐标刻度线、刻度线标签和轴标题等。刻度线是类似于直尺分隔线的短度量线，与坐标轴相交。刻度线标签用于标识坐标轴的分类或值。轴标题是用于对坐标轴进行说明的文字。

7. 图表标题

图表标题用于对图表的功能进行说明，通常出现在图表区的顶端居中位置。

8. 网格线

网格线是指添加到图表中便于查看数据的线条，是坐标轴上刻度线的延伸，并穿过绘图区。有了网格线，就很容易回到坐标轴进行参照。

网格线分为水平网格线和垂直网格线。

根据图表类型不同，有的图表会自动显示数值轴的主要网格线。

9. 图例

图例是一个文本框，用于标识图表中的每个数据系列。默认情况下，有的 Excel 版本将图例放在图表的右侧，有的 Excel 版本将图例放在图表的底部。

10. 分类间距和系列重叠

分类间距用于控制柱形簇或条形簇之间的间距；分类间距的值越大，数据标记簇之间的间距就越大，相应的柱形簇或条形簇就越细。

系列重叠用于控制柱形簇或条形簇内数据点的重叠。系列重叠比例越大，数据标记簇之间的重叠就越厉害。

11. 趋势线

趋势线以图形方式说明数据系列的变化趋势。它们常用于绘制预报图表，这个预报过程也称为回归分析。

支持趋势线的图表类型有非堆积型二维图表，包括柱形图、条形图、折线图、XY 散点图等；但不能向三维图表、堆积型图表、雷达图、饼图或圆环图的数据系列中添加趋势线。如果更改了图表或数据系列而使之不再支持相关的趋势线，例如将图表类型更改为三维图表或者更改了数据透视图或相关联的数据透视表，则原有的趋势线将丢失。

12. 高低点连线

高低点连线是在图表几个数据系列之间的最大值和最小值之间的一条垂直线条，用于标识高点和低点之间的距离。在折线图、XY 散点图中，高低点连线是很有用的。

13. 垂直线

垂直线是数据点与分类轴之间的一垂直线条，用于折线图中。

14. 涨 / 跌柱线

用于在折线图中显示数据上涨量或下降量的实体柱形，多用于分析因素变化。涨 / 跌柱线在折线图才会有。

15. 误差线

误差线以图形方式显示了与数据系列中每个数据标志相关的可能误差量。例如，可以在科学实验结果中显示 ±5% 的可能误差量。

支持误差线的图表有面积图、条形图、柱形图、折线图、XY（散点）图和气泡图。对于 XY 散点图和气泡图，可单独显示 X 值或 Y 值的误差线，也可同时显示两者的误差线。

16. 数据表

显示在图表底部的绘图数据表格，用于展示绘图数据，又称模拟运算表。当数据系列很多时，数据表就比较有用了，此时若在图表上显示数据标签，会使图表很乱，但数据表就会让图表显得非常整洁。

5.2 为图表添加元素

如果图表没有某个元素，如没有图表标题，没有数据标签，可以为其添加。方法是在"设计"选项卡中，单击最左侧的"添加图表元素"下拉按钮，然后选择要添加的元素即可，这些内容，在第 4 章已经做了详细介绍。

5.3 选择图表元素的方法

一般来说，单击图表上的柱形、条形、图例、标题、坐标轴等，就选中了该元素。但是，在有些情况下，这种直接点选的方法不好用。例如在默认情况下，销售额和占比两个数据系列都会绘制在主轴上，但是需要把占比绘制在次轴上，并用折线图表示，此时的占比数据是横卧在横轴上的一条与横轴重合的线条，很不容易选择。

选择图表元素的最佳方法是使用图表元素选择下拉列表框，它位于"格式"选项卡里最左侧的"当前所选内容"功能组中，如图 5-2 所示，单击下拉按钮，展开图表元素列表，然后从下拉列表中选择某个元素即可。

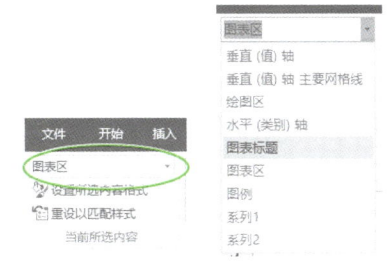

图5-2　图表元素选择框

5.4 设置图表元素格式的工具

图表格式化是在"格式"选项卡中进行的，如图 5-3 所示。

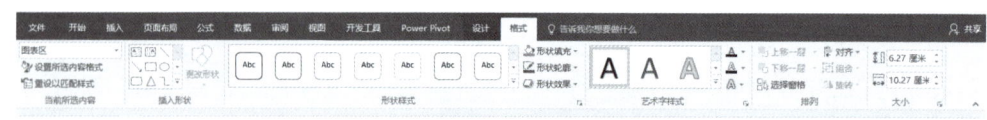

图5-3　图表的"格式"选项卡

在此选项卡中,从图表元素下拉列表框中选择某个元素,单击"设置所选内容格式",打开该元素的格式对话框,这个对话框出现在工作表的右侧,然后就可以进行有关的设置,如图5-4所示。

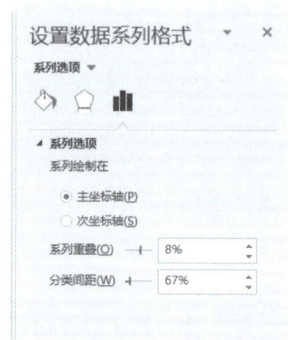

图5-4　工作表右侧出现的图表元素格式对话框

5.5 格式化图表区

扫码看视频

图表区格式设置的主要项目包括边框、填充颜色、字体、大小、属性,如图5-5所示。

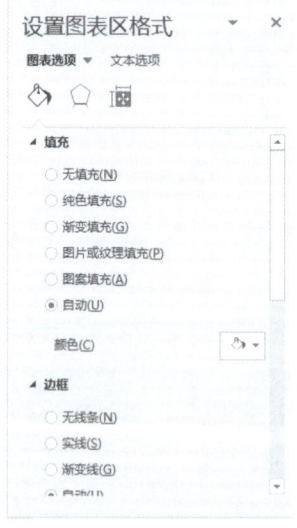
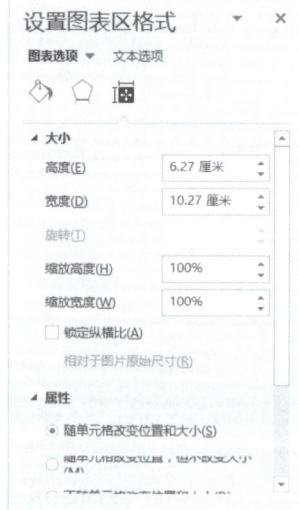

图5-5　设置图表区格式

这里需要特别说明的是，如果设置图表区的字体，就会把图表上所有元素的字体统一设置。

属性是指图表要不要打印、要不要锁定、是否随单元格改变位置和大小。

5.6 格式化绘图区

绘图区格式设置的主要项目是设置填充和边框，如图 5-6 所示。

绘图区设置应与图表区协调。一般情况下，绘图区设置为无边框、无填充。

扫码看视频

图5-6　设置绘图区格式

5.7 格式化坐标轴

坐标轴包括分类轴和数值轴，设置的项目包括线条、填充、对齐方式、坐标轴选项（项目比较多，如最小值、最大值、单位等），坐标轴要逐个项目仔细设置，如图 5-7 所示。

扫码看视频

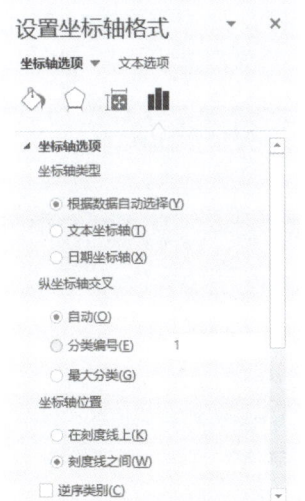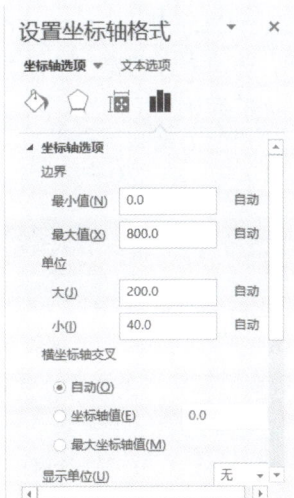

图5-7　设置坐标轴格式

5.8 格式化图表标题、坐标轴标题、图例

标题和图例的设置比较简单，没有的就根据需要添加，有的就设置其格式。设置的内容主要就是字体、边框、对齐方式、位置等。

扫码看视频

5.9 格式化网格线

图表的网格线分为水平网格线和垂直网格线。格式化网格线是美化图表非常重要的一项工作，因为网格线的样式、颜色、粗细等关系到图表的阅读性和美观性。尤其是在绘制 XY 散点图和折线图这样的图表时，网格线会在一定程度上影响图表数据与曲线的观察和分析。一般情况下，对网格线主要是设置其图案格式，即网格线线条的样式、颜色和粗细，要特别注意这些项目要与图表的整体结构和颜色相匹配。

5.10 格式化数据系列

数据系列是图表的重要组成部分，是图表的核心。为了使图表能够清楚、准确地表达信息，对数据系列进行格式化就是非常重要的。

如图 5-8 所示，对数据系列进行格式化的主要内容包括以下几点。

（1）设置系列的边框和填充颜色，或者线形和数据标记等。
（2）设置系列的坐标轴位置，即是绘制在主坐标轴上还是绘制在次坐标轴上。
（3）设置系列的分类间距和重叠比例。
（4）设置系列的其他选项，包括是否显示系列线、是否依数据点分色等。

对于折线图，还可以设置是否显示垂直线、高低点连线、涨/跌柱线等；对于饼图，还可设置第一扇区的起始角度；对圆环图，还可设置第一扇区的起始角度和圆环图内径大小；对气泡图，还可设置气泡的大小、表示方式及缩放比例等。

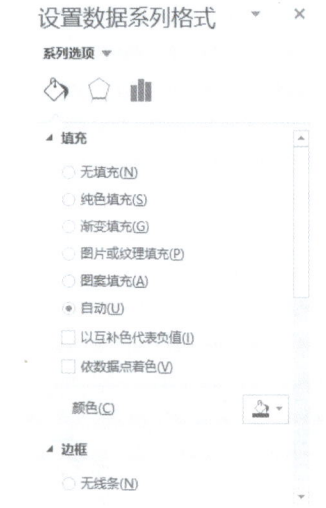  

图5-8　设置数据系列格式

5.11 格式化数据标签

数据标签是数据系列的一项重要设置。数据标签主要包括标签内容（单元格的值、系列名称、类别名称、值、百分比等）、标签位置、字体、对齐等，如图 5-9 所示。

设置数据标签的内容是此处的重点。对不同类型的图表，要显示不同的内容，如柱形图和折线图显示值、饼图和圆环图显示百分比等，也可以显示指定单元格的数据。

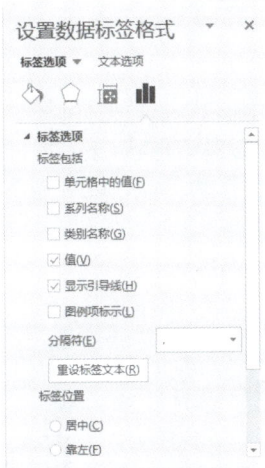

图5-9　设置数据标签格式

5.12 突出标识图表的重点信息

图表绘制完成后，可以使用形状或单独设置数据点格式来强调某个重点信息，如图 5-10 所示。

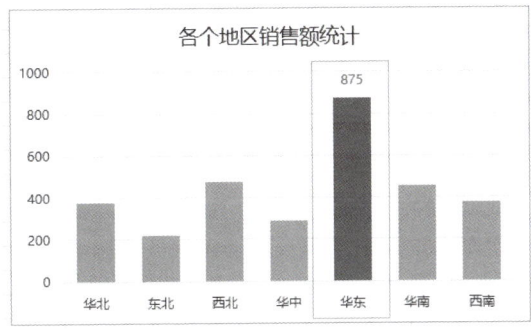

图5-10　突出标识图表的重点信息

5.13　让图表元素显示为单元格数据

为使图表自动说明重要的信息，也可以将图表的某些元素显示为单元格数据。

例如在制作动态图表时，希望图表标题随着选项的变化而显示为不同的说明文字，就可以先选择图表标题，再单击编辑栏，输入等号（=），再用鼠标点选指定的单元格，按 Enter 键即可。

5.14　让数据点显示为形状

扫码看视频

图 5-11 就是利用形状来特别修饰重点信息。具体方法是：先在工作表上插入一个形状，然后复制该形状（按 Ctrl+C 快捷键），再选中某个数据点（先单击数据系列，再单击该数据点，就单独选中了该数据点），按 Ctrl+V 快捷键即可。

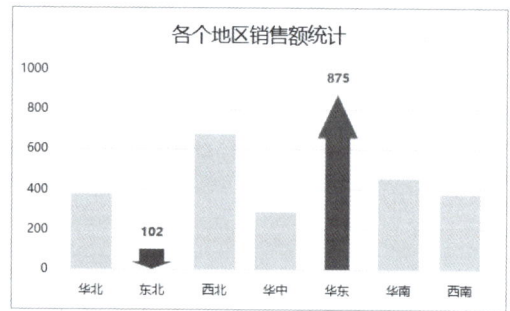

图5-11　让数据点显示为形状

5.15　简单的是美的

图表是用来传达信息的，图表不是时装秀，因此，图表的美化不应影响主体信息的表达。

一句话：简单的就是美的。

趋势分析图

数据表中有时间序列时,需要对数据进行趋势分析。趋势分析的目的,是了解数据在过去的波动和变化,以便及时预测未来的发展趋势。

6.1 趋势分析的常见图表类型

趋势分析中,最常见的图表是折线图和 XY 散点图,有时候还需要把折线图与柱形图、折线图与面积图结合。

6.1.1 折线图及其设置与应用

折线图是趋势分析中最常见的图表,绘制也很简单,如图 6-1 所示。

扫码看视频

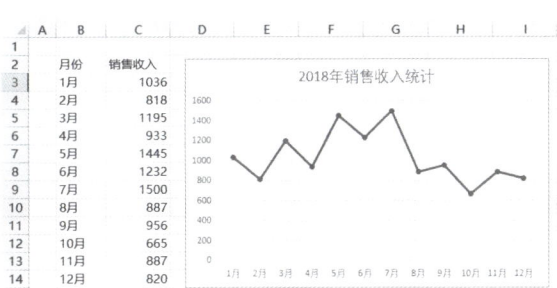

图6-1　普通的折线图

有些情况下,添加垂直网格线和水平网格线,合理设置网格线主要刻度,以及设置网格线的线条样式和颜色,可以使折线图看起来更加美观,如图 6-2 所示。

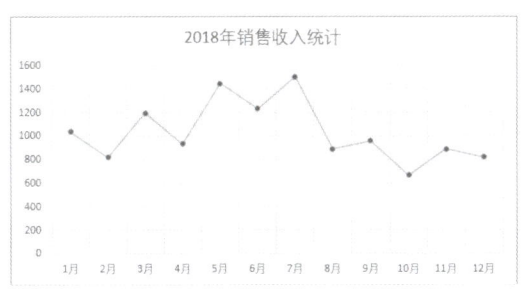

图6-2　使用垂直网格线和水平网格线

折线图的折线，需要合理设置其线条颜色和线条粗细，同时还要注意是否显示数据标记，以及数据标记的颜色和大小，这些都是在"设置数据系列格式"对话框里进行的，如图 6-3 和图 6-4 所示。

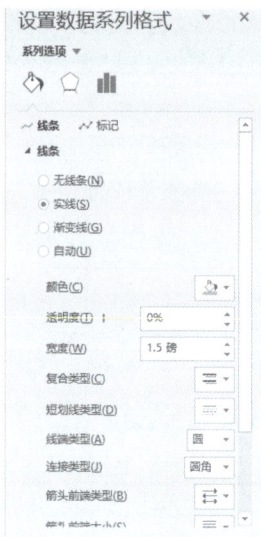

图6-3　设置线条格式

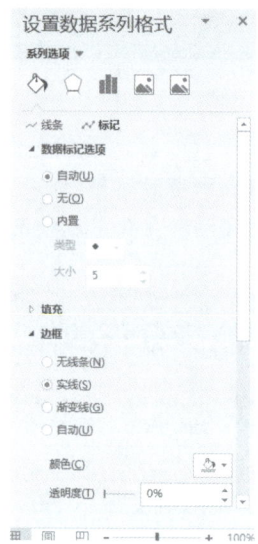

图6-4　设置标记格式

如果不希望折线图的线条转折太生硬，最好圆滑些，可以将线条设置为"平滑线"，如图 6-5 所示。

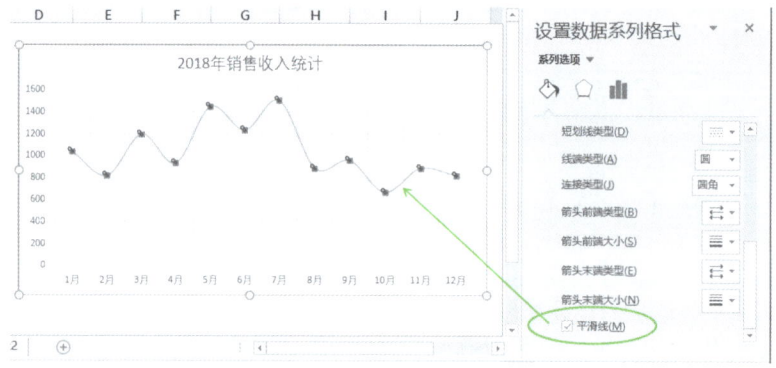

图6-5　将折线的线条设置为平滑线

一般来说，如果是一条或者两条折线（两者相差也大些），可以在线条上显示数据标签，这样可以更加直观地查看数据的大小。

根据数据的大小和变化情况，合理安排数据标签的显示位置是非常重要的，必要时需要手工来挪动某些数据点的标签位置。图 6-6 所示就是在线条上面显示数值的图表。

既然折线图可以用来做定性预测，观察趋势，那么插入趋势线就是一个好主意。

添加趋势线要根据实际数据的波动量和趋势，选择合适的趋势线类型，并设置趋势线的线条颜色和线型，以区别主线条。

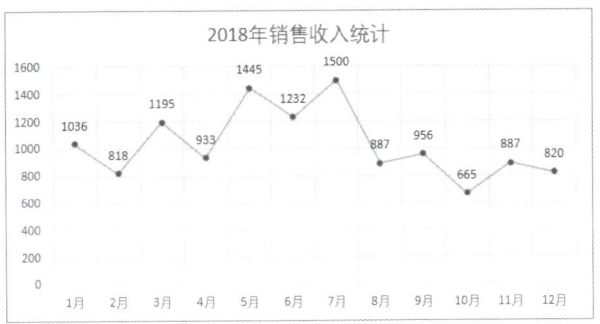

图6-6 显示数据标签

当添加趋势线时，显示数据标签会干扰对趋势的分析，因此不建议显示数据标签。图 6-7 所示就是添加了趋势线的图表。

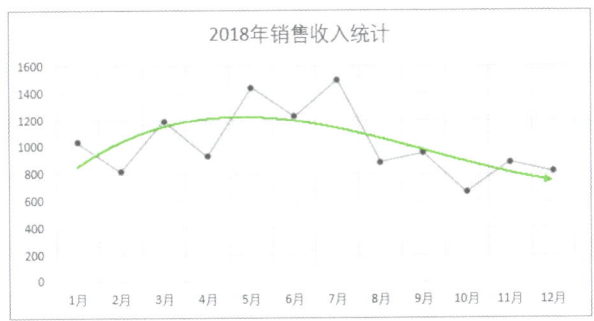

图6-7 添加了趋势线，对数据的发展趋势进行预测

如果是多个系列的折线图，最好绘制不带数据标记的折线图，如图 6-8 所示。

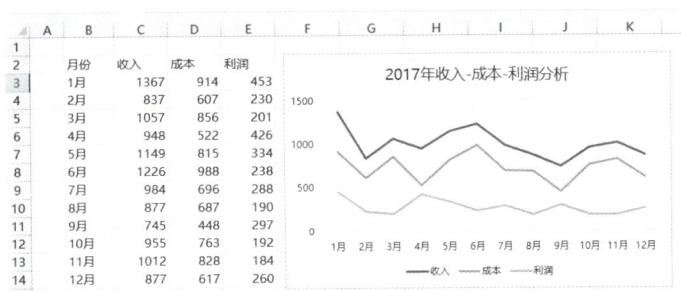

图6-8 多个数据系列的折线图

6.1.2 折线图与柱形图结合

当只有一条折线来表达数据时，显得比较单薄，尤其是在分析销售量、销售额、利润等这样的经营数据时，不仅要看变动和趋势，还要看量能的积累，此时，可以联合使用折线图和柱形图来同时表达这些信息。图 6-9 所示就是一个这样的图表。

扫码看视频

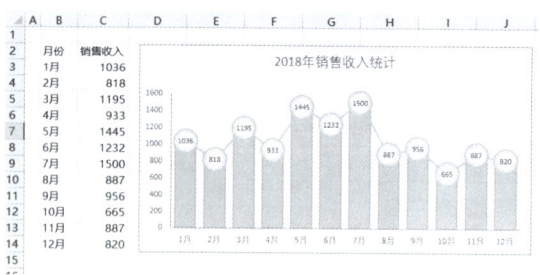

图6-9 折线图与柱形图组合

这个图表的制作不复杂，下面是这个图表的制作要点。

（1）将销售收入绘制成两个数据系列，一个是带数据点的折线图，一个是柱形图。

（2）设置柱形的分类间距值为合适的值，并设置柱形的填充颜色。

（3）设置折线的线条颜色、数据标记的类型和大小，以及边框颜色和填充颜色，如图6-10所示。这里选择数据标记为"内置"的圆圈，大小为23，边框为复合类型，宽度为3.5磅。

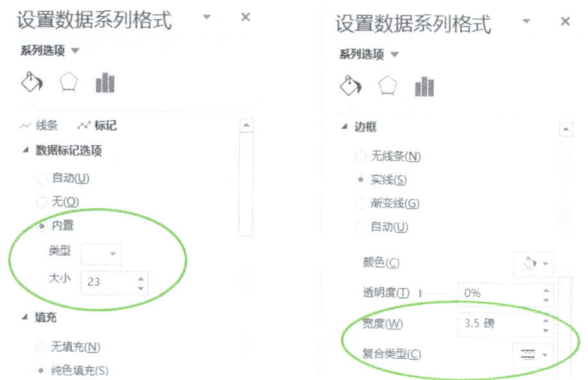

图6-10 设置折线数据点标记的格式

（4）为折线添加数据标签，居中显示，这样数据正好显示在数据标记的圆圈之内。

6.1.3 折线图与面积图结合

扫码看视频

折线图和柱形图组合能够表达大小和变动趋势，但仍有一个不能令人满意的地方：柱形的宽度要设置合适的值，太宽或太窄都不好看，这样的柱形有种让人不舒服的感觉。

换个思路考虑问题，如果把折线图与面积图联合使用呢？效果如图 6-11 所示。

这个图表的表达力比折线图与柱形图组合的图表更强一些，也更给人一种踏实的感觉。这个图表绘制起来也很简单，无非就是把销售收入画两个系列，一个绘制成带数据点的折线，一个绘制成普通的面积图，然后合理设置面积图的填充颜色和折线图的线条颜色及标记格式。

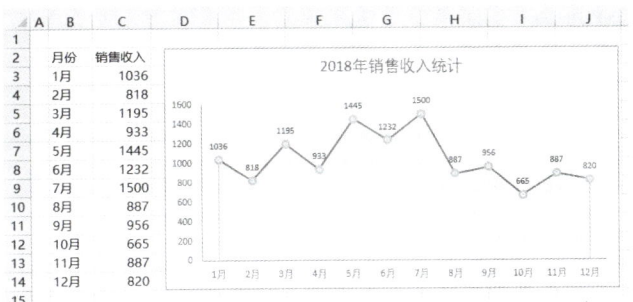

图6-11　折线图与面积图组合

6.1.4　XY 散点图及其设置与应用

扫码看视频

XY 散点图就是反映两个变量之间关系的图表，如销量与成本的关系、销量与广告投入的关系、温度与压力的关系。这两个变量都是数字，构成因果关系。

XY 散点图并不难画，选择数据区域，插入 XY 散点图即可。

XY 散点图的一个重要应用，是建立预测模型，对数据进行预测。图 6-12 就是一个例子，以销售量作为 X 变量，以销售成本作为 Y 变量，绘制 XY 散点图，然后添加线性趋势线，设置趋势线格式，选中"显示公式"和"显示 R 平方值"复选框，如图 6-13 所示。

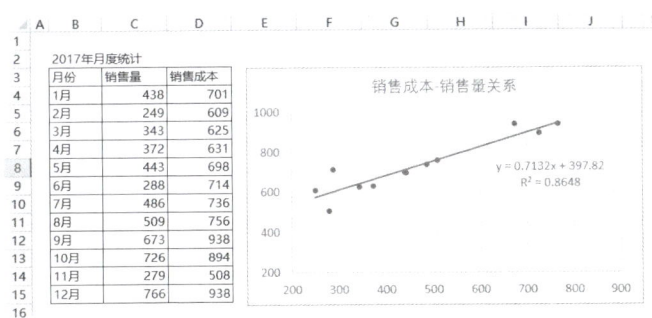

图6-12　XY散点图，显示预测方程

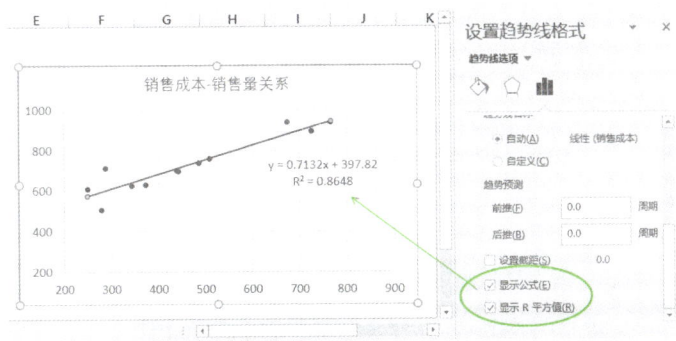

图6-13　添加趋势线，选中"显示公式"和"显示R平方值"复选框

6.2 经典趋势分析图表

了解了折线图和 XY 散点图的基本用法和设置方法,下面介绍几个利用折线图或 XY 散点图进行数据分析的经典图表。

6.2.1 寻找历史极值和波动区间

扫码看视频

在一个历史价格数据中,如何在图上展示出历史最低价格和最高价格,以及价格的波动区间来?这样的分析图表效果如图 6-14 所示。

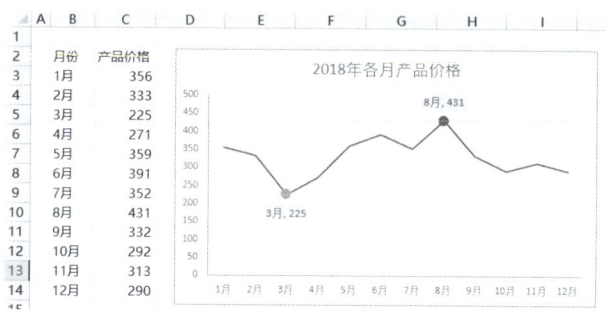

图6-14 自动标识最低价格和最高价格,以及价格变动区间

这个图表有以下两个特点。

- 自动标识最低价格和最高价格发生在哪个月,价格是多少。
- 自动绘制上、下标识最高价格和最低价格的线条,标识价格波动区间。

这个图表的制作,需要设计辅助列来完成,辅助列设计如图 6-15 所示。各个单元格的公式如下:

单元格E3:=IF(C3=MIN($C$3:$C$14),C3,NA())

单元格F3:=IF(C3=MAX($C$3:$C$14),C3,NA())

单元格G3:=MAX($C$3:$C$14)

单元格H3:=MIN($C$3:$C$14)

	A	B	C	D	E	F	G	H
1								
2		月份	产品价格		最低点	最高点	最高价格线	最低价格线
3		1月	356		#N/A	#N/A	431	225
4		2月	333		#N/A	#N/A	431	225
5		3月	225		225	#N/A	431	225
6		4月	271		#N/A	#N/A	431	225
7		5月	359		#N/A	#N/A	431	225
8		6月	391		#N/A	#N/A	431	225
9		7月	352		#N/A	#N/A	431	225
10		8月	431		#N/A	431	431	225
11		9月	332		#N/A	#N/A	431	225
12		10月	292		#N/A	#N/A	431	225
13		11月	313		#N/A	#N/A	431	225
14		12月	290		#N/A	#N/A	431	225

图6-15 设计辅助列,组织绘图数据

这里使用了一个基本知识和技能:在绘制折线图时,如果不想绘制某个数据点,就用错误值 #N/A 来代替。由于是要在公式里输入这个错误值,因此使用了 NA 函数来自动产生这个错误值。

以这 6 列数据绘制折线图，得到一个基本的折线图，如图 6-16 所示。

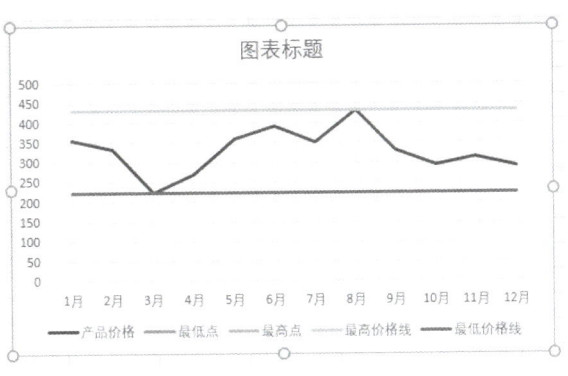

图6-16 初步得到的折线图

下面对这个图表进行格式化。

步骤① 删除图例，删除网格线，并修改图表标题。

步骤② 设置上下两条代表最高价格和最低价格的线条格式（颜色、粗细等）。

步骤③ 分别选择数据系列"最低点"和"最高点"，设置其格式，注意要重点设置数据点的标记，并添加数据标签，标签的项目是"类别名称"和"值"，其中系列"最高点"的数据标签显示在上方，系列"最低点"的数据标签显示在下方，并设置标签字体颜色和填充颜色。

步骤④ 设置两个坐标轴的线条颜色和线型。

这样，就完成了显示最低价格、最高价格和价格波动区间的图表。

6.2.2 选择某段区间跟踪监控

如果价格数据是一年或者几年来每天的价格，这么多的数据一起查看就显得比较乱。此时，可以制作一个动态图表，任意选定要查看的起始时间和截止时间，观察这段时间内的价格变化情况。

扫码看视频

图 6-17 所示的 A 列和 B 列是玉米采购价格的汇总表，数据比较多。这里使用了两个组合框，分别选择开始日期和结束日期，图表仅显示这两个日期之间的数据。

这是一个典型的基于动态滚动区域绘制的图表。由于组合框得到的是一个选中日期的位置号，那么就可以使用 OFFSET 函数定义动态名称，并以此动态名称制作这个动态图表。

步骤① 定义一个动态名称"日期序列"，其引用位置为：

=OFFSET($A$2,,,COUNTA($A:$A)-1,1)

这个名称准备用作两个日期选择组合框的数据来源。

步骤② 插入两个组合框，分别用于选择开始日期和结束日期，它们的"数据源区域"均是名称"日期序列"表示的日期区域，"单元格链接"分别是F2和F3，"下拉显示项数"均设置为15，如图6-18和图6-19所示。

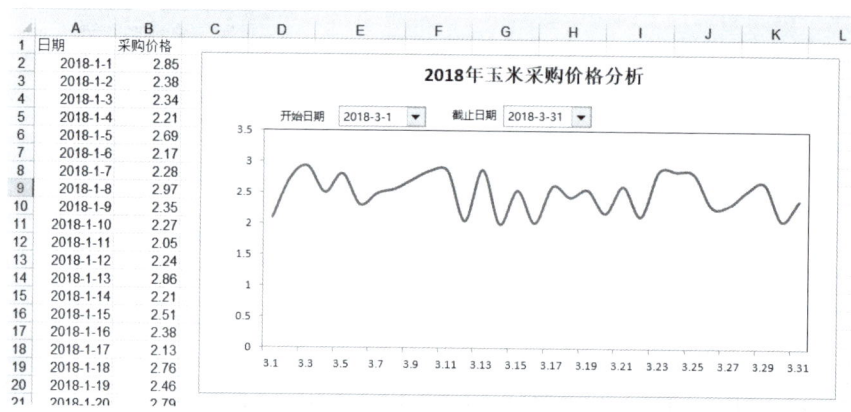

图6-17　玉米采购价格分析

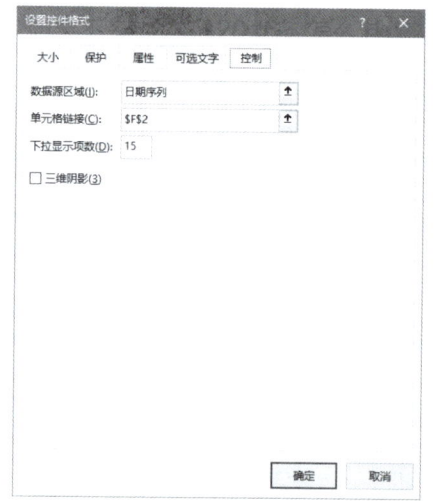 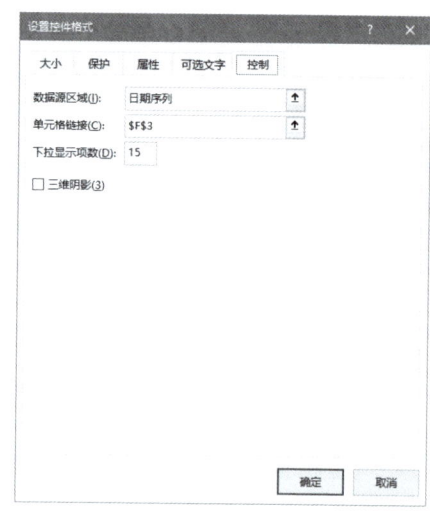

图6-18　选择开始日期组合框的控制属性　　图6-19　选择结束日期组合框的控制属性

步骤3　定义下面两个动态名称。

采购日期：=OFFSET($A$2,$F$2-1,,$F$3-$F$2+1,1)

采购价格：=OFFSET($B$2,$F$2-1,,$F$3-$F$2+1,1)

步骤4　利用定义的名称绘制平滑线折线图，并美化图表。

步骤5　在图表上插入标签，将标题文字分别修改为"开始日期"和"截止日期"。

步骤6　将图表置于底层，以便让两个控件和标签显示在图表的上方。调整图表大小和位置，并移动组合框到图表上的合适位置，将图表和控件组合起来。

这样，要求的图表就制作完成了。

6.2.3　预算差异跟踪分析

预算分析中，重点是了解预算执行的偏差是多大，这种偏差的发展趋势是什么，造成偏差的原因是什么，以及如何扭转这样的偏差。

但是，大部分人在做预算分析时，采用的是柱形图的表达方式，如图 6-20 所示。这种图表，无论是各月预算和实际的大小比较，还是各月偏差数的表示，都是不太清楚的。

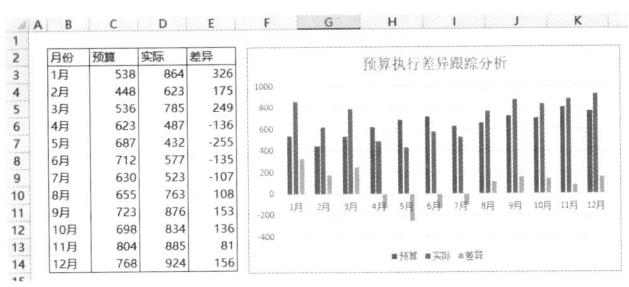

图6-20　普通柱形图表示的预实分析

既然是各个月的预算执行情况，那么不仅仅是要了解每个月预算和实际执行的大小，还要重点表达出每个月预算执行的偏差值，以及这种偏差的变化趋势。这样，使用折线图就是一个比较好的选择，如图 6-21 所示。

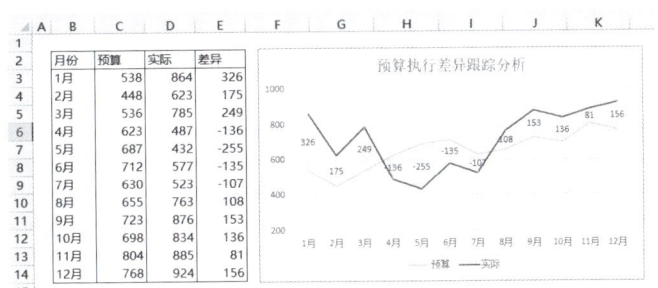

图6-21　以折线图进行预算分析，差异值在预算和实际两条线的中间

从图 6-21 中不仅可以看出预算和实际的各月变动及趋势，还可以非常清楚地看出每个月的偏差大小。

这个图表的关键点是如何把差异值显示在两条线的中间，至于预算和实际两条线，无非就是普通的折线图，设计一个辅助区域，计算预算和实际的平均值，这个平均值也要画一条线，然后利用这条线来显示差异值，是不是目的就可以达到了？

要点1： 辅助区域如图6-22所示，G列是辅助列，单元格G3的公式为=(C3+D3)/2。

要点2： 以数据区域B2:D14和G2:G14绘制折线图，得到图6-23所示的基本图表。

要点3： 对这个图表进行基本的格式化。

（1）修改图表标题为"预算执行差异跟踪分析"。

（2）删除图例中的项目"中点"，方法是，先单击图例，再单击其中的项目"中点"，就单独选中了"中点"，然后按 Delete 键删除。

（3）设置数值轴的格式，将其最小值设置为 200，主要刻度间距值设置为 200，如图 6-24 所示。这么设置的目的是更加清楚地观察预算和实际执行的偏差。

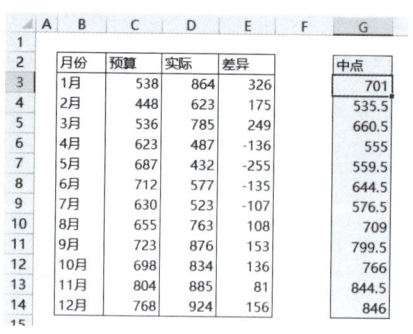

图6-22 设计辅助区域，计算预算和实际的平均值

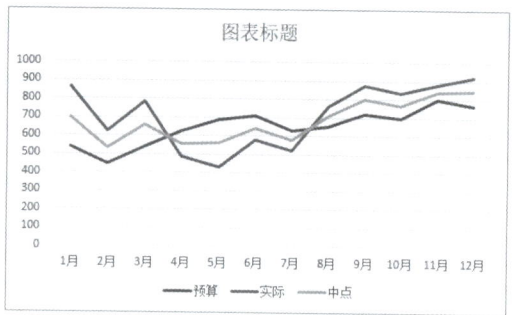

图6-23 基本的折线图

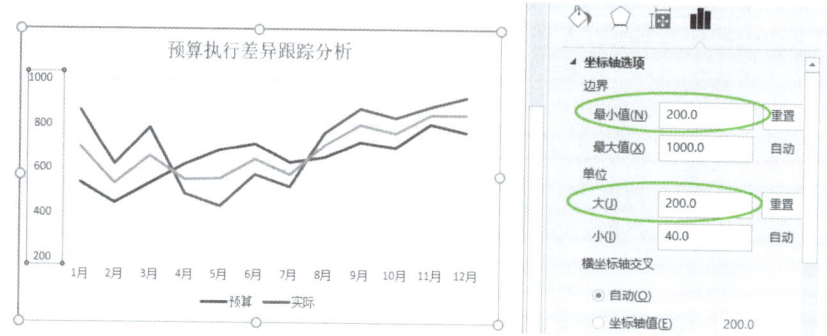

图6-24 设置数值轴的最小值和主要刻度

要点4：设置中点这条线的格式。

（1）将系列"中点"的线条设置为"无线条"，这样就看不见这条线了。

（2）为系列"中点"添加数据标签，注意标签的显示位置是"居中"，标签选项选择"单元格中的值"，然后在"数据标签区域"对话框的"数据标签区域"中引用"差异"数据区域，如图6-25所示。

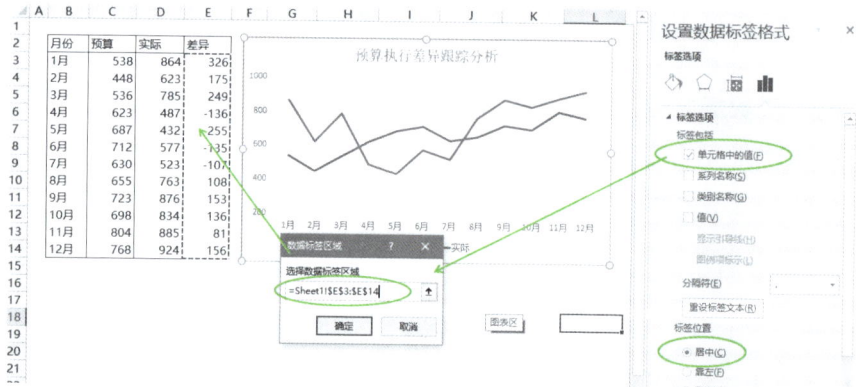

图6-25 为系列"中点"添加数据标签

76

要点5：为折线添加"高低点连线"，并设置其格式。

要点6：设置预算和实际两条线的线条颜色、样式、粗细。

这样，就得到了图 6-26 所示的图表。

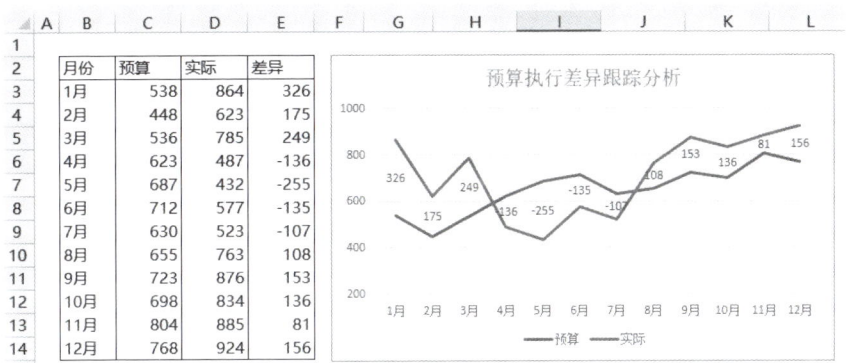

图6-26　将差异值显示在预算和实际两条线的中间

6.2.4　用不同类型的折线表示不同阶段的数据

折线图是对过去和将来的趋势分析。能不能把不同阶段的折线用不同线型和颜色表示呢？

图 6-27 所示就是这样的一个例子，一年的四个季度用不同颜色的折线表示，季度之间用虚线连接。

扫码看视频

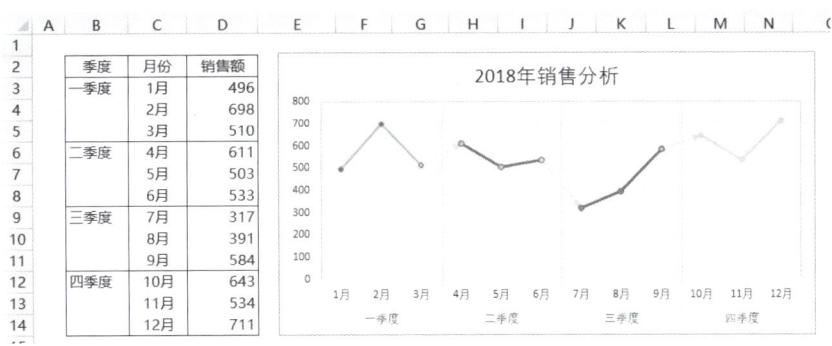

图6-27　用不同颜色的线条表示四个季度

这个图表是根据一个辅助区域绘制的，如图 6-28 所示。根据图表的布局要求，把每个季度的数据进行整理组合，然后再绘制折线图，并进行格式化。

季度	月份	销售额
一季度	1月	496
	2月	698
	3月	510
二季度	4月	611
	5月	503
	6月	533
三季度	7月	317
	8月	391
	9月	584
四季度	10月	643
	11月	534
	12月	711

		一季度	连接线	二季度	连接线	三季度	连接线	四季度
一季度	1月	496						
	2月	698						
	3月	510	510					
二季度	4月		611	611				
	5月			503				
	6月			533	533			
三季度	7月				317	317		
	8月					391		
	9月					584	584	
四季度	10月						643	643
	11月							534
	12月							711

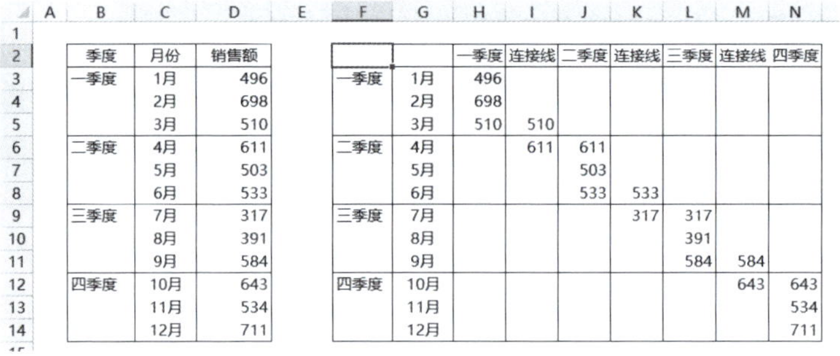

图6-28　辅助绘图数据区域

6.2.5　案例展示：反映过去、现在和未来的趋势分析

图 6-29 是一个图表示例。这个图表有以下特点。

（1）预算线是由两个不同部分组成的，已经执行的是实线，还没有执行的是虚线。

（2）图表区域中，已完成是一种颜色，当前月份是一种颜色，未来月份是一种颜色，用三种颜色分别表示过去、现在和将来。

月份	预算	实际	差异
1月	538	864	326
2月	448	623	175
3月	536	785	249
4月	623	487	-136
5月	687	432	-255
6月	712	577	-135
7月	630		
8月	655		
9月	723		
10月	698		
11月	804		
12月	768		

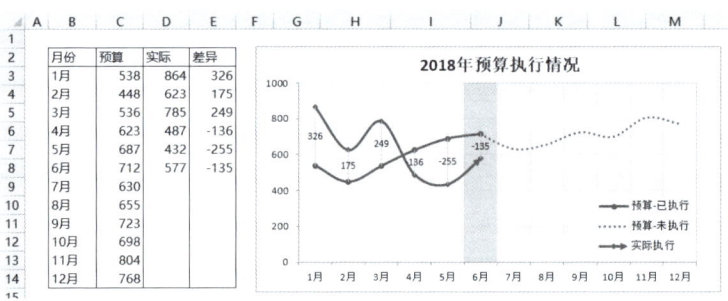

图6-29　反映过去、现在和未来的趋势分析图

随着时间的往前推移，图表会自动调整，如图 6-30 所示。

月份	预算	实际	差异
1月	538	864	326
2月	448	623	175
3月	536	785	249
4月	623	487	-136
5月	687	432	-255
6月	712	577	-135
7月	630	523	-107
8月	655	768	113
9月	723		
10月	698		
11月	804		
12月	768		

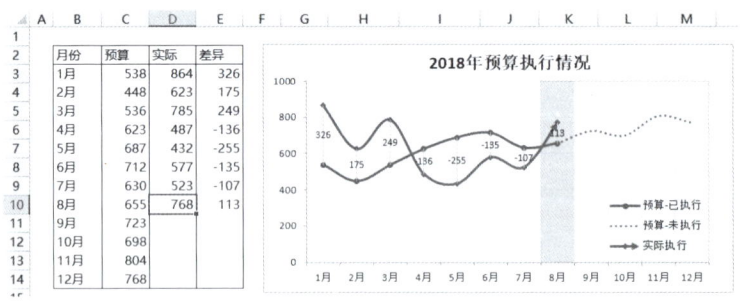

图6-30　时间推移，图表自动调整

这是一个比较复杂的组合图表，折线及差异值的显示前面已经介绍过了，三种背景颜色是通过柱形图来设置的。另外，预算线也分成了实线和虚线两段。需要设计一个逻辑稍微复杂的数据区域，才能完成这个图表。

第 7 章 对比分析图

对比分析是实际工作中经常遇到的数据分析，例如哪个地区销售最好、哪个产品销量最大、哪个部门人均成本最高、哪个业务员业绩最好等，这些都是对比分析的问题。本章就常见的对比分析问题进行研究，介绍几个经典的对比分析图表。

7.1 柱形图

> 对比分析中，常用的图表有柱形图和条形图，以及这些图表的变形和组合。针对不同的数据场景、不同的数据信息，这种组合和变形是非常灵活的。

7.1.1 簇状柱形图及其设置与应用

扫码看视频

簇状柱形图是最普通、也最常用的图表，相信大部分人画的第一张图就是簇状柱形图。簇状柱形图主要用来观察各个项目的大小，对于趋势分析就比较弱。

当要观察的数据系列不多时，使用簇状柱形图是比较合适的。但是，如果数据系列很多，这种图表就显得很拥挤，甚至无法清楚地表达你想要传递的信息。图 7-1 和图 7-2 就是这两种情况的比较。

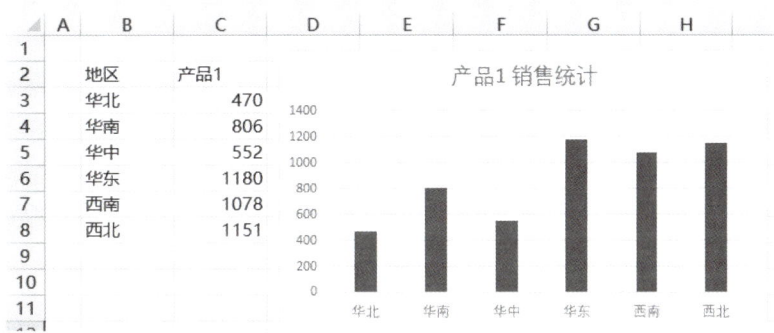

图7-1　数据系列不多时，簇状柱形图非常直观

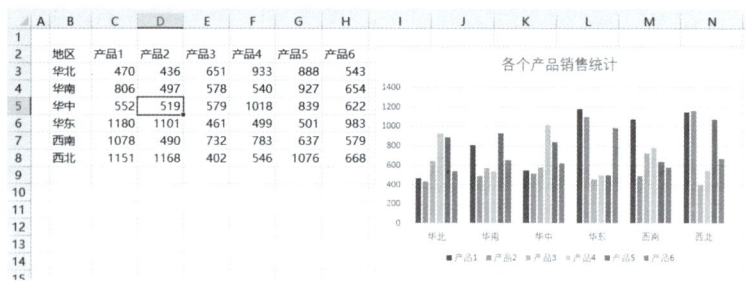

图7-2　数据系列较多时，簇状柱形图非常乱

对于簇状柱形图来说，要重点做好以下几个设置。

1. 设置柱形的填充颜色

柱形的填充颜色不仅关系到美感，对于几个系列的柱形，其颜色搭配就更重要了。一般来说，柱形填充颜色忌讳大红大绿强烈对比的色彩，而应该使用一种比较柔和的色彩。

图7-3和图7-4就是对比去年和今年两个系列柱形的默认颜色以及设置后的颜色。

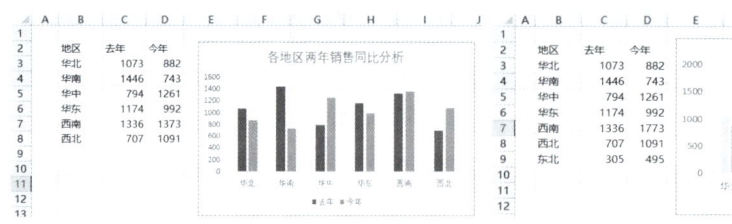

图7-3　默认颜色的柱形图　　　　图7-4　设置颜色后的柱形图

2. 设置分类间距和系列重叠

默认情况下，柱形的系列重叠比例是-27%，分类间距是219%，依据版本的不同有所不同，如图7-5所示。这样的分类间距和重叠比例是不合适的。

分类间距，从字面解释，就是分类之间的间距，这里就是柱形之间的间距（在条形图中，就是条形的间距）。这个间距一般设置为60%~90%比较合适，过大过小都不好。

图7-5　默认的重叠比例和分类间距

系列重叠，从字面上解释，就是不同数据系列柱形之间是否重叠，重叠多少。对于只有一个数据系列的柱形图，这个系列重叠比例没什么意义。但是，对于存在多个系列的柱形图来说，合理设置这个比例，可以让图表更加清晰。

图7-6（a）所示是默认的情况，图7-6（b）所示就是把一个系列的柱形图分类间距设置为75%时的情形，还重新设置了柱形的填充颜色。

图7-7和图7-8所示就是同样调整两个系列之间的重叠比例，以及各个柱形的分类间距。

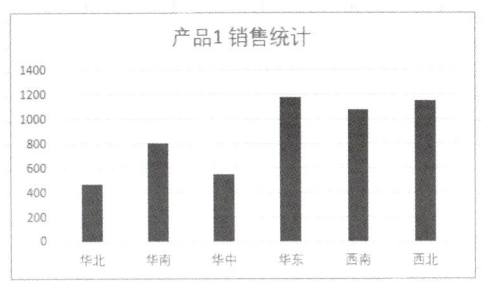
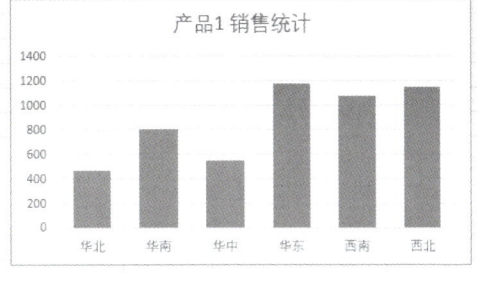

（a） （b）

图7-6 设置柱形填充颜色，调整分类间距前后的对比

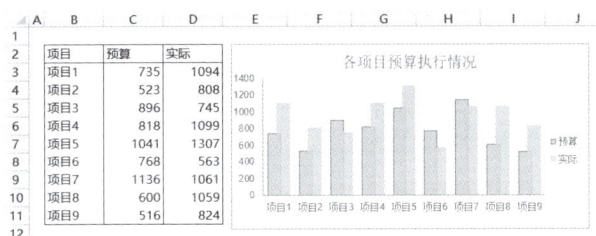

图7-7 分类间距设置为75%，重叠比例设置为30%

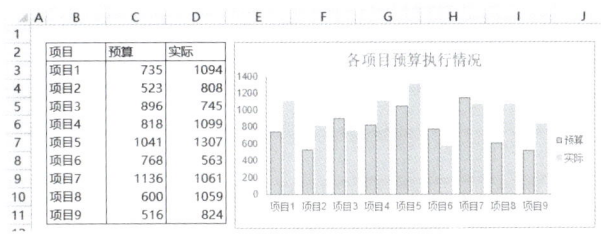

图7-8 分类间距设置为75%，重叠比例设置为-20%

3. 设置显示数据标签

大多数情况下，数据标签是柱形图的一个必备显示参数，这样可以直接看出每根柱形数值的大小。不过，在数据系列不多的情况下，这种设置是可以的；如果有很多系列，再显示数据标签就非常凌乱。图 7-9 和图 7-10 所示就是这两种情况下的示例比较。

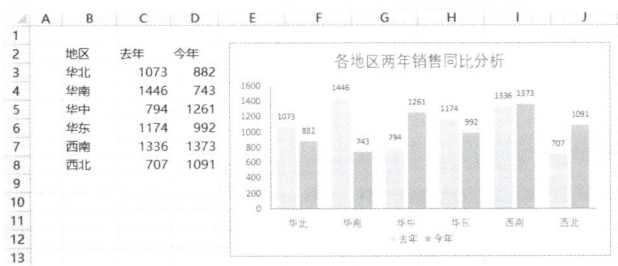

图7-9 数据系列不多，显示数据标签比较清楚

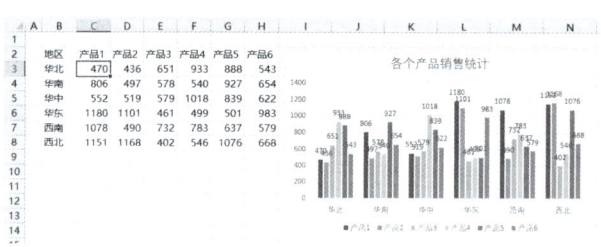

图7-10　数据系列较多，显示数据标签就显得非常乱

4. 设置数值的轴刻度单位

另外一个问题，如果实际数字很大，不论一个数据系列，还是多个数据系列，这样的数字显示都是很困难的。此时，可以通过设置数值轴的单位来缩小数字显示，其操作在"设置坐标轴格式"对话框中进行，如图7-11所示。

图7-12和图7-13所示就是设置数值单位前后的图表对比。设置图表数值轴单位，不影响工作表单元格的数字显示。

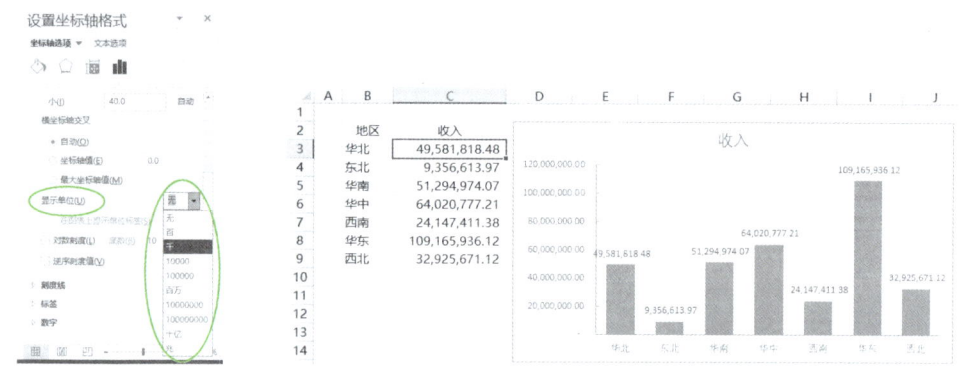

图7-11　在数值轴上显示单位

图7-12　设置数值轴单位前

当设置数值轴单位后，会在数值轴的旁边显示单位标签。如图7-13所示中的"百万"，它的方向不好看，可以选择它后设置其文字方向，如图7-14所示。

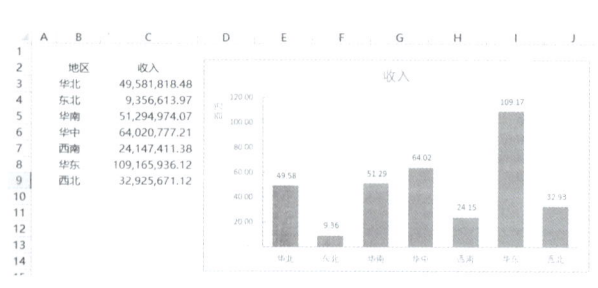

图7-13　设置数值轴单位后

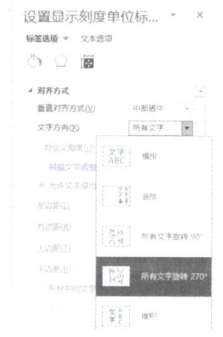

图7-14　设置刻度单位标签的文字方向

5. 设置数据标签的自定义数字格式

也可以在单元格里设置数字的自定义格式，单元格数字显示的是什么样子，图表上也就显示什么样子。

当然，也可以不用去管表格怎么样，而直接在图表上设置数据标签的自定义数字格式，如图7-15所示。

（1）选择系列的数据标签。

（2）打开"设置数据标签格式"对话框。

（3）在"数字"分类中，从"类别"下选择"自定义"。

（4）在"格式代码"文本框中输入自定义数字格式代码。

（5）单击"添加"按钮。这个操作不能忽略，一定要单击"添加"按钮，方能把这个数字格式添加到图表里。

当这个自定义格式定义并添加好后，图表上的所有标签数字都可以直接套用这个格式。方法是，从图7-15的"类别"中选择"自定义"，再从"类型"中选择这个格式即可。

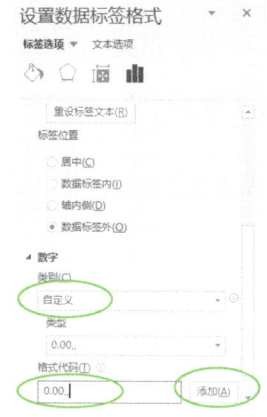

图7-15 设置系列数据标签的自定义数字格式

6. 设置网格线

默认情况下，柱形图会有横向的数值轴水平网格线，这个线条，一般情况下是不用的，可以删除，因为它会把好端端的柱形切割，看起来很不舒服。尤其是数据系列很多的情况下，这个网格线的存在，会使得图表更加混乱。

当只有一个数据系列时，合理设置数值轴的刻度单位及网格线的颜色和线型，则会使得图表变得丰富起来，也便于阅读。

7. 用互补色表示负值

如果一个数据系列数据有正有负，如净利润情况，可以将柱形用互补色来表示，正数是一种颜色，负数是另一种颜色，这都是自动显示的。设置的方法如下。

（1）打开"设置数据系列格式"对话框。

（2）在"填充与线条"中，选择"以互补色代表负值"复选框。

（3）从下面的两个颜色拾取框中，分别设置正值和负值的颜色，如图7-16所示。

图7-17所示就是对含有正值和负值绘制的普通柱形图。很明显，不太直观清晰。

图7-18所示就是一个针对有正值和负值的柱形图的设置，可以醒目标识出正值和负值。

图7-16 设置正值和负值的不同颜色

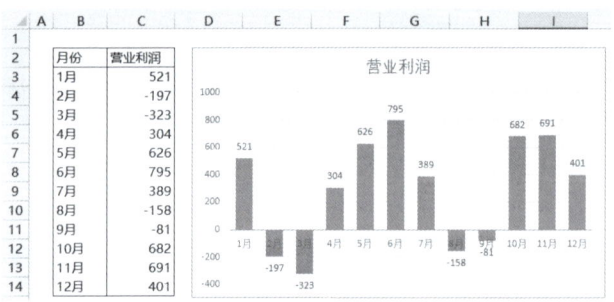

图7-17　默认的正值和负值柱形都是同一种颜色

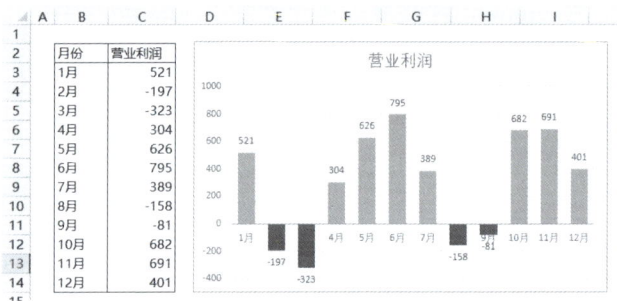

图7-18　设置正值和负值为不同的颜色

8. 设置坐标轴标签的位置

不论什么图表，坐标轴标签的位置永远是"轴旁"。这种默认的设置，在没有负值的情况下是没有问题的；但是，如果存在负值，这种标签位置就会让人不舒服，因为坐标轴标签有可能和负值的柱形产生交叠，如图 7-17 所示。

解决的方法，是将坐标轴标签显示在"低"的位置，如图 7-19 所示。

这样，图表就变得清晰多了，如图 7-20 所示。

图7-19　设置分类轴标签的位置

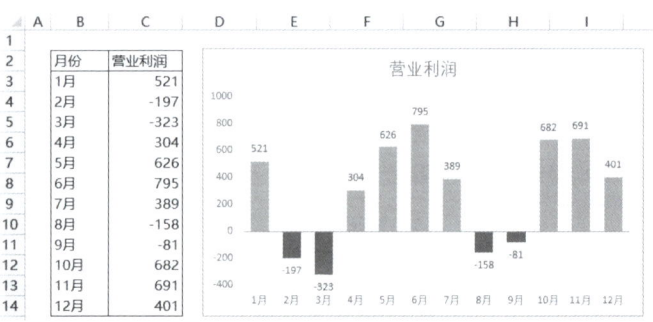

图7-20　设置分类轴标签在"低"的位置

另外，还可以设置坐标轴标签与坐标轴的距离，这个距离的默认值是100，可以根据实际情况设置一个合适的值，如图7-21所示。

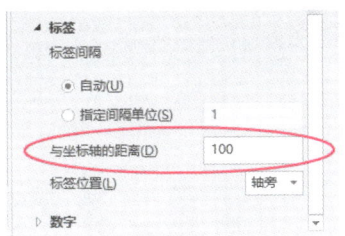

图7-21　设置坐标轴标签与坐标轴的距离

7.1.2　堆积柱形图及其设置与应用

扫码看视频

堆积柱形图多用于对比分析多个项目，而这些项目的合计数正好是要考察的总数。例如，分析各个市场的销售情况、分析各个产品的毛利情况等。

图7-22和图7-23就是一个示例。从中不仅要看各个产品的毛利，还要看每个地区的情况，因此就有了两种分析角度。

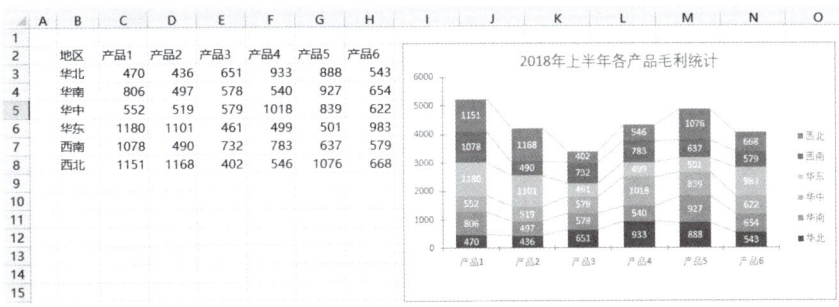

图7-22　各个产品在各个地区的毛利分析：发现哪个产品毛利最高

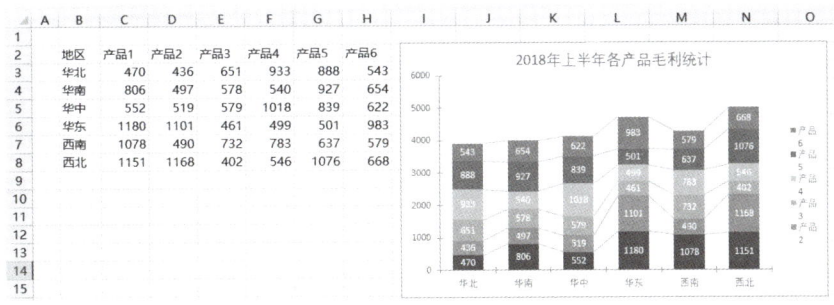

图7-23　各个地区中的各个产品毛利分析：发现哪个地区毛利最高

绘制堆积条形图时，显示系列线，不仅可以让图表的结构更加清楚，也可以间接地观察每个项目占比变化。图7-24所示就是每个产品以及所有产品在各个月的销售分析图表。

而这样的数据，如果用折线图，就是一个失败的图表，如图 7-25 所示。

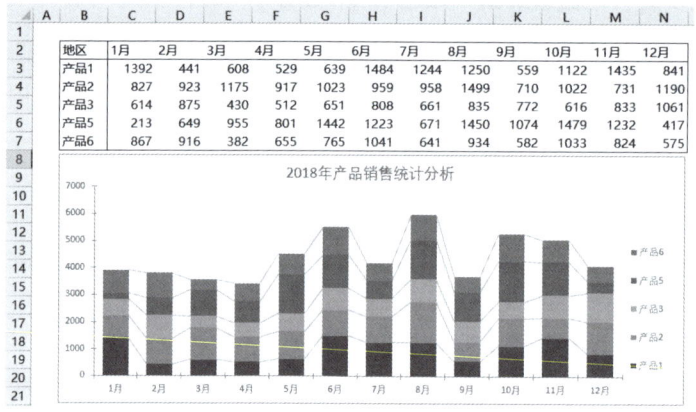

图7-24　观察每个产品在各个月的销售情况

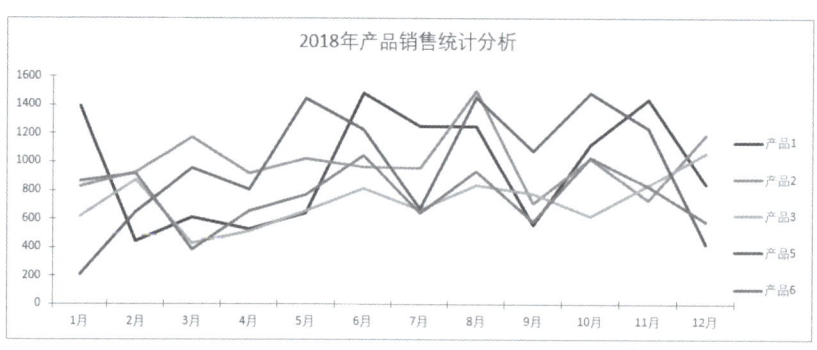

图7-25　失败的折线图表达方式

当产品个数不多时，如果要单独查看每个产品在各月的销售情况，可以绘制如图 7-26 所示的堆积柱形图，这个图表的重点是观察并比较每个产品在各月的销售，而不是纯粹地堆积。

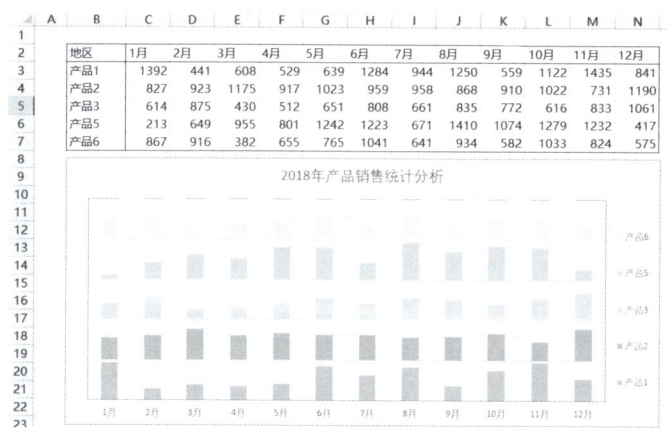

图7-26　查看每个产品各月的销售，放在一张图表上

这个图表的特点是每个产品占据水平一格，这个水平格子高度是相同的，这就保证了每个产品处于同一个刻度下，不至于造成视觉上的误判。

这个图表的辅助绘图数据区域如图 7-27 所示。这个区域的设计要点：每个产品由两部分堆积而成，即一部分是实际销售柱形，一部分是所有数据最大值与实际销售的差值。每个产品的这部分都堆积起来，就是一个大的堆积柱形图。

辅助区域的数据查询和计算是关键，单元格公式如下：

单元格C11：=VLOOKUP($B11,$B$3:$N$7,MATCH(C$10,$B$2:$N$2,0),0)
单元格C12：=ROUNDUP(MAX($C$3:$N$7),-2)-C11

	A	B	C	D	E	F	G	H	I	J	K	L	M	N
1														
2		地区	1月	2月	3月	4月	5月	6月	7月	8月	9月	10月	11月	12月
3		产品1	1392	441	608	529	639	1284	944	1250	559	1122	1435	841
4		产品2	827	923	1175	917	1023	959	958	868	910	1022	731	1190
5		产品3	614	875	430	512	651	808	661	835	772	616	833	1061
6		产品5	213	649	955	801	1242	1223	671	1410	1074	1279	1232	417
7		产品6	867	916	382	655	765	1041	641	934	582	1033	824	575
8														
9	辅助区域													
10		地区	1月	2月	3月	4月	5月	6月	7月	8月	9月	10月	11月	12月
11		产品1	1392	441	608	529	639	1284	944	1250	559	1122	1435	841
12		辅助行	108	1059	892	971	861	216	556	250	941	378	65	659
13		产品2	827	923	1175	917	1023	959	958	868	910	1022	731	1190
14		辅助行	673	577	325	583	477	541	542	632	590	478	769	310
15		产品3	614	875	430	512	651	808	661	835	772	616	833	1061
16		辅助行	886	625	1070	988	849	692	839	665	728	884	667	439
17		产品5	213	649	955	801	1242	1223	671	1410	1074	1279	1232	417
18		辅助行	1287	851	545	699	258	277	829	90	426	221	268	1083
19		产品6	867	916	382	655	765	1041	641	934	582	1033	824	575
20		辅助行	633	584	1118	845	735	459	859	566	918	467	676	925

图7-27　辅助绘图区域

然后以这个辅助数据区域绘制堆积柱形图，就得到图 7-28 所示的基本图表。

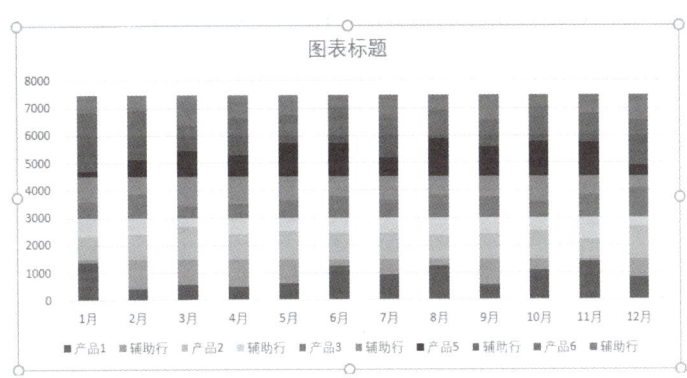

图7-28　绘制的基本图表

下面就是对这个图表进行设置和调整。

（1）修改图表标题。

（2）从图例中把那些辅助行标题删除，并把图例置于图表右侧。

（3）设置数据系列的分类间距。

（4）设置数值轴刻度的最小值、最大值和单位，这个要根据前面的公式里的最大值来确定。在这个例子中，"最小值"是 0，"最大值"是 7500，主要刻度是 1500，次要刻度是 750，如图 7-29 所示。这里要注意一个逻辑：共有 5 个产品，每个产品的

87

最大值是1500，因此刻度最大值是1500×5=7500。

（5）设置所有的辅助行的柱形为无线条、无填充。

（6）添加系列线。这样，就得到了如图7-30所示的图表。

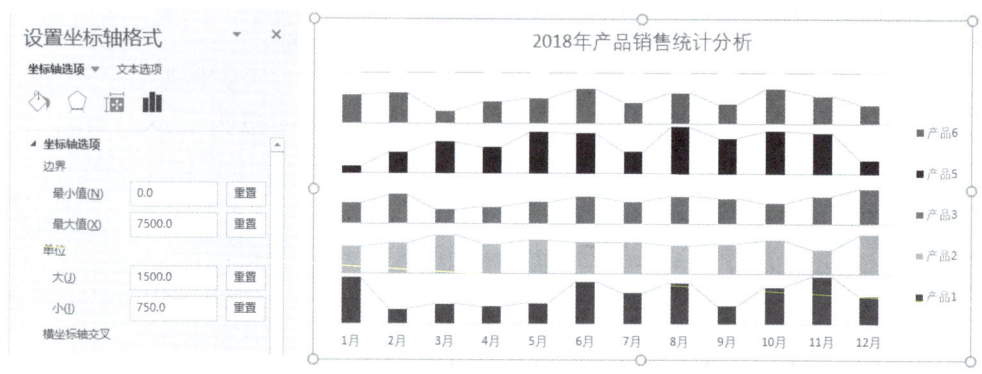

图7-29　设置数值轴刻度　　　　　图7-30　基本调整完毕的图表

（7）根据自己的喜好，对每个产品的柱形设置填充颜色。

7.1.3　堆积百分比柱形图及其设置与应用

扫码看视频

堆积百分比柱形图主要用来分析大类中各个项目的占比情况，这个图形在一般的实际数据分析中并不太常用。不过，在某些多维结构分析中，堆积百分比柱形图就比较有用。例如，图7-31所示的两个图表，一个是实际金额的堆积柱形图，一个是百分比柱形图。

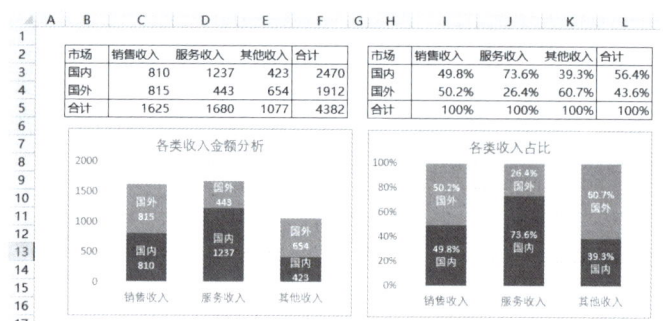

图7-31　普通堆积柱形图和堆积百分比柱形图的比较

7.1.4　三维柱形图及其设置与应用

扫码看视频

三维柱形图是将柱形绘制成三维图形，这样图形看起来更加震撼和吸引人，如图7-32所示。

三维柱形图的柱体形状有棱锥、圆柱、圆锥三大形状，这在"设置数据系列格式"对话框里进行设置，如图7-33所示。

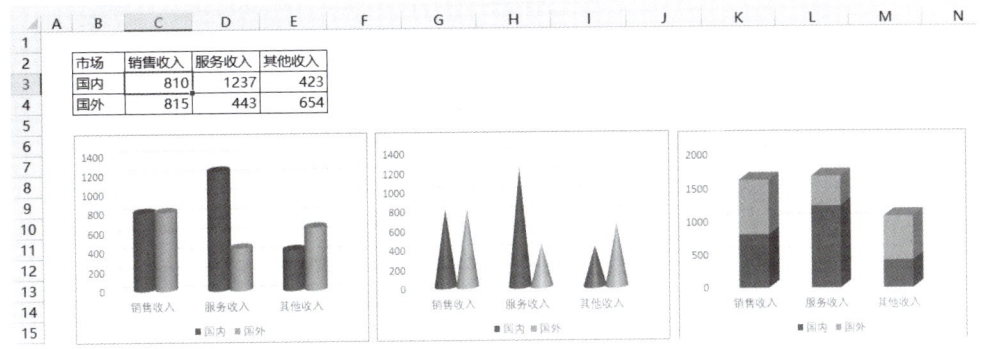

图7-32 三维柱形图

可以将不同的系列绘制成不同的柱体形状,如图7-34所示。这样可以很容易区分开各个数据系列,并予以重要性的分类。

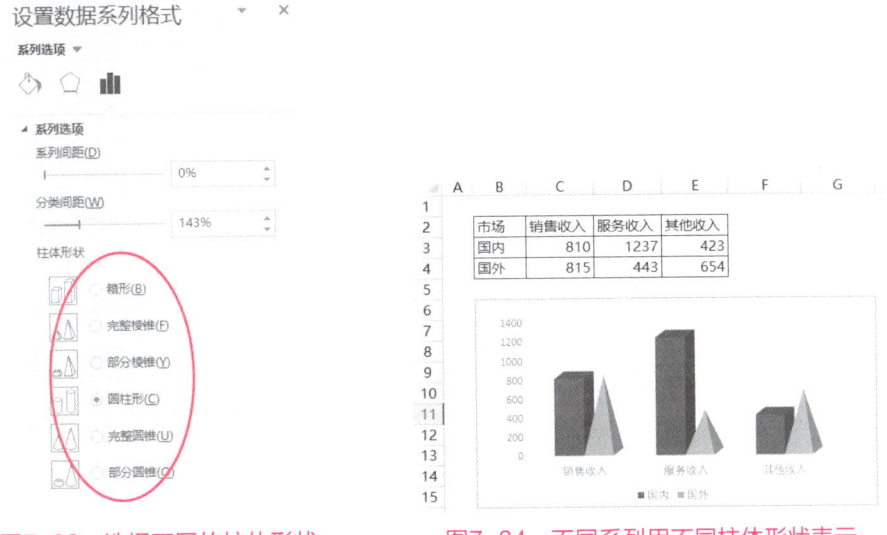

图7-33 选择不同的柱体形状　　图7-34 不同系列用不同柱体形状表示

在绘制三维柱形图时,要特别注意以下几个问题。

(1)图表的三维旋转设置,这是在"设置图表区格式"对话框里进行的,如图7-35所示。

这里重点设置以下三个项目。

- X 旋转。
- Y 旋转。
- 直角坐标轴。

(2)合理设置基底和背景墙的格式,以便让图表看起来更舒服些,如图7-36所示。

图7-35 设置图表的三维旋转

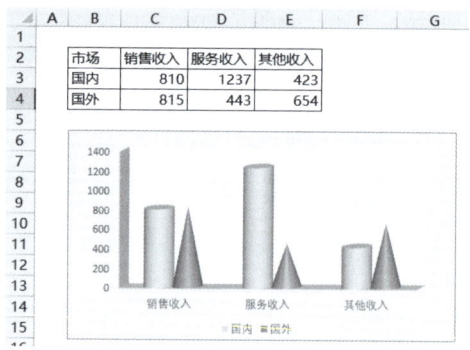

图7-36 设置背景墙和基底格式

7.2 条形图

条形图就是柱形图的90°转置，柱形图是站着，条形图是躺着。看个人的喜好，以及实际数据的信息和表达重点而定。

有些情况下，使用条形图的表达力要比柱形图好些。图7-37和图7-38所示就是柱形图和条形图的比较示例。请仔细观察它们之间的差异。

扫码看视频

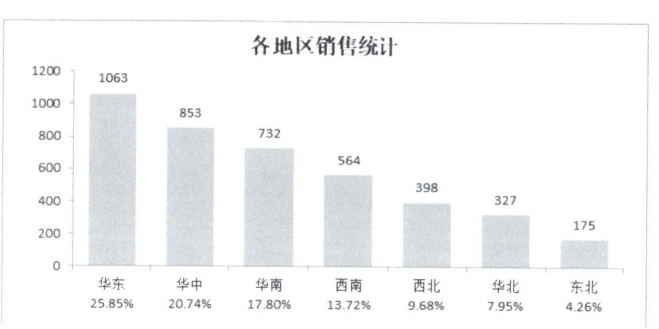

图7-37 柱形图

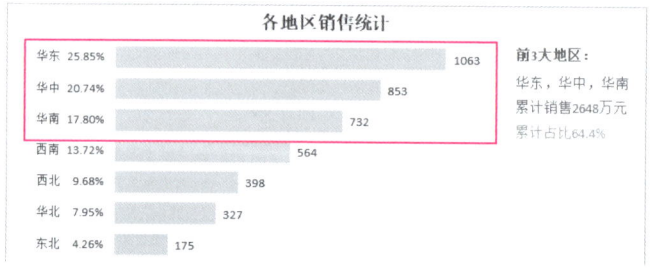

图7-38 条形图

7.2.1 条形图的特殊注意事项

条形图的制作很简单，选择区域，插入条形图即可。

但是，默认的条形图会有一个很不舒服的地方：条形图例的项目上下次序与工作表的上下次序正好相反，如图 7-39 所示。这是因为条形图的坐标轴原点在左下角。

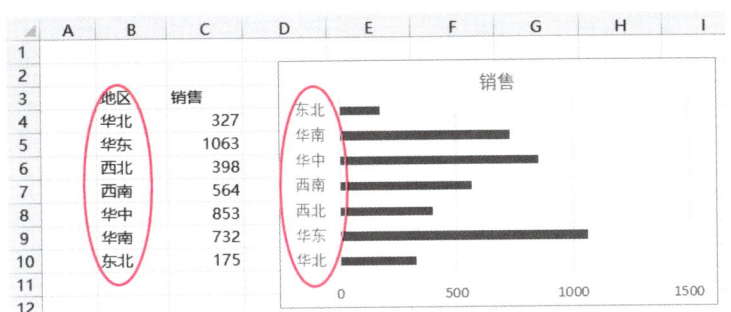

图7-39　条形图的类别次序与工作表上的正好相反

如果希望两者的次序保持一致，可以设置分类轴格式，就是在"设置坐标轴格式"对话框的"坐标轴选项"中，选择"逆序类别"复选框，如图 7-40 所示。

这样，工作表的次序与条形图的次序就保持一致了，如图 7-41 所示。

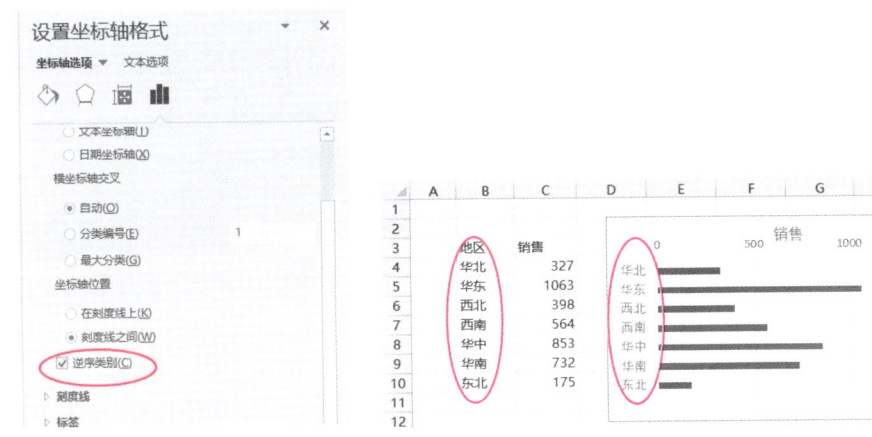

图7-40　选择"逆序类别"复选框　　图7-41　工作表的次序与条形图的次序一致

还有一个注意事项，一定要调整系列的分类间距，默认的分类间距是很难看的。一般来说，调到 70% 左右就差不多了（还要看项目的多少）。

7.2.2 条形图适用的场合

如图 7-42 所示是前十大客户销售额统计，大部分人会绘制普通的柱形图。但由于客户名称较长，导致分类轴上名称斜着排列，并且占用了很大的图表空间，使得柱形很小很短，影响数据的观察。

如果绘制成条形图，就非常直观清晰，如图 7-43 所示。

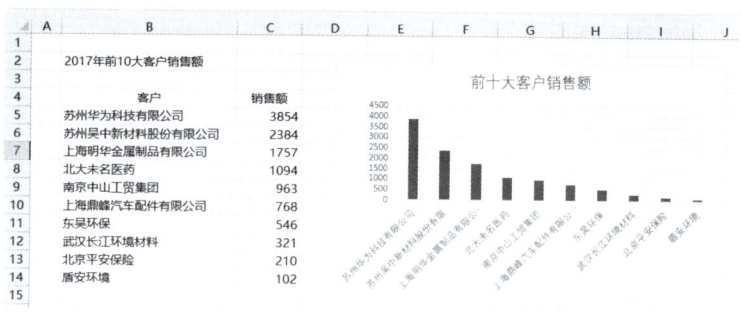

图7-42 柱形图表示的前十大客户

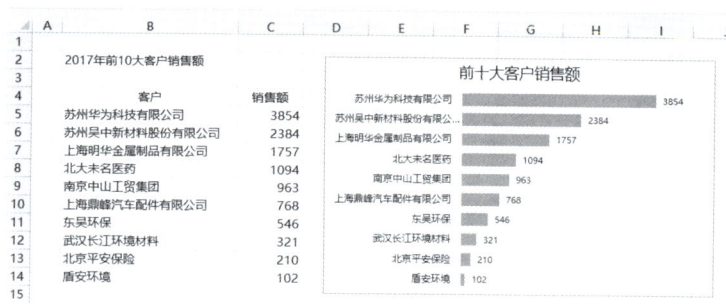

图7-43 条形图表示的前十大客户

如果把条形图与工作表的单元格相结合，可以制作更加清晰的报告。这里就需要好好设计表格的行高和填充颜色，以及条形图的分类间距和系列的填充颜色。图7-44所示是一个示例效果。

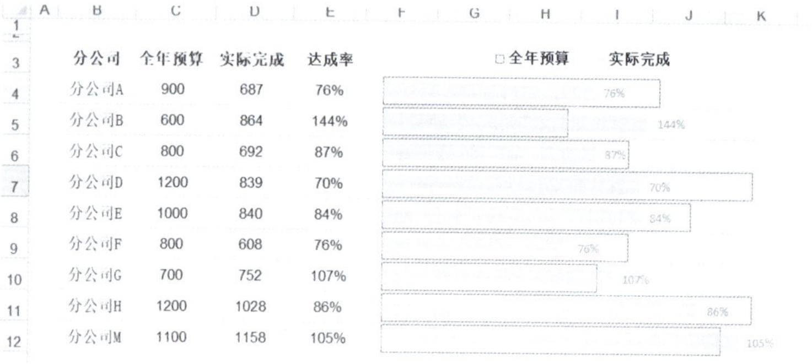

图7-44 条形图与工作表数据联合使用

7.2.3 条形图的多种图表类型

条形图与柱形图一样，也有很多类型图表，如堆积条形图、堆积百分比条形图、三维条形图等，使用方法与柱形图是一样的，这里就不再赘述了。

其中，堆积条形图和堆积百分比条形图在结构分析和数据对比分析中是非常有用的。这些应用将在后面进行介绍。

7.3 经典对比分析图表

了解了对比分析常用的柱形图和条形图的制作方法和技巧,下面介绍几个实际工作中常用的对比分析图表。

7.3.1 同比分析

同比分析就是将两年的数据进行对比分析,了解同期增长情况。这样的图表要分析同期各个月的数额,还要分析同比增长率。

图 7-45 所示就是这样一个两年汇总报表。这种图表没什么特别的,两年的金额绘制成簇状柱形图,设置两个柱形的填充颜色;增长率绘制在次坐标轴上,并绘制为折线类型,居中显示数据标签,标签填充颜色。

扫码看视频

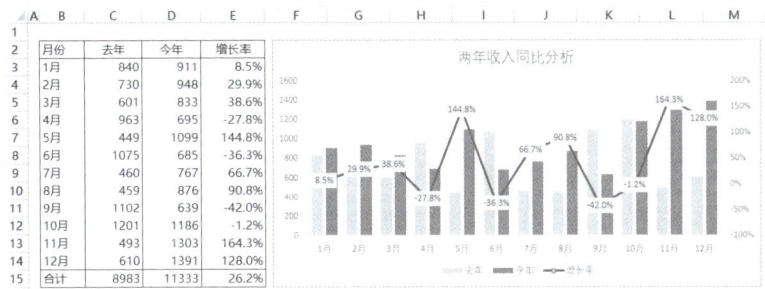

图7-45 同比分析图表

7.3.2 依据标准值来设置柱形颜色

有一种分析图表希望达到这样的效果:给定一个标准值,标准值以上的柱形是一种颜色,标准值以下的是另一种颜色。

扫码看视频

这样的图表如图 7-46 所示,其为各个分公司的毛利率对比。公司最低毛利率要求是 20%,低于 20% 的是橘黄色,高于 20% 的是绿色,同时也以不同颜色的字体显示标签。①

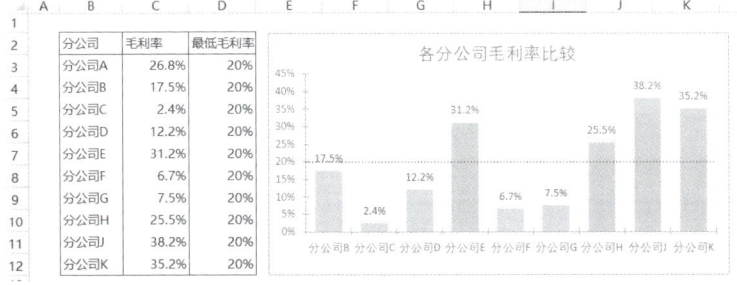

图7-46 各个分公司的毛利率对比

---

① 颜色请参看案例 1 素材。

这个图表制作并不难，只是步骤稍微多了点，同时也要使用几个小技巧。下面是这个图表的主要制作步骤。

步骤① 设计辅助区域，将每个分公司的毛利率依照20%的标准拆成两列，如图7-47所示，单元格公式如下：

单元格F3：=IF(C3>=D3,C3,"")
单元格G3：=IF(C3<D3,C3,"")

步骤② 选择单元格区域B3:B12、D3:D12和F3:G12，绘制簇状柱形图，如图7-48所示。

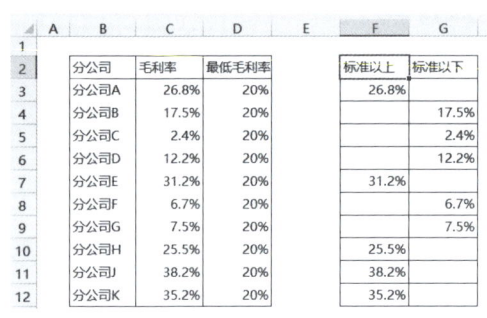

图7-47　在F列和G列做辅助列

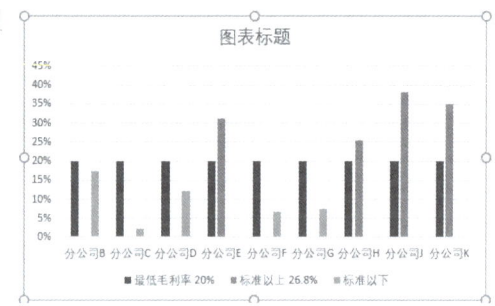

图7-48　绘制的普通柱形图

步骤③ 删除图例，删除网格线，修改图表标题文字，设置坐标轴的线条，就得到了图7-49所示的图表。

步骤④ 选择系列"最低毛利率"，将其形状填充设置为无填充，将其形状轮廓设置为无轮廓，也就是将这个系列的柱形设置为透明。

步骤⑤ 保持选择这个系列状态，为该系列插入趋势线，注意要选择趋势线类型为"线性"，并将趋势预测前推0.5个周期，后推0.5个周期，如图7-50所示，这样做的目的是让这个趋势线左右都拉到绘图区的边界。

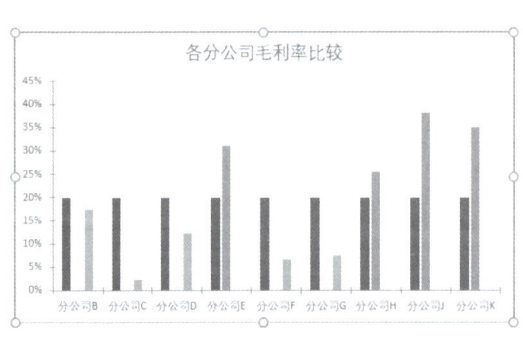

图7-49　简单格式化后的图表

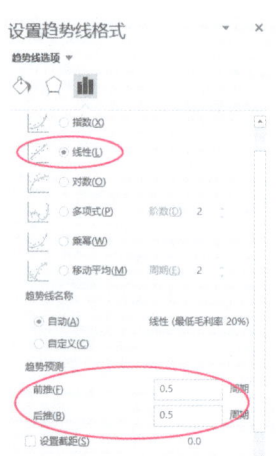

图7-50　为系列"最低毛利率"添加线性趋势线

这样，图表就如图 7-51 所示。这里已经将趋势线的线条颜色设置为了红色。

步骤 6 将数据系列的分类间距设置为 70%，将系列重叠比例设置为 100%，如图 7-52 所示。

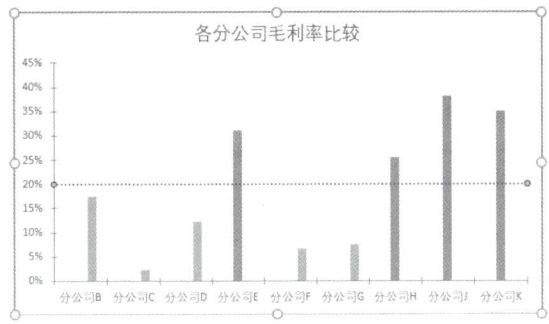

图 7-51 设置趋势线后的图表

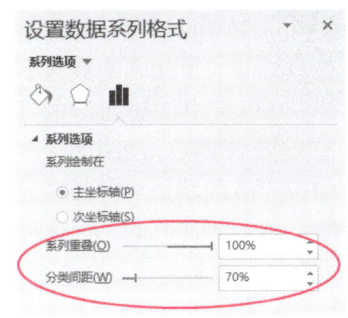

图 7-52 设置系列的分类间距和系列重叠比例

这样，图表变为图 7-53 所示的情形。

步骤 7 将这两个系列分别重新设置为不同的填充颜色。

步骤 8 为这两个数据系列添加数据标签，图表就变为图 7-54 所示的情形。

每个系列的数据标签都是由具体的毛利率百分比数字和数字 0% 构成的，这个数字 0% 就是该系列的空单元格。因此，需要将这两个系列数据标签的 0% 都隐藏。

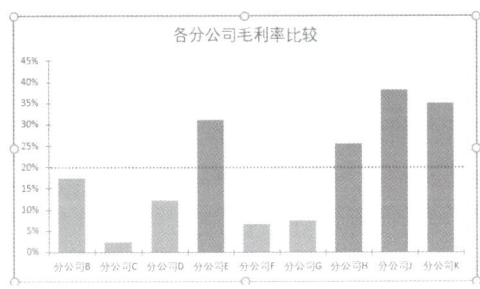

图 7-53 设置分类间距和重叠比例后

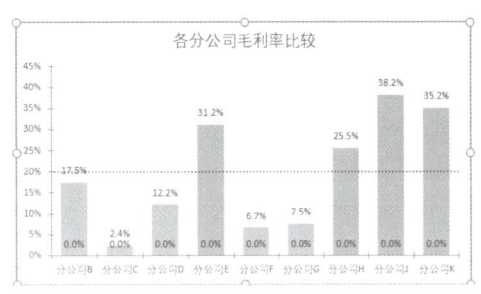

图 7-54 显示系列的数据标签

（1）选择某个系列数据标签。
（2）打开"设置数据系列格式"对话框。
（3）切换到"标签选项"的"数字"中。
（4）在"类别"下拉列表中选择"自定义"。
（5）在"格式代码"文本框中输入自定义格式代码 "0.0%;-0.0%;;"。
（6）单击"添加"按钮，如图 7-55 所示。

当设置了这个自定义的数字格式后，另外一个系列的数据标签直接套用这个格式即可。

步骤 9 看看图表还有什么需要设置和调整的。

这样，就完成了该图表的制作。

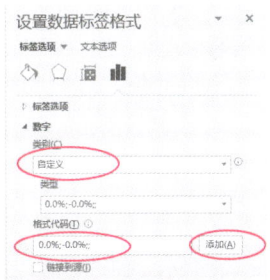

图 7-55 设置数据标签的自定义数字格式

7.3.3 排名分析

扫码看视频

排名分析也是实际工作中常见的数据对比分析内容，例如对客户排序、对项目排名、对业务员排名、对产品排名等。

而排名的数据不见得就是一列，也可能需要任选一列进行排名。

排名的方法也可能是从大到小排序，也可能从小到大排序。

这些要求都可以使用控件、函数和柱形图来建立一个排名分析模板。

图 7-56 所示是一个各个分公司的销售汇总表。现在要求制作一个能够任选销量、销售额、毛利、净利润，进行降序或升序排名的动态图表。

步骤 1 插入一个组合框，用于选择要排序的项目，其控制属性设置如图 7-57 所示。

- 数据源区域：$H$3:$H$6（已经提前将要排序的数据保存到了这个区域）。
- 单元格链接：$H$2。

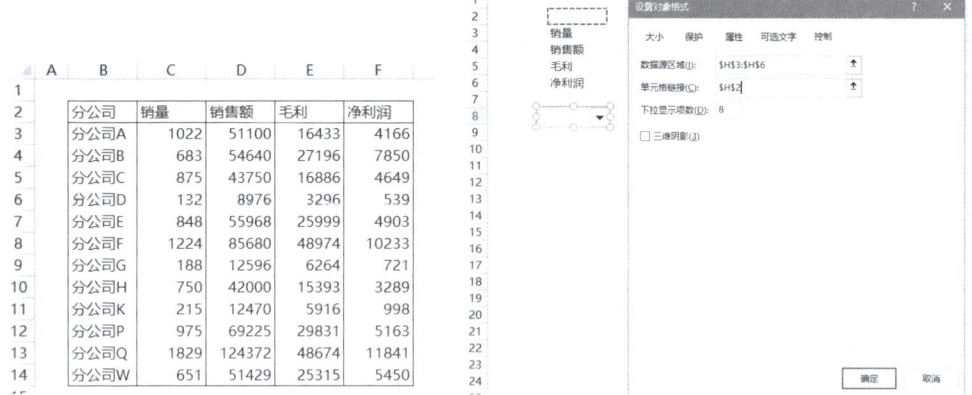

图7-56 各个分公司业绩汇总表   图7-57 设置组合框的控制属性

步骤 2 根据组合框的链接单元格的项目序号，从原始数据中查找选定项目的数据，并进行异化处理，如图7-58所示。单元格J3公式如下：

=INDEX(C3:F3,,$H$2)+RAND()/10000

步骤 3 插入两个单选按钮，分别将其标题修改为"降序"和"升序"，设置其"单元格链接"为单元格L3。

为了使图表布局美观，再用分组框将这两个单选按钮框起来，做一个边框。

步骤 4 根据查找出来的数据和单选按钮指定的排序方式，对数据进行排序和匹配名称。做辅助区域，如图7-59所示。排序及匹配名称公式分别如下：

单元格O3：=IF($L$3=1,LARGE($J$3:$J$14,ROW(A1)),SMALL($J$3:$J$14,ROW(A1)))

单元格N3：=INDEX($B$3:$B$14,MATCH(O3,$J$3:$J$14,0))

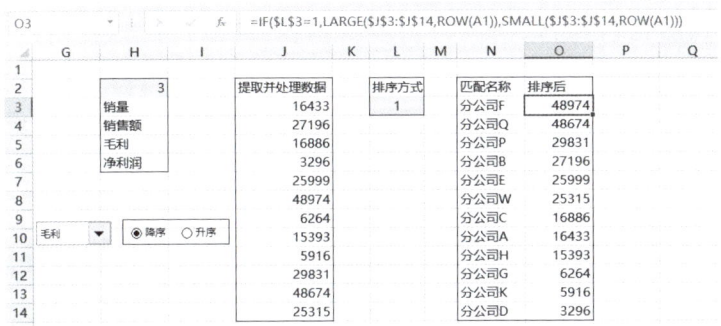

图7-58 查找选定项目的数据并进行异化处理

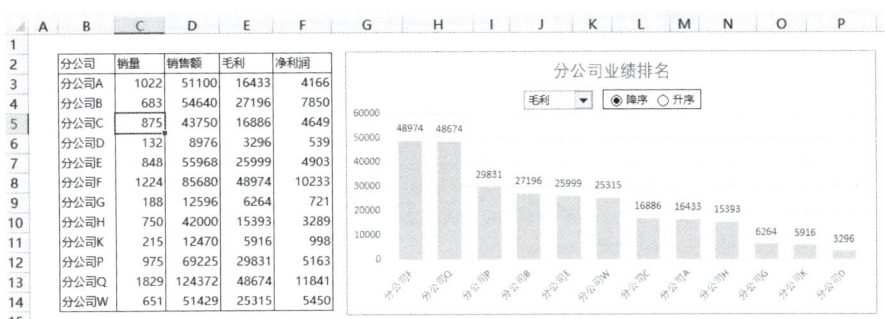

图7-59 对数据进行排序并匹配名称

步骤 5 利用单元格区域N3:O14的数据绘制柱形图,并进行美化。

步骤 6 对图表和组合框及单选按钮降序布局整理,使整个报告美观,如图7-60所示。

图7-60 制作完成的任选排序项目、任意指定排序方式的动态图表

7.3.4 入职离职分析（旋风图）

图7-61所示是员工流入流出统计表格。现在要求对这个表格画图分析。绝大多数人会绘制图7-62所示的图表。这个图表的表达力非常弱,且不直观。

扫码看视频

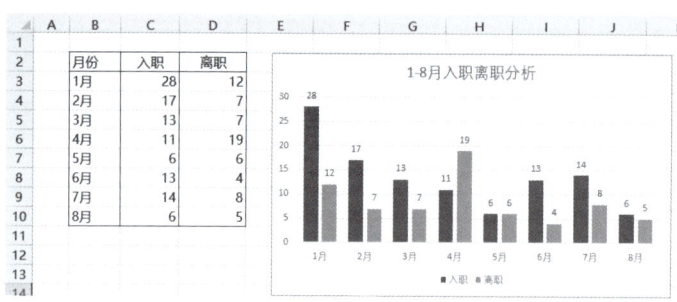

图7-61　各月入职离职人数统计

图7-62　普通的柱形图，很失败

由于入职和离职是两个方向的数据流动，可以绘制两个方向的条形图，如图7-63所示，这样的图表是不是非常直观？

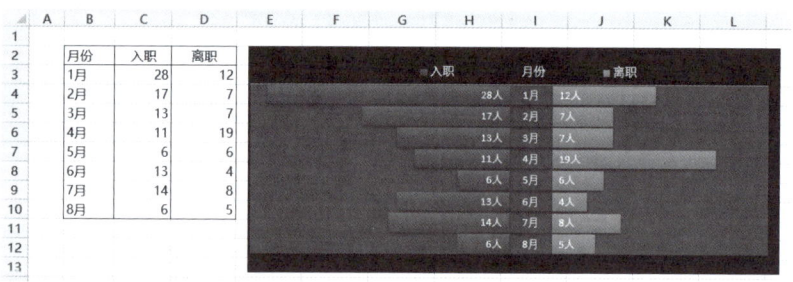

图7-63　入职离职分析

这个图表是由堆积条形图制作的，首先要设计辅助区域，然后一步一步设置图表。下面是主要步骤。

步骤1　设计辅助区域，如图7-64所示。辅助区域有4列数据，第一列是月份名称；第二列是入职人数，要引用为负数（负数才能画到左边）；第三列是一个手工输入的数字，其大小要合适，以能放下月份名称为宜；第四列是离职人数，引用原数。

步骤2　选择单元格区域G3:J10，绘制堆积条形图，如图7-65所示。

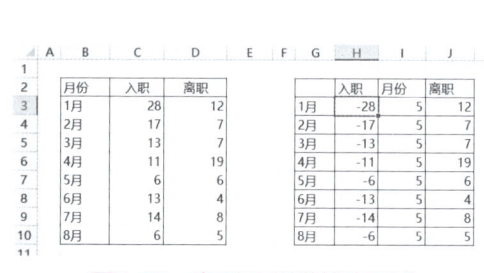

图7-64　在G至J列做辅助区域

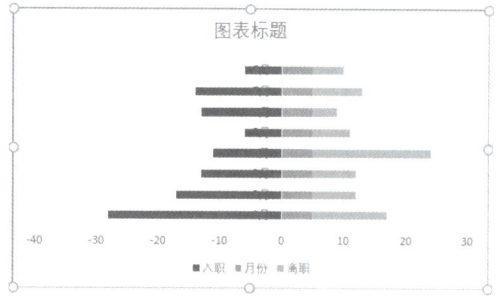

图7-65　绘制的基本图表

步骤3　选择分类轴（在条形图中，分类轴就是垂直轴），打开"设置坐标轴格式"对话框。

（1）在"填充"与"线条"中，选择"无填充"和"无线条"，如图7-66所示。

（2）在"坐标轴选项"中选择"逆序类别"，"标签位置"选择"无"，如图7-67所示。这个设置的目的是不显示这个分类轴。

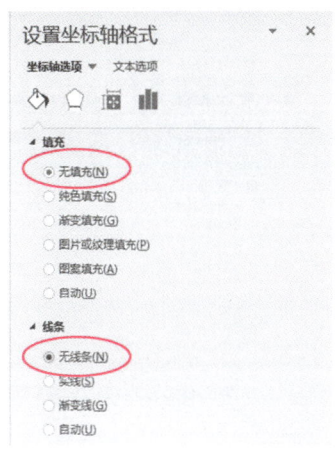

图7-66　不显示分类轴的线条

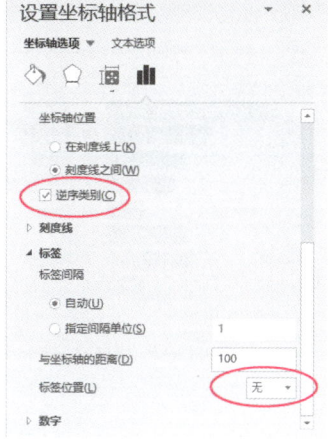

图7-67　逆序类别，不显示坐标轴标签

步骤 4　选择中间的系列"月份"（也就是辅助区域的第三列数据），设置为无填充和无轮廓，目的是不显示这个系列，然后为其添加数据标签，标签选项选择"类别名称"，标签位置选择"居中"，如图7-68所示。

这样，图表就变为图7-69所示的情形。

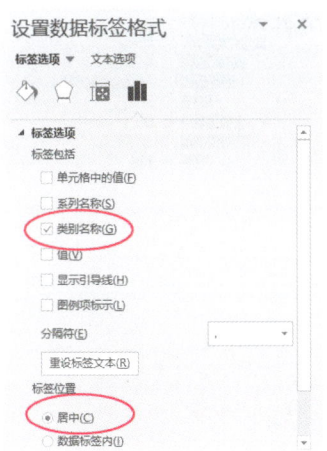

图7-68　为系列"月份"添加
　　　　　数据标签

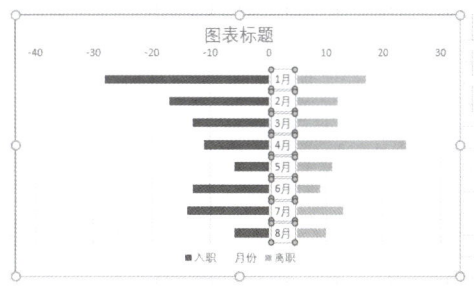

图7-69　为系列"月份"添加数据标签后
　　　　　的图表

步骤 5　观察一下图表的状况，然后将数值轴的最小值和最大值设置成一个合适的值，这里将最小值设置为-30，最大值设置为35，然后再删除这个数值轴。

步骤 6　删除图表标题，删除数值轴，删除垂直网格线，将图例拖放到图表顶部，并调整系列的分类间距，就得到图7-70所示的图表。

步骤 7 分别为系列"入职"和"离职"添加数据标签,"标签项目"为"值","标签位置"为"数据标签内",如图7-71所示。

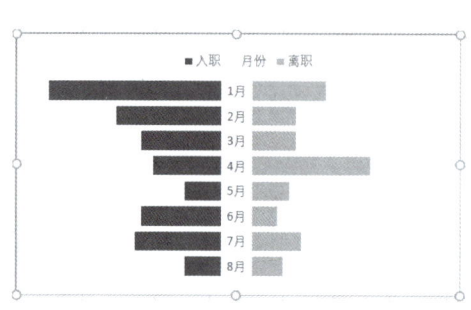

图7-70 初步调整后的图表

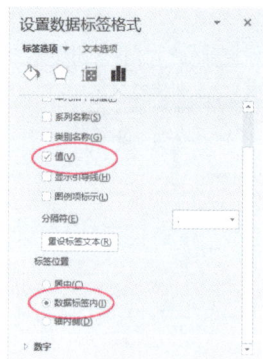

图7-71 添加数据标签,"标签项目"为"值","标签位置"为"数据标签内"

这样,就在两个条形上显示出数字,如图7-72所示。

步骤 8 但是,入职人数的数字是负数,是不能这样给别人看的,可以将辅助区域中第二列"入职"单元格格式设置为自定义数字格式"0;0;;",这样单元格的负数就显示为了正数,图表上的数据标签数字也显示成了正数,如图7-73所示。

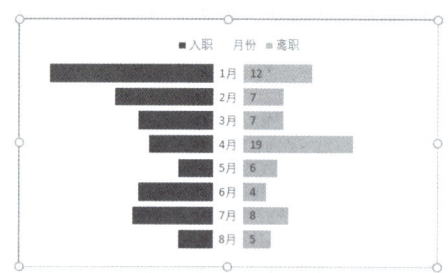

图7-72 添加系列数据标签

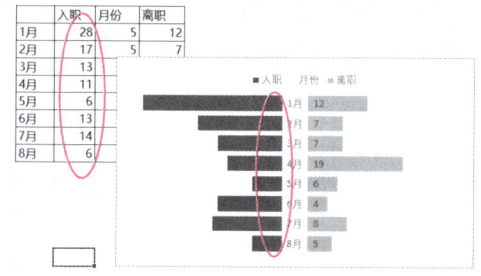

图7-73 设置单元格的自定义数字格式,将负数显示为正数,图表也显示为了正数

步骤 9 将图表上的字体颜色设置为白色。

步骤 10 设置两个系列条形的填充颜色。

步骤 11 分别设置绘图区和图表区的填充颜色。

步骤 12 做其他的必要调整。

这样,就完成了入职离职分析图表。

7.3.5 入职离职分析(上下箭头图)

扫码看视频

上面的入职离职分析,也可以绘制成如图7-74所示的上下箭头表示的图表。在这个图表中,向上箭头表示入职员工人数,向下箭头表示离职员工人数,在每个箭头的顶端显示人数。

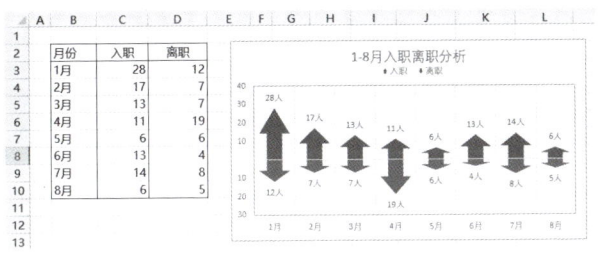

图7-74　用上下箭头表示的各月入职离职情况

步骤 1　设计辅助区域，其中入职引用正数，离职引用负数，如图7-75所示。

步骤 2　选择单元格区域G3:I10，绘制普通的柱形图，如图7-76所示。

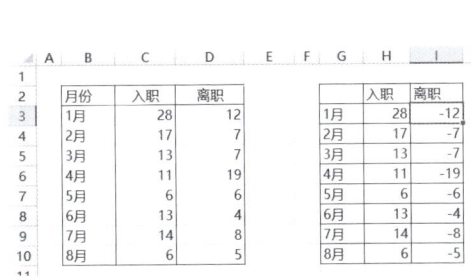

图7-75　设计辅助区域　　　　　　图7-76　绘制的基本柱形图

步骤 3　设置数据系列格式，将"系列重叠"设置为100%，将"分类间距"设置为30%，如图7-77所示。

这样，图表就如图7-78所示。

图7-77　设置系列的重叠比例和　　图7-78　设置系列格式后的图表
　　　　　分类间距

步骤 4　先在工作表空白位置插入一个向上的箭头形状，设置填充颜色为绿色，无边框颜色，复制这个箭头（即按Ctrl+C快捷键），再在图表上选择入职的柱形，按Ctrl+V快捷键，就将入职柱形变为了向上的箭头，如图7-79所示。

步骤 5　采用相同的方法，将离职系列变为向下的箭头，得到图7-80所示的图表。

步骤 6 将分类轴标签（就是月份名称）的位置设置为"低"，让月份名称显示在图表的最下端，如图7-81所示。

步骤 7 为图表的两个系列添加数据标签，标签位置为"数据标签外"，为上下箭头添加人数数字，如图7-82所示。

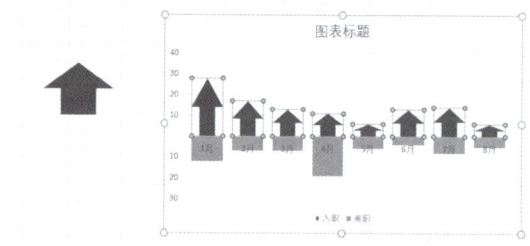

图7-79 插入向上箭头形状，设置格式，再复制粘贴到入职人数的柱形上

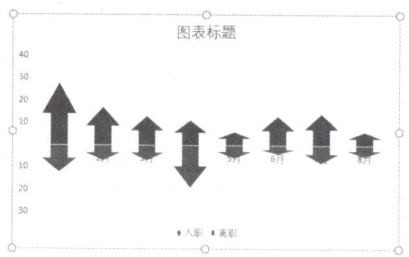

图7-80 默认的柱形变为了上下箭头形状

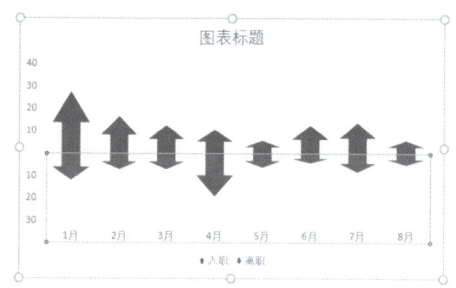

图7-81 将月份名称显示在图表底部

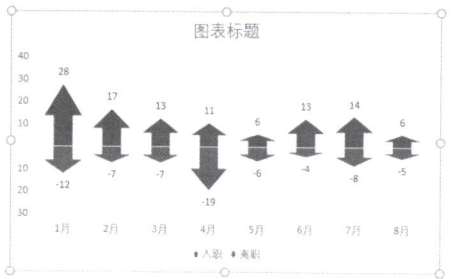

图7-82 为上下箭头形状添加数据标签

步骤 8 选择数据标签，设置自定义数字格式，格式代码是"0人;0人;;"，如图7-83所示。

这样，就得到了图 7-84 所示的图表。

图7-83 设置数据标签的自定义格式，格式代码为"0人;0人;;"

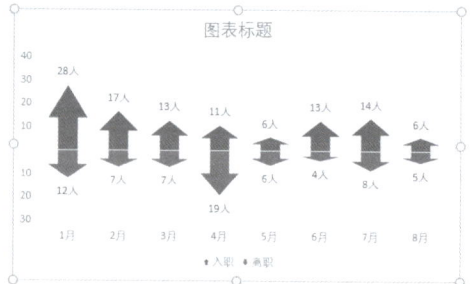

图7-84 设置标签格式后的图表

步骤 9 修改图表标题文字，调整图例位置，调整图表大小，删除水平网格线，添加垂直网格线等。

7.3.6 不同宽度柱形的对比分析图

默认情况下，数据系列的每个柱形宽度都是一样的，比较每个项目的大小，是从柱形的高度来看的。

现在有一个想法，能不能制作一个这样的对比分析图：不仅看柱形大小，还看柱形宽度，也就是说，数据越大，柱形宽度就越宽。

图 7-85 所示就是一个这样的图表示例。

项目	合同额
项目1	1837
项目2	4765
项目3	2144
项目4	863
项目5	3205
项目6	1181
合计	13995

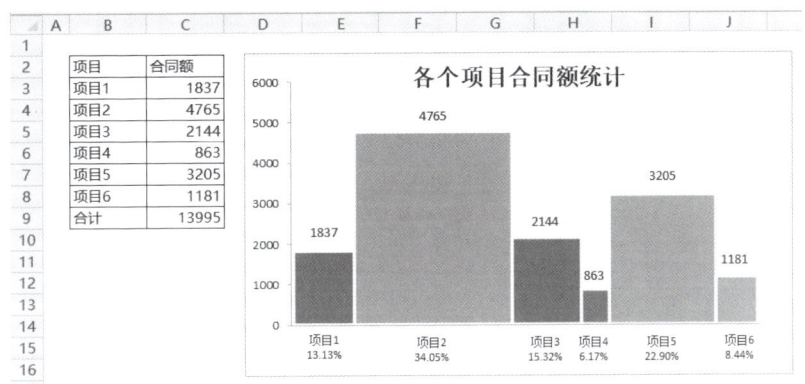

图7-85　柱形根据实际数据大小，自动显示不同宽度

图 7-85 所示图表制作起来比较复杂，肯定要通过设计辅助区域来解决。下面是这个图表的主要制作步骤。

步骤1 设计图7-86所示的辅助区域1。各个单元格公式如下。

- 单元格 P3：=C3，引用原始表格数据。
- 单元格 Q3：=C3/SUM($P$3:$P$8)，计算每个项目的百分比。
- 单元格 R3：=INT(SUM($Q$3:Q3)*100)，计算到某个项目时的累计百分比数字的辅助数。

辅助区域1

项目	金额	百分比	辅助数
项目1	1837	13.13%	13
项目2	4765	34.05%	47
项目3	2144	15.32%	62
项目4	863	6.17%	68
项目5	3205	22.90%	91
项目6	1181	8.44%	100

辅助区域2

X轴	项目1	项目2	项目3	项目4	项目5	项目6
0	1837					
13	1837					
13						
13		4765				
47		4765				
47						
47			2144			
62			2144			
62						
62				863		
68				863		
68						
68					3205	
91					3205	
91						
91						1181
100						1181

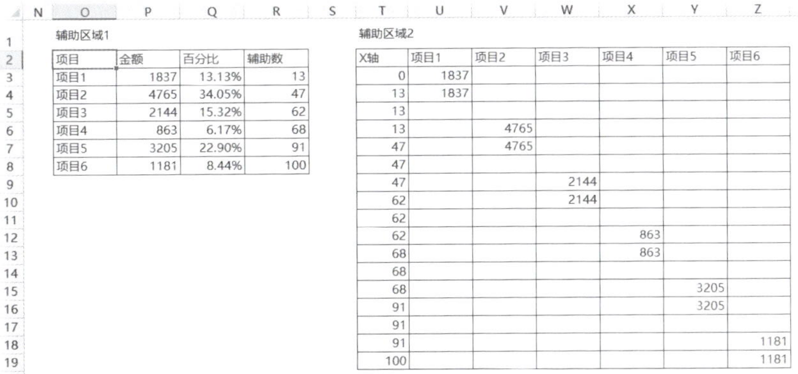

图7-86　设计辅助区域

根据原始数据和辅助区域 1 的数据，设计辅助区域 2，各个项目的数据直接引用原始数据，而 x 轴数据是引用 R 列的数字。

步骤② 以辅助区域2中不包含T列"x轴"数据的U列至Z列数据绘制普通的面积图,就得到图7-87所示的图表。

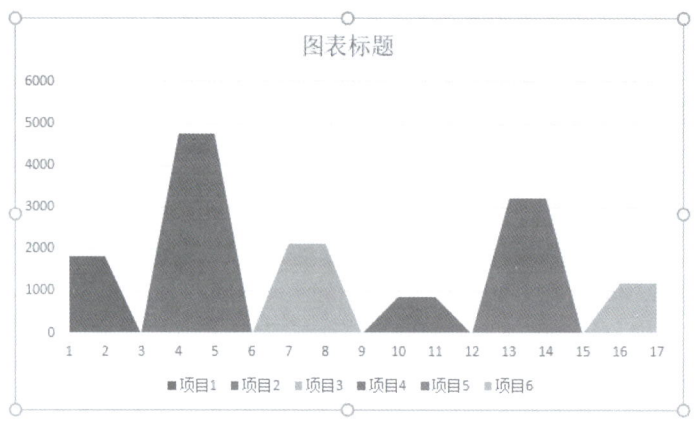

图7-87 绘制基本的面积图

步骤③ 选择图表,打开"选择数据源"对话框,将数据系列的分类轴标签区域设置为"=Sheet1!$T$3:$T$19",如图7-88所示。

这样,图表就变为图7-89所示的情形。

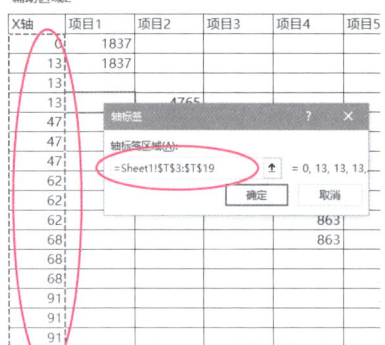

图7-88 为图表重新设置分类轴标签区域

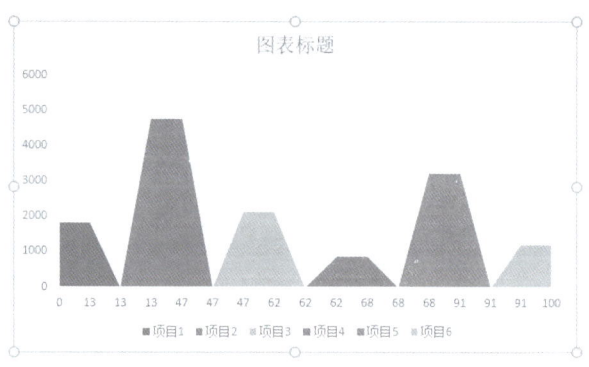

图7-89 重新设置分类轴标签区域后的图表

步骤④ 选择分类轴,在"设置坐标轴格式"对话框中,选择"日期坐标轴",然后设置日期的大小单位均为1天,边界的最小值和最大值保持默认,如图7-90所示。

这样,图表就变为了不等宽度柱形的图表,如图7-91所示。

步骤⑤ 删除分类轴和图例,然后在图表上插入文本框,将文本框显示单元格的值,制作假坐标轴和假数据标签。

步骤⑥ 修改图表标题文字。

这样就完成了不等宽度柱形图表的制作。

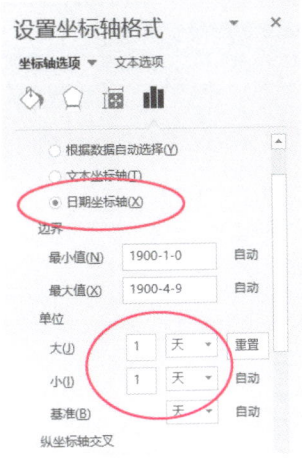

图7-90 设置分类轴为日期坐标轴

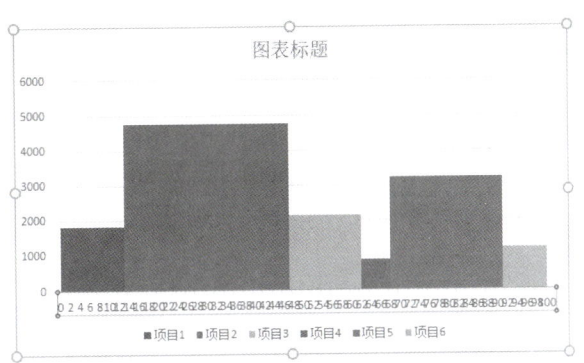

图7-91 面积图变为了不等宽度柱形的图表

7.3.7 神奇的动态图表

最后介绍一个动态图表，在这个图表中使用组合框选择地区。当选择某个地区时，柱形图上该地区的柱形会自动变色，同时折线图变成该地区各月的数据。效果如图7-92和图7-93所示。

扫码看视频

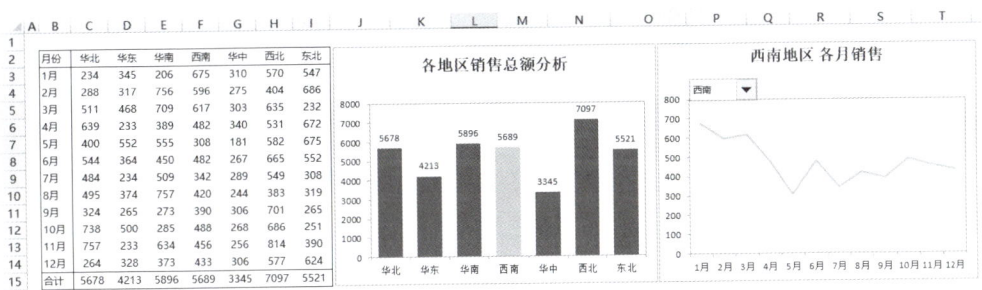

图7-92 选择不同地区，该地区柱形自动变色（1）

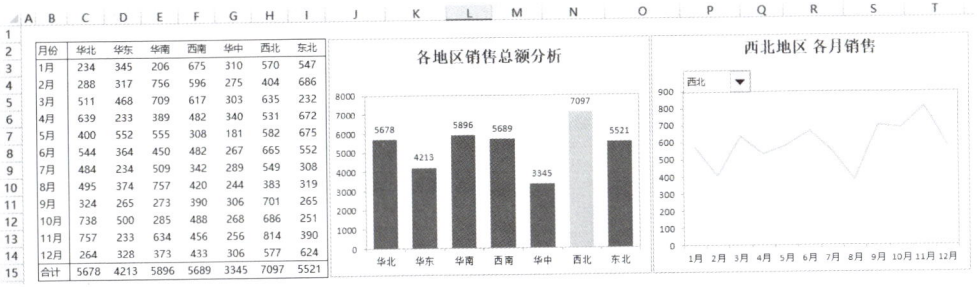

图7-93 选择不同地区，该地区柱形自动变色（2）

下面是这种图表的主要制作步骤。

步骤 1 插入一个组合框，用于选择地区，如图7-94所示。

步骤 2 设计辅助区域，查找指定地区的数据，以及该地区各个月的数据，如图7-95所示。单元格公式如下。

- 单元格 AB5:AB11，是数组公式：=TRANSPOSE(C15:I15)。
- 单元格 AC5：=IF(INDEX($AA$5:$AA$11,$AA$3)=AA5,AB5,"")，获取选定地区的合计数。
- 单元格 AF4：=INDEX(C3:I3,,$AA$3)。

步骤 3 利用辅助区域AA4:AC11绘制柱形图，如图7-96所示。

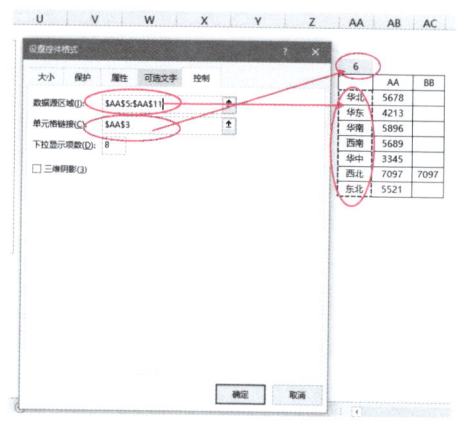

图7-94 插入组合框，设置控制属性

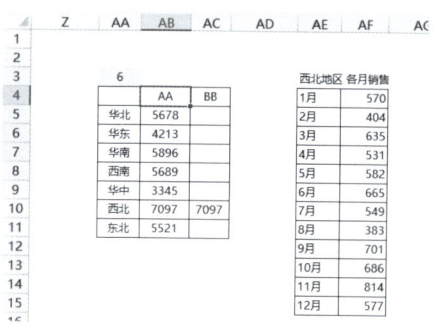

图7-95 辅助绘图数据区域

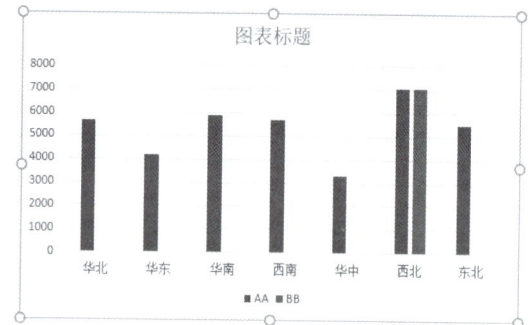

图7-96 绘制各个地区的柱形图

然后将数据系列"重叠比例"设置为100%，并调整分类间距，设置选择地区柱形的颜色（这个选择地区实际上是一个只有一个柱形的系列），删除图例，修改图表标题文字，显示数据系列标签，完成各项设置后，就得到图7-97所示的图表。

步骤 4 利用AE列和AF列的数据绘制折线图，并进行美化。这个很简单，就不再列图展示了。

步骤 5 将两个图表排在一起，将组合框移到折线图上，最后就完成了图表的制作。

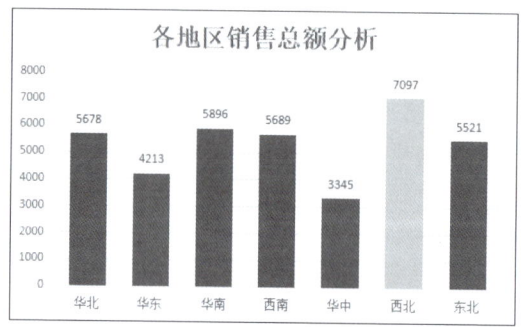

图7-97 设置格式后的柱形图

结构分析

结构分析也是实际数据分析中常做的分析工作之一。例如，在企业的所有产品中，哪个产品的贡献最大？在各个市场中，哪个市场的份额最大？上半年的差旅费，哪个部门花得最多？本章介绍结构分析的常用图表类型和一些经典应用案例。

8.1 结构分析的常用图表类型

结构分析中，常用的图表有饼图和圆环图，在 Excel 2016 中，又增加了旭日图、树状图和排列图等。此外，对于多维结构分析，还可以使用柱形图、条形图，甚至面积图进行变换。这些图表为对数据进行结构分析提供了灵活的方法。

8.1.1 普通饼图及其设置与应用

扫码看视频

饼图是三大类图表之一，很多人都会使用饼图来分析数据的结构。饼图适用于显示个体与整体的比例关系，显示数据项目相对于总量的比例，每个扇区显示其占总体的百分比，所有扇区百分数的总和为 100%。

绘制饼图也很简单，选择数据区域，插入饼图，就会自动得到图 8-1 所示的图表。

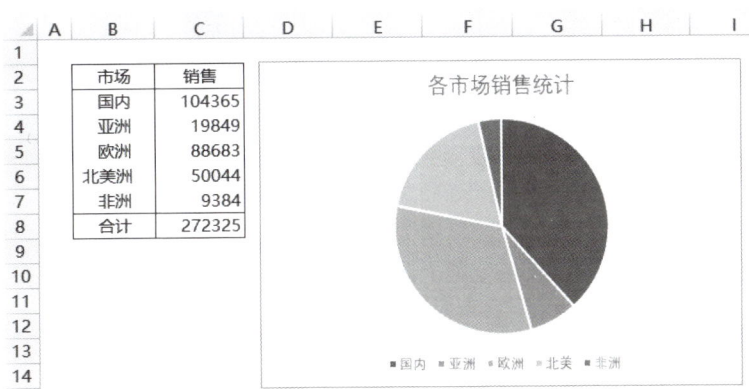

图8-1 普通的饼图

但是，并不是所有表格都能用饼图来表达数据结构的。例如，有负数时怎么画饼图？在使用饼图时，需要注意以下几个问题。

1. 饼图表达的数据系列

饼图最常见的应用是分析一个数据系列。

如果是两个系列的数据，需要分别把这两个系列绘制在饼图的两个坐标轴上：一个绘制在主轴，一个绘制在次轴，如图 8-2 所示。在这种情况下，需要仔细调整图表，设置格式，这在后面再进行详细介绍。

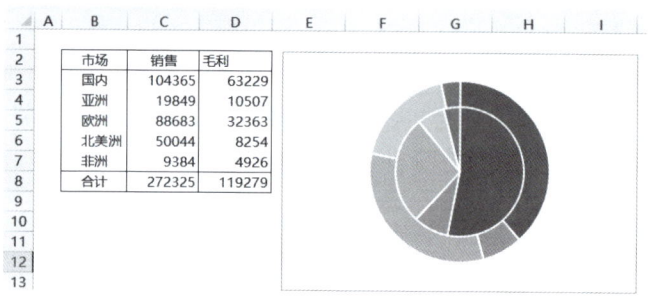

图8-2　两个数据系列的饼图

2. 数据项目的个数及数值大小

饼图的作用是突出重点项目（而不是所有项目）的占比。当数据项目非常多时，使用饼图就比较乱。

例如图 8-3 所示的数据，用饼图就不合适，因为眼睛很难分清楚谁大谁小，而使用柱形图或者条形图就很容易区分，如图 8-4 和图 8-5 所示。

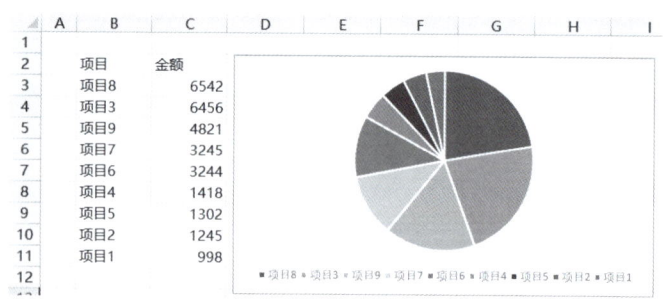

图8-3　项目个数较多，项目数值相差不大

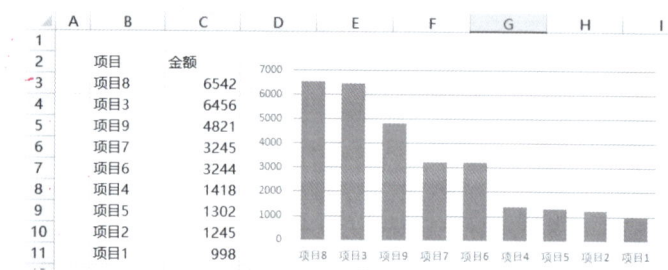

图8-4　柱形图表达得比较清楚

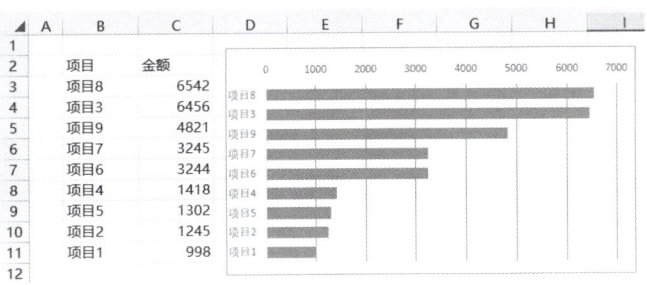

图8-5　条形图表示也比较清楚

此外，当需要比较的项目很多，或项目名称较长，而且项目的数量级差很大时，不论使用普通饼图还是复合饼图，都会显得重点不突出，尤其是在显示数据标签的情况下，更使图表显得凌乱，如图 8-6 所示。

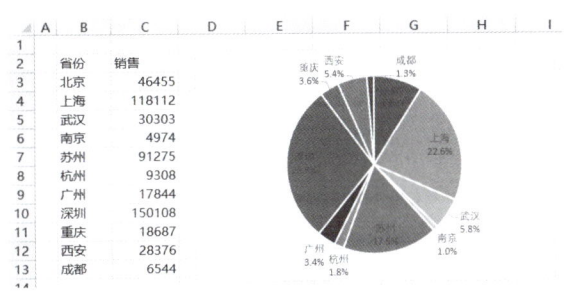

图8-6　项目较多、数据差异较大时，全部数据的饼图不合适

此时，应从这些数据中抓取需要重点观察的项目，其他的项目算作一起，然后画饼图，如图 8-7 所示，重点展示前三大城市比重，其他城市不再单独查看。

下面是针对数据项目的个数多少，绘制饼图的几个建议。

（1）饼图适用于比较 2 ~ 5 个项目。

（2）复合饼图适用于比较 6 ~ 10 个项目。

（3）复合条饼图可处理 6 ~ 15 个项目。

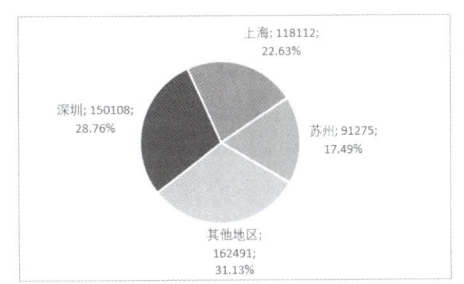

图8-7　重点表达前三大城市

（4）如果有两个或多个饼图，应使用百分比堆积柱形图、百分比堆积条形图、百分比堆积折线图、百分比堆积面积图。

3. 调整旋转角度

饼图的坐标轴原点（零点）是在饼图的正上方中间，按顺时针排列各个数据，如图 8-8 所示。

在很多情况下，这种默认的排列角度可能会影响对数据的阅读和判断，因此需要对第一扇区起始角度进行调整，这个调整是在"设置数据系列格式"对话框里进行，如图 8-9 所示。

109

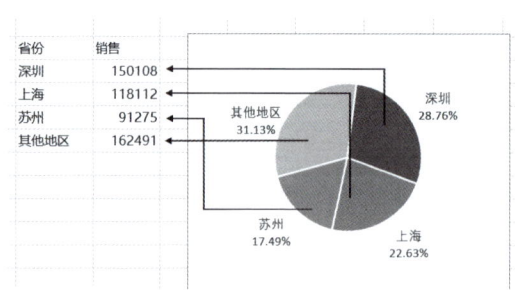
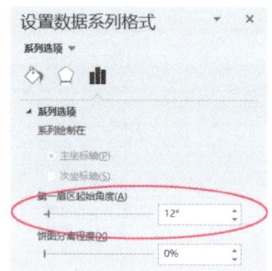

图8-8 饼图的数据排列方向　　　　　图8-9 设置第一扇区起始角度

例如，对于图8-8所示的默认饼图，第一眼可能会关注其他地区了，因为其他地区数据扇区在左上位置，这就引起了判断错误，因为我们希望报表使用者第一眼去关注前三大城市，因此将第一扇区起始角度进行设置，旋转饼图，调整成图8-7所示的情形。

4. 单独分离某块扇形

某些情况下，希望报表使用者去关注最重要的一块数据，此时可以将饼图的一部分拉出来与饼图分离，以便更清晰地表达其效果，如图8-10所示。

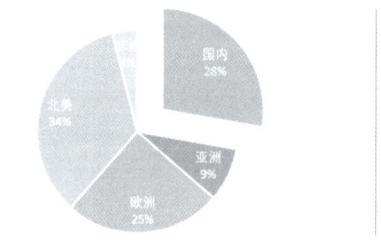

单独分离某块扇形的方法很简单，先单击鼠标左键选择饼图的任意一块扇形，然后再单击鼠标左键选择想要分离出的那块，单独选中了该扇形，再按住鼠标左键不放，往外拖动即可。

图8-10 单独分离某块扇形

5. 设置每块扇形的填充效果

默认情况下，饼图的每块扇形颜色都是自动设置的，这种自动配色在大部分情况下都不太协调。因此，在制作完饼图后，还需要专门对每块扇形颜色进行设置。

图8-11和图8-12所示的两个饼图就是默认的颜色和仔细设置后的颜色，看看两者有什么不同。

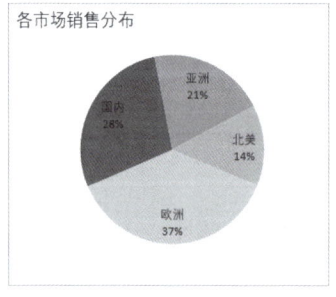
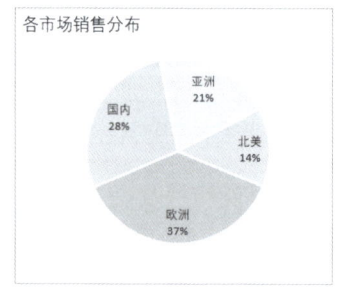

图8-11 默认的扇形填充颜色　　　　图8-12 仔细设置后的扇形填充颜色

还有某些特殊的情况，更需要去认真地设置每块扇形的填充，这样才能吸引人去关注你、你的企业以及你的产品。

例如，对于图 8-13 所示的表格，很多人就是绘制一个最普通不过的饼图，本来应该让人变美的化妆品，在这个饼图的展示下变得平常无奇，如图 8-14 所示。

女人对化妆品牌的偏好

品牌	比例
LAMER	6.6%
CHANEL	15.7%
PROYA	12.3%
LOREAL	11.9%
DIOR	9.6%
LANCOME	7.3%
ESTEE LAUDER	10.5%
OTHER	26.1%

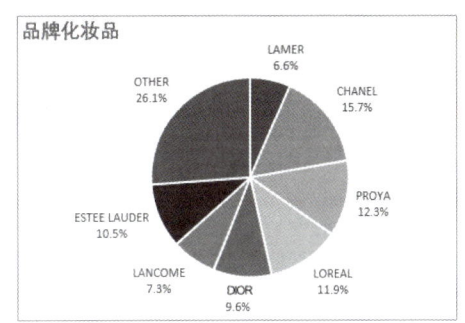

图8-13　化妆品偏好调查数据

图8-14　制作的普通饼图，毫无美感，不会让人心动

如果填充每个品牌化妆品的扇形图片，将饼图绘制成半圆饼图，再配上美女化妆的图片，如图 8-15 所示，是不是更能唤醒消费者的购买欲望？

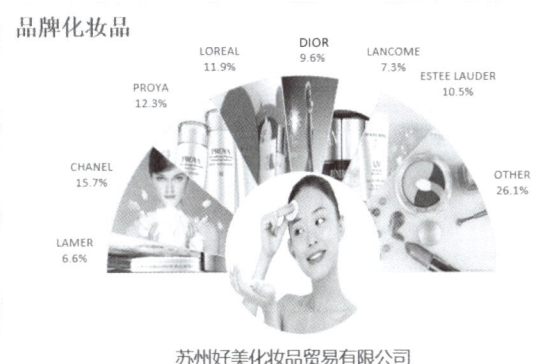

图8-15　为每块扇形填充图片

为每块扇形填充图片的方法很简单，先选择某块扇形，然后打开“设置数据点格式”对话框，在“填充”选项组中，选择“图片或纹理填充”单选按钮，然后单击“文件”按钮，如图 8-16 所示，再从文件夹里选择要填充的图片文件即可。

6. 设置数据标签

数据标签是饼图的重要信息，基本上所有的饼图都要显示。数据标签显示的内容一般要包括类别名称（也就是各个项目的名称）和百分比值，有时候是类别名称、值和百分比都显示，具体显示什么，需要根据实际数据来确定。

数据标签的位置，可以是居中、数据标签内、数据标签外、最佳匹配四种情况，如图 8-17 所示。

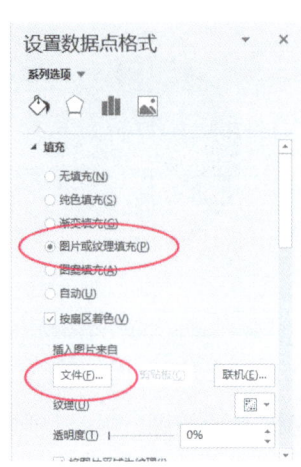
图8-16 为选定的扇形填充图片

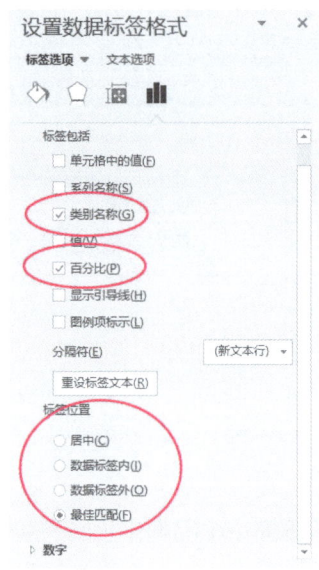
图8-17 添加数据标签

但是,默认的数据标签位置,以及是否显示引导线的设置,所显示出来的数据标签位置很难满足信息表达和图表美观的要求,大部分情况下需要手工去调整各个数据标签的位置,以及手工插入形状作为引导线来使用。图 8-18 所示就是手工插入引导线及对文本框进行说明。

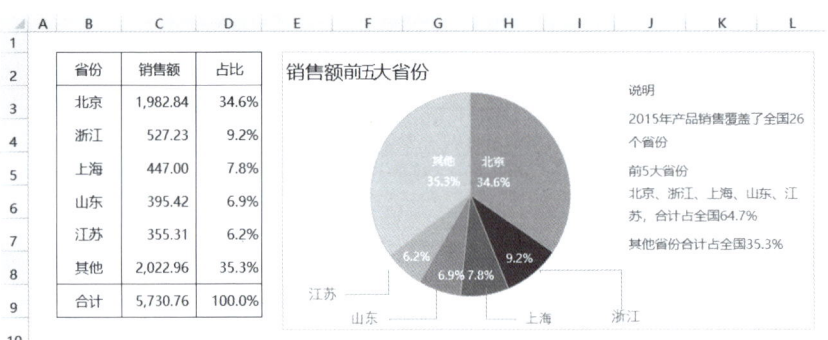
图8-18 手工设置标签显示

当数据标签同时显示多个选项时,这些项目之间可以用多种分隔符分隔,如图 8-19 所示。

根据实际情况,选择一个合适的分隔符。一般情况下,建议选择"(新文本行)",也就是把类别名称和值(或者百分比)显示为几行。

如果数据标签中显示了百分比,这个百分比数字是一个没有小数点的百分数,如果要显示有小数点的百分数,需要设置数据标签的数字格式,就是在"数字"选项组中,从"类别"列表框中选择"百分比",然后设置小数位数,如图 8-20 所示。

当然,也可以选择"自定义",将标签的数字或者百分比设置为自定义的格式。

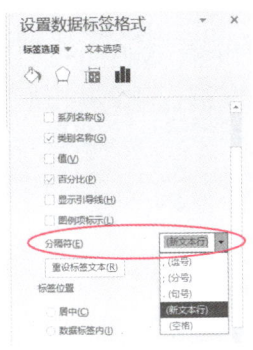
图8-19　设置数据标签中各选项的分隔符

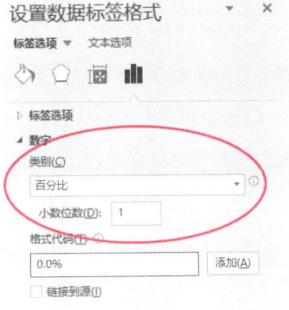
图8-20　设置数据标签的百分比格式

8.1.2　复合饼图和复合条饼图及其设置与应用

当要分析的数据项目很多，数据相差也较大时，将这些数据画在一个大饼里，图表就显得非常乱，此时，可以绘制复合饼图或者复合条饼图。

复合饼图就是把某些满足条件的项目绘制到一个小饼里，构成了一个大饼和一个小饼的结构。复合条饼图也是这样处理的，只是这个小饼换成了堆积的条形。

图 8-21 和图 8-22 所示就是复合饼图和复合条饼图的示例。

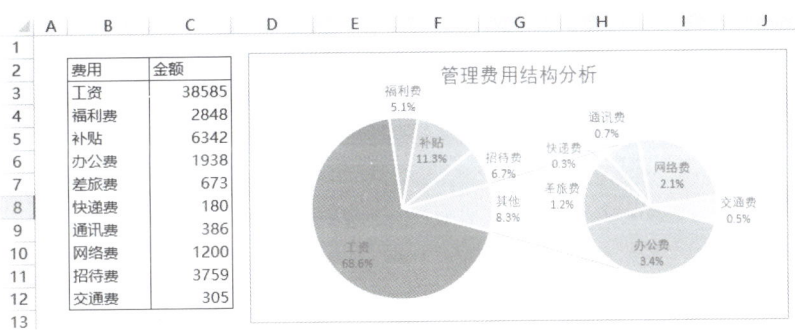
图8-21　复合饼图示例

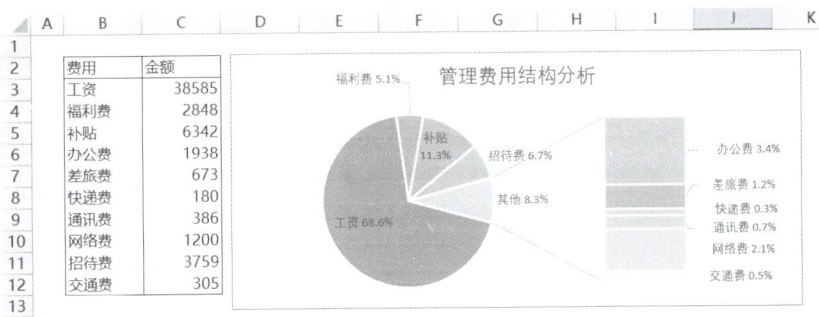
图8-22　复合条饼图示例

复合饼图的画法介绍如下，复合条饼图的画法与此相同。

（1）选择区域，绘制复合饼图。

（2）选择数据系列，打开"设置数据系列格式"对话框，如图8-23所示。

（3）从"系列分割依据"列表框中选择系列分割依据，有位置、值、百分比值和自定义4种，如图8-24所示。

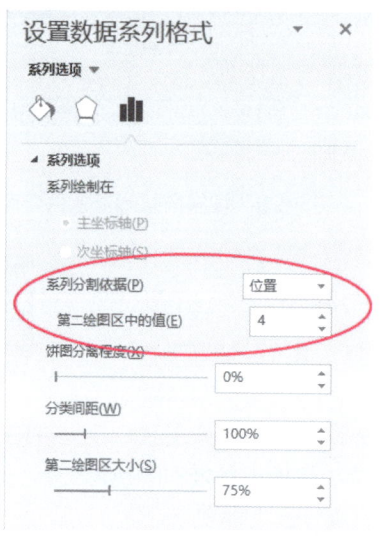

图8-23 复合饼图的格式设置项目　　　　图8-24 选择数据分割依据

（4）根据选择的分割依据，设置相应的条件。例如，图8-25所示就是选择了百分比值，然后将百分比小于5%的项目都放到小饼里。

图8-25 设置系列分割依据，并设置依据的条件值

（5）还可以调整两个饼之间的距离，这是通过"分类间距"设置的。

（6）如果想要调整小饼的大小，可以设置"第二绘图区大小"选项。

8.1.3 圆环图及其设置与应用

如果要分析多个系列数据中每个系列下的项目数据占各自的数据总和的百分比，可以使用圆环图。

圆环图用于多系列数据的结构分析，例如同时展现销售额和毛利的结构分析，可以绘制两个圆圈分别表示，如图 8-26 所示。

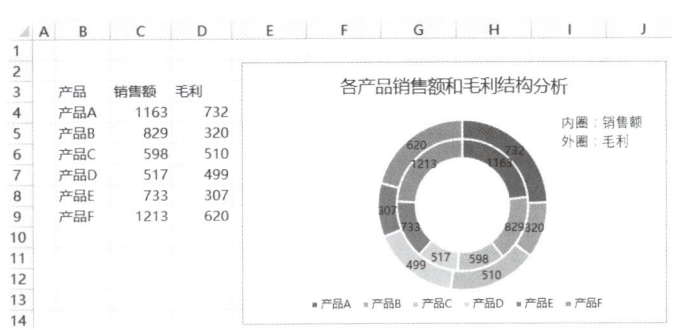

图8-26　圆环图的例子

圆环图的重点是设置圆环圈内径大小，否则图表比较难看，设置是在"设置数据系列格式"对话框进行的，如图 8-27 所示。

另外，画出的圆环图的内圈和外圈看不出来是哪个数据系列，因此还需要在图表上插入文本框予以说明。

其实，在很多情况下，如果仅仅是一个数据系列，圆环图要比饼图好看，而且圆环中间的空白部分还可以插入一个图片来修饰，如图 8-28 所示。

图8-27　设置圆环图的圆环圈内径大小

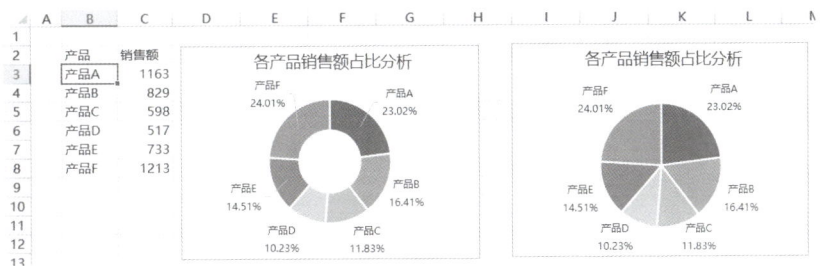

图8-28　圆环图与饼图比较

8.1.4 旭日图及其设置与应用

旭日图是 Excel 2016 新增的图表类型，非常适合显示分层数据。层次结构的每个级别均通过一个环或圆形表示,最内层的圆表示层次结构的顶级，

从内往外逐级显示。

旭日图重点是分析数据的多层结构以及某些特殊项目自身的结构。这种图表在分析多维数据方面非常有用，如市场－产品分析等。旭日图会自动把各层的类别合计数进行排序，按顺时针方向、从大到小排序。

图 8-29 所示是一个分析各个地区、省份的销售数据，对几个要特别关注的省份，又列示了自营和加盟的销售。

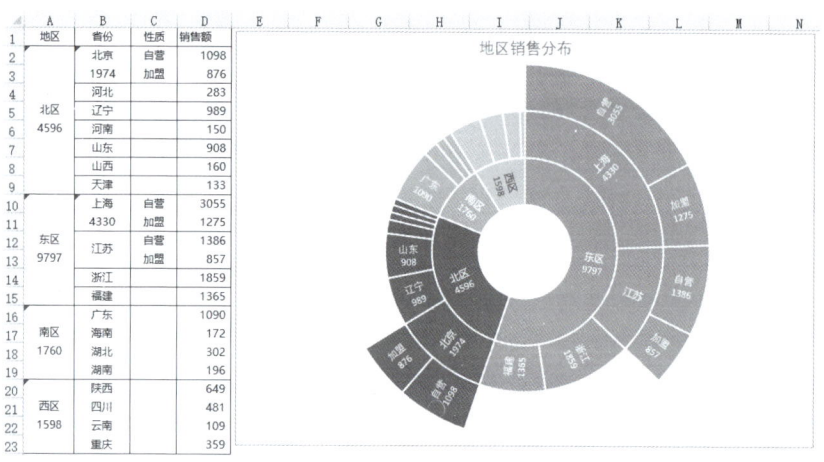

图8-29　利用旭日图分析市场

从图 8-29 中可以看出，东区销售最大，北区第二，南区第三，西区最末；在东区中，上海最好，江苏次之，浙江第三，福建第四；在上海，自营店销售最多。

在绘制旭日图时，整理数据结构是很重要的。从左往右依次是类别层次，最右边一列才是绘图的数据。

为了在图表上能够显示左边几列类别的名称及其数据，可以使用公式作为字符串。

例如，本例的单元格 A2 公式是 "=" 北区 "&CHAR(10)&ROUND(SUM(D2:D9),0)"，单元格 B2 公式为 "=" 北京 "&CHAR(10)&ROUND(SUM(D2:D3),0)"。

8.1.5　树状图及其设置与应用

扫码看视频

树状图也是 Excel 2016 新增的图表类型，用于提供数据的分层视图，适合比较层次结构内的比例，以便轻松地发现何种类别的数据占比最大，如商店里的哪些商品最畅销。

在树状图中，树分支表示为矩形，每个子分支显示为更小的矩形。树状图按颜色和距离显示类别，可以轻松显示其他图表类型很难显示的大量数据。

树状图会把多层数据自动进行汇总计算，并从大到小排序，然后绘制成一片一片的区域，每个大类是一个颜色，每个大类下又分成几个小片，这些小片区域是该大类的组成。

树状图绘制并不难，图 8-30 所示是一个主要国家产品销售统计分析。

绘制树状图的主要注意点是：选中区域，插入图表，然后根据需要设置数据标签（类别名称和值），并设置每个国家树状区域的填充颜色，以及大标题文字的格式。

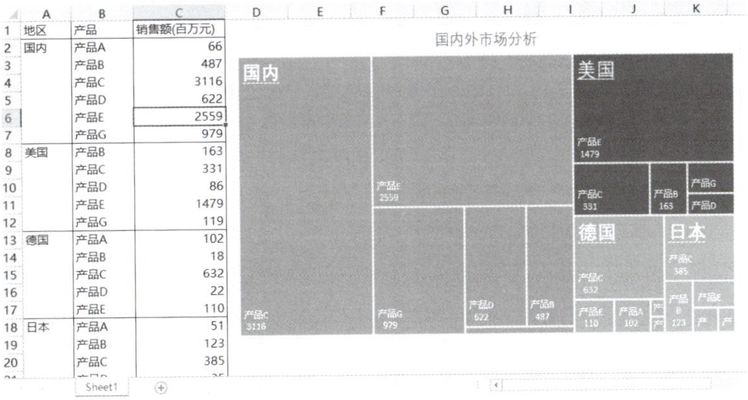

图8-30 利用树状图分析国内外市场的产品销售

8.1.6 排列图及其设置与应用

排列图是从原始数据中自动对每个项目进行汇总计算，自动排列，把最重要的放到前面，对数据从大到小进行排序。

这种图表可以归为排名分析，因为对数据进行了降序排序，也可以归为结构分析，因为把每个项目的数据汇总出来，并找出了影响最大的项目。

图 8-31 的左侧三列是一个原始数据清单，右侧是创建排列图。在这个图表中，每个柱形是每个产品的销售量合计数，一条折线是截止到每个产品的累计百分比。

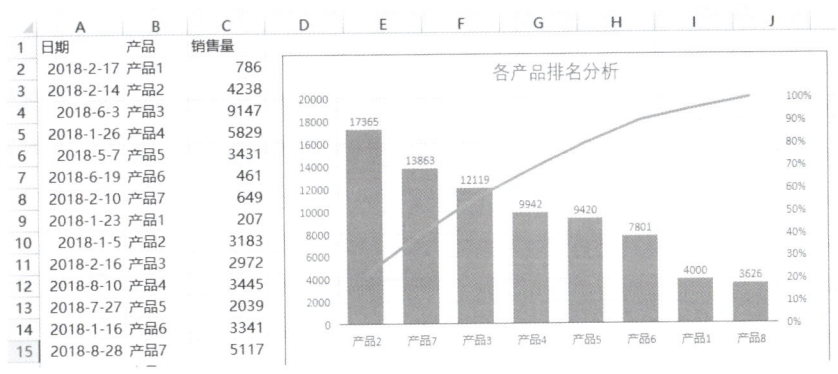

图8-31 排列图

这种排列图的制作非常简单，单击鼠标左键选择数据区域，再选择图表集里的"排列图"，如图 8-32 所示。

创建排列图后，可以继续格式化图表。例如：设置分类间距，设置柱形的填充颜色，设置柱形的数据标签。但遗憾的是，无法在折线上显示累计百分比数字标签。

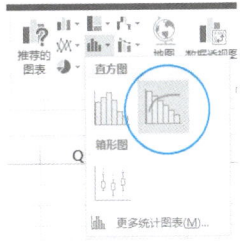

图8-32 插入排列图

8.2 经典一维结构分析图表

扫码看视频

8.2.1 一维结构分析图综述

一维结构分析最简单，使用最简单的饼图或者圆环图即可完成。但要注意项目个数数据的级差，是用普通的饼图，还是使用复合饼图。

不论饼图还是圆环图，认真设置每块扇形的填充颜色是非常重要的。同时，是否显示数据标签，数据标签包含什么项目，如何显示，如何布局，都需要仔细设置和调整。

默认的饼图或者圆环图的样子最好不要贴到 PPT 上，因为不论是观察数据的角度，还是每块扇形的颜色，都需要进一步完善。别忘了，出门前是需要整装打扮的啊。

很多人喜欢使用三维饼图，觉得它震撼，让人激动，尽管在某些需要激动一把的情况下，使用这样的三维饼图是个不错的主意，但在大多数情况下，尤其是放在 PPT 的时候，不建议使用三维饼图来分析结构。

关于一维分析的问题，本章前面已经介绍了很多的案例，详细的内容可回看之。

8.2.2 绘制清晰明了的图表

给大家出一道思考题，对于图 8-33 所示的数据，如何分析各项费用的占比？

很多人画出了图 8-34 所示的饼图，外形就像一个八爪鱼，更像一个奇异的外星生物。

图8-33 费用汇总表

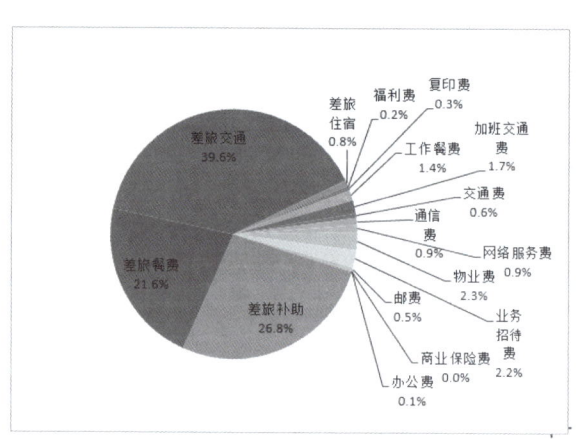

图8-34 普通的饼图

数据项目很多，级差又比较大，此时就不应该通过饼图来表现，而应该换个思路考虑问题：能不能把其中占比最大的几个项目挑出来，其他的小项不用去关心谁是谁，统统算作一个项目，这样就可以绘制出图 8-35 所示的饼图。

如果非要显示出所有的项目，就只好绘制柱形图，如图 8-36 所示，用形状标出几个大项，这样的图表更加清楚。

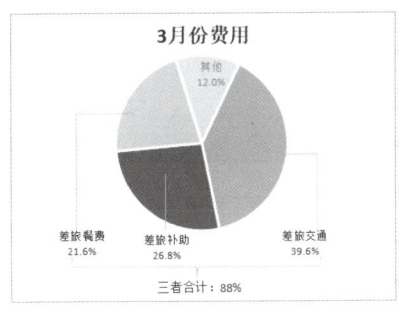
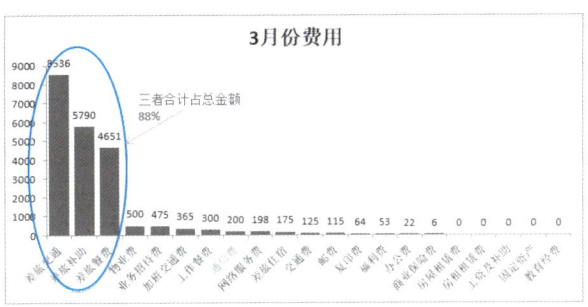

图8-35 重点分析数额大的几个项目　　图8-36 用普通的柱形图代替饼图

8.3 经典多维结构分析图表

很多情况下的结构分析，并不是一列数据的分析，而是一个多维度表格的分析，此时，可以使用动态图表来分析某个系列的数据。但是这种方法，每次只能分析指定系列。如何在一个图表上显示出所有系列的结构分布呢？这就需要根据实际数据表格，寻找合适的解决方案。

8.3.1 使用双层饼图

某些数据分析，一个是大类，另一个是每个大类下的小类，此时要分别分析每个大类占总计的比例，同时分析每个大类下的每个小类占该大类的比例，这样的分析，就是典型的二维分析问题。

扫码看视频

图 8-37 所示就是这样的一个表格和分析图。

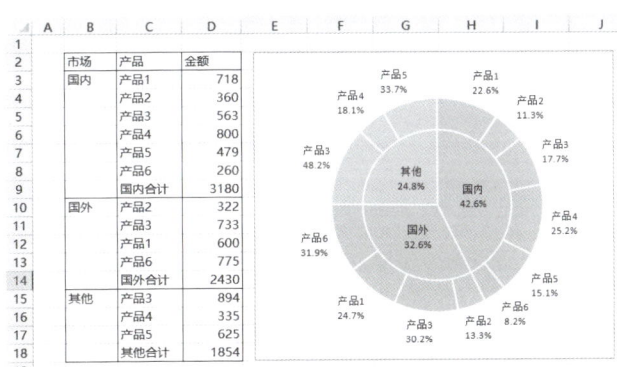

图8-37 每个市场的产品销售统计分析

这个图表中，内部是市场分布，外层是每个市场下的产品分布。
两个系列的饼图大小不一样，原因就是它们绘在了不同的坐标轴。
一个要牢记的原理和规则是：谁要做成里面的小饼，就把谁做到次轴上。
主要制作方法如下。

步骤1 将数据进行重新整理，如图8-38所示。各个单元格公式无非就是计算百分比，与名称组合成字符串，这使用了TEXT函数和CHAR函数。

市场分析			市场内产品分析		
市场	金额	占比	产品	金额	占比
国内	3180	42.6%	产品1	718	22.6%
			产品2	360	11.3%
			产品3	563	17.7%
			产品4	800	25.2%
			产品5	479	15.1%
			产品6	260	8.2%
国外	2430	32.6%	产品2	322	13.3%
			产品3	733	30.2%
			产品1	600	24.7%
			产品6	775	31.9%
其他	1854	24.8%	产品3	894	48.2%
			产品4	335	18.1%
			产品5	625	33.7%

市场分析

市场	金额
国内42.6%	3180
国外32.6%	2430
其他24.8%	1854

产品分析

产品	金额
产品122.6%	718
产品211.3%	360
产品317.7%	563
产品425.2%	800
产品515.1%	479
产品68.2%	260
产品213.3%	322
产品330.2%	733
产品124.7%	600
产品631.9%	775
产品348.2%	894
产品418.1%	335
产品533.7%	625

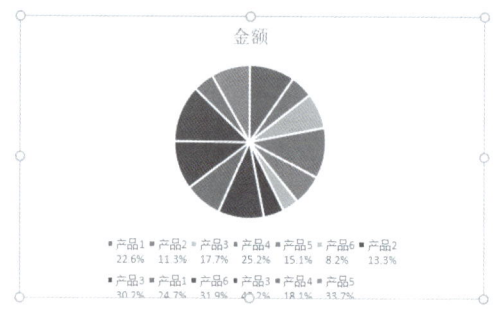

图8-38 重新组织数据

例如，单元格 J4 的公式为：

=B4&CHAR(10)&TEXT(C4/SUM($C$4:$C$16),"0.0%")

单元格 M4 的公式为：

=E4&CHAR(10)&TEXT(F4/SUM($F$4:$F$9),"0.0%")

步骤2 画外层的产品大饼。选择单元格区域M3:N16，绘制饼图，如图8-39所示。然后将这个图表上的图例和标题都予以删除。

图8-39 各个产品结构图

步骤3 选中图表，选择“选择数据”命令，打开“选择数据源”对话框，如图8-40所示。

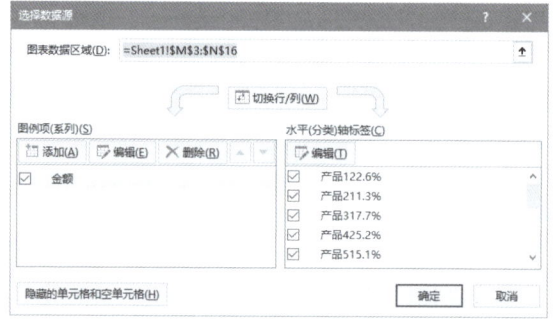

图8-40 “选择数据源”对话框

步骤 4 单击"添加"按钮，在这个图表上添加第二个系列，如图8-41所示。这里先不给该系列添加分类轴标签。

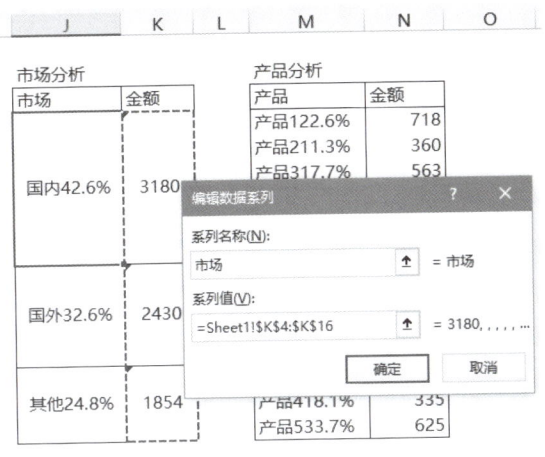

图8-41 添加数据系列

添加"市场"系列后的"选择数据源"对话框如图 8-42 所示。

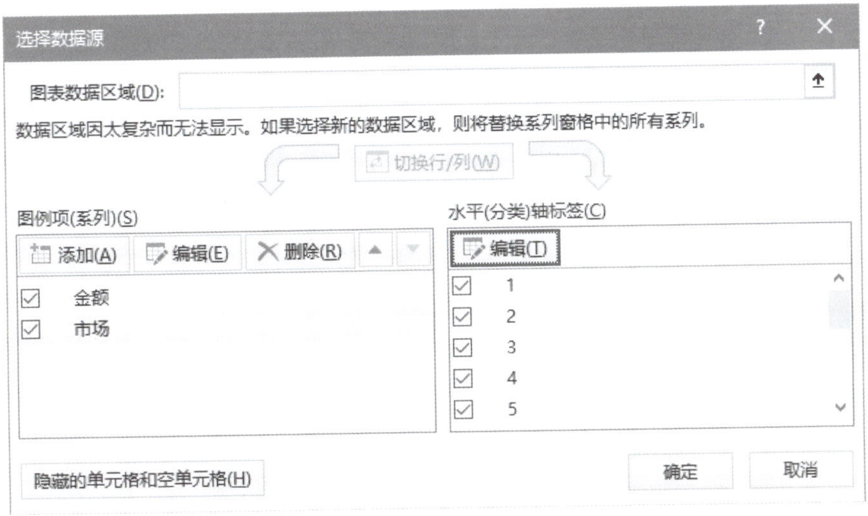

图8-42 添加了第二个系列"市场"

步骤 5 在对话框中选择第二个系列"市场"，单击"上移"按钮，将其升级为第一个系列，如图8-43所示。

步骤 6 单击"确定"按钮，就得到图8-44所示的图表。"市场"系列被调到了最前面，原来的产品的饼图跑到了后面，被遮挡住了。

步骤 7 把"市场"系列的饼图缩小。选择这个系列，打开"设置数据系列格式"对话框，选择"次坐标轴"单选按钮，并设置"饼图分离程度"为一个合适的比例，这里设置为40%，如图8-45所示。

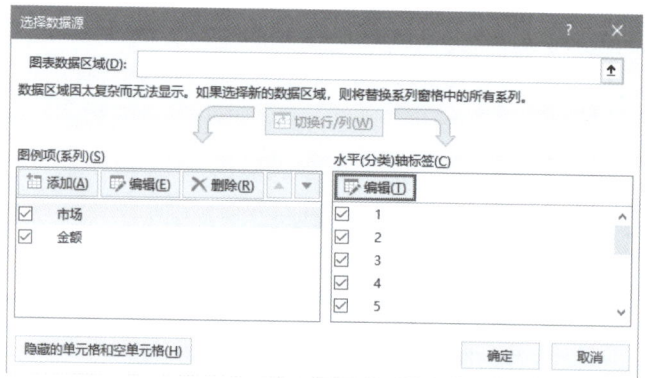

图8-43 调整系列次序

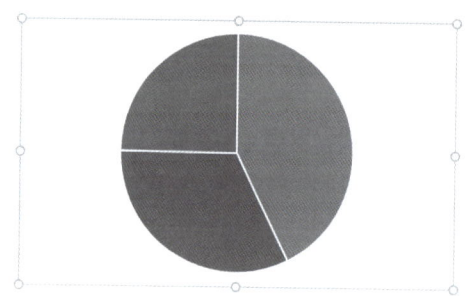

图8-44 "市场"系列调整到了最前面

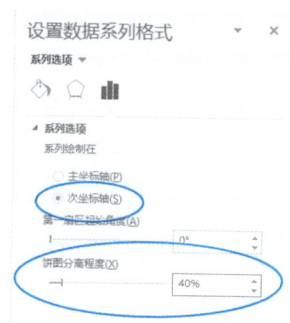

图8-45 将"市场"系列绘制在次坐标轴,设置饼图分离程度

这样,图表就变为图8-46所示的情形。

步骤 8 分别选择这三块扇形,往圆中心拖动,就得到图8-47所示的图表。

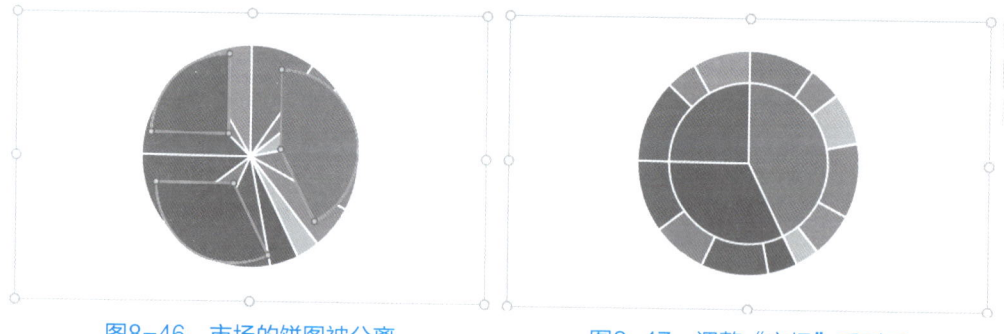

图8-46 市场的饼图被分离　　　　图8-47 调整"市场"系列后

步骤 9 打开"选取数据源"对话框,将"市场"系列的分类轴标签区域选为"=Sheet1!$I$4:$I$16",将"产品"系列的分类轴标签区域选为"=Sheet1!$L$4:$L$16",如图8-48和图8-49所示,然后关闭对话框。

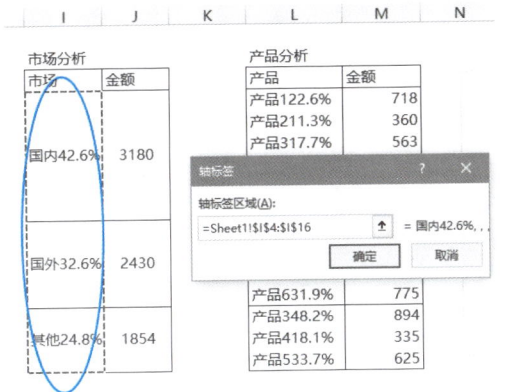

图8-48 重新选择"市场"系列的分类
轴标签区域

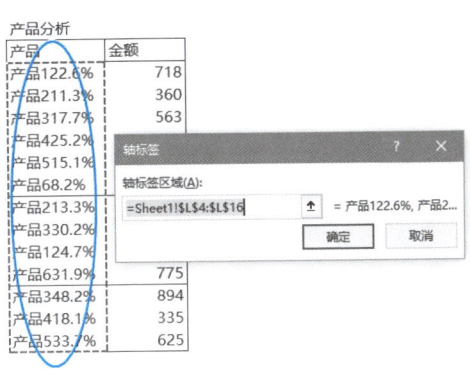

图8-49 重新选择"产品"系列的
分类轴标签区域

步骤⑩ 分别为两个系列设置数据标签。其中设置如下。

- "市场"系列：标签显示分类轴"类别名称"，位置为"数据标签内"。
- "产品"系列：标签显示分类轴"类别名称"，位置为"数据标签外"。

这样，图表就变为图8-50所示的情形。

步骤⑪ 设置两个饼图的填充颜色，调整图表大小。

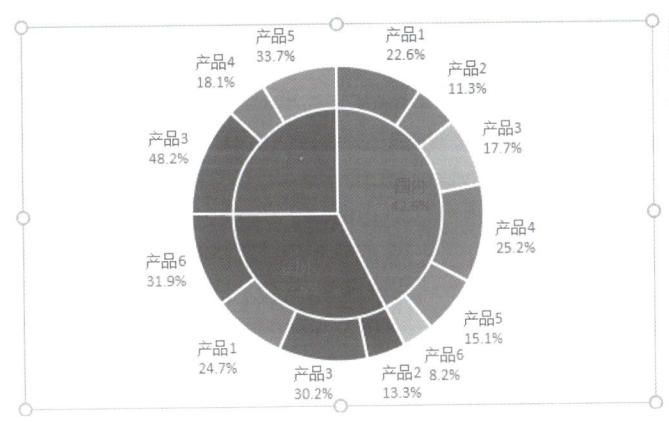

图8-50 显示数据标签后的图表

8.3.2 饼图和圆环图组合

为了使大类和小类的结构更清楚，可以联合使用饼图和圆环图。也就是说，大类是饼图，小类是圆环，饼图镶嵌在圆环内，如图8-51所示的例子。

这个图表的制作方法与上面的例子差不多。下面是主要步骤。

步骤① 选择D列和E列的数据区域，注意系列名称改为"产品"，绘制圆环图，如图8-52所示。

步骤② 做如下的基本设置。

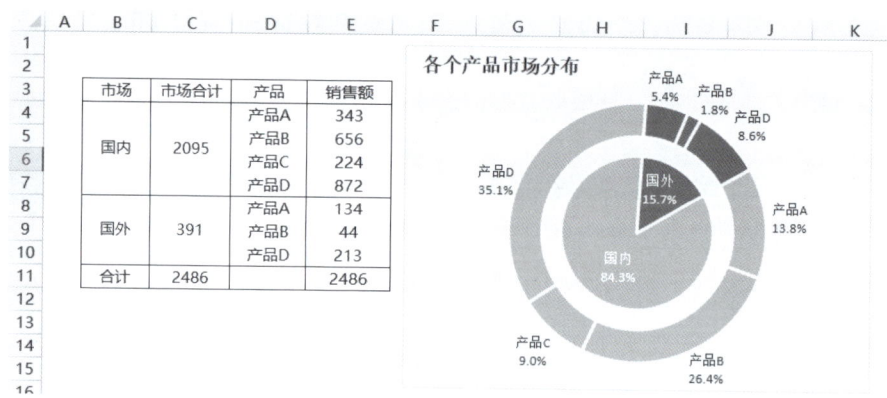

图8-51 饼图与圆环图镶嵌起来，更加清楚分析大类和小类的结构

（1）删除图例。
（2）将图表标题文字修改为"各个产品市场分布"。
（3）添加数据标签，包含类别名称和百分比，数字格式设置为一位小数点的百分数。
（4）调整图表大小。
（5）设置各个扇形的填充颜色。
（6）将第一扇区起始角度设置为60°。
这样就得到了图8-53所示的基本美化后的圆环图。

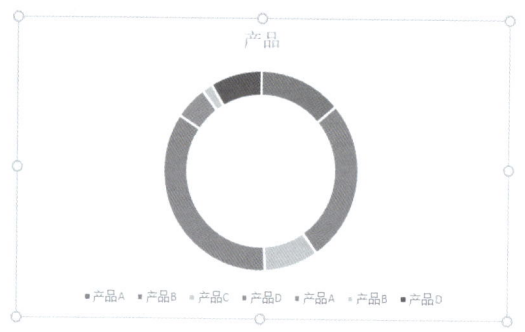

图8-52 绘制产品的圆环图

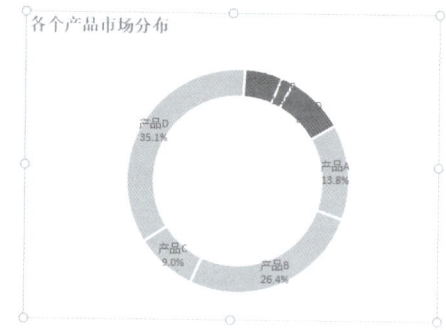

图8-53 基本美化后的圆环图

步骤3 采用手工拖动的方法，将各个扇形的数据标签拖到圆环外面。因为圆环图的数据标签位置没有饼图的那么多的选择，所以只能手工拖动。这样图表变为图8-54所示的情况。

步骤4 选择图表，打开"选择数据源"对话框，如图8-55所示。

步骤5 单击"添加"按钮，为圆环图添加新的系列"市场"，如图8-56所示。该系列的分类轴标签后面再设定。

步骤6 单击"确定"按钮，关闭对话框，就得到图8-57所示的图表。

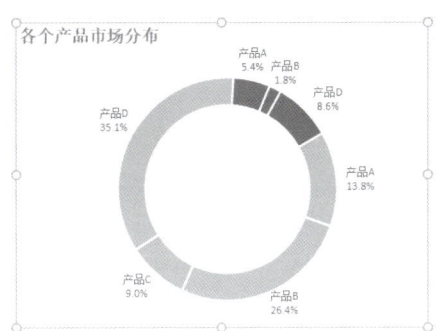

图8-54 将数据标签手工拖动到圆环的外面

图8-55 "选择数据源"对话框

图8-56 添加新的数据系列"市场"

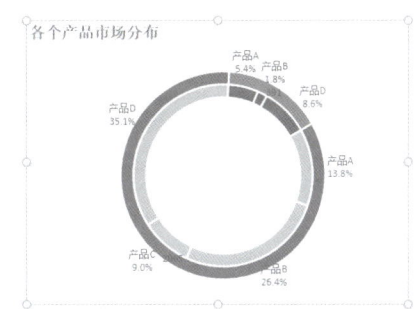

图8-57 添加系列"市场"后的圆环图

步骤 7 在系列"市场"上单击鼠标右键,从弹出的快捷菜单中选择"更改系列图表类型"命令,打开"更改图表类型"对话框。这里做以下两个选择。

(1)勾选系列"市场"右侧的复选框,将其绘制在次坐标轴。
(2)从该系列的"图表类型"列表框中,选择饼图。
设置结果如图8-58所示。

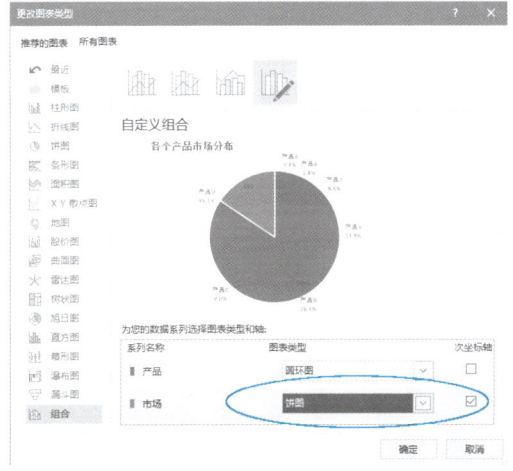

图8-58 设置系列"市场"绘制的坐标轴和图表类型

然后单击"确定"按钮，关闭对话框，图表变为图8-59所示的情形。

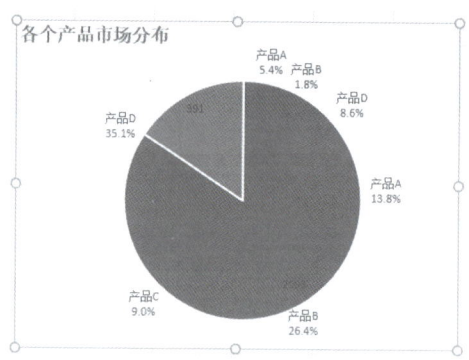

图8-59 饼图绘制在次坐标轴后

步骤⑧ 为饼图设置次坐标轴标签区域。选择当前的饼图，直接在编辑栏的SE-RIES公式里添加次坐标轴标签数据区域，如图8-60所示。

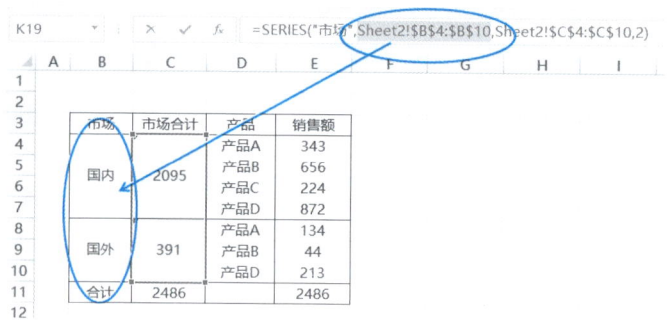

图8-60 在编辑栏里为系列添加分类轴标签区域

步骤⑨ 选择饼图，打开"设置数据系列格式"对话框，设置其第一扇区起始角度为60°（因为前面将圆环图的第一扇区起始角度设置为了60°），饼图分离程度设置为70%，如图8-61所示。

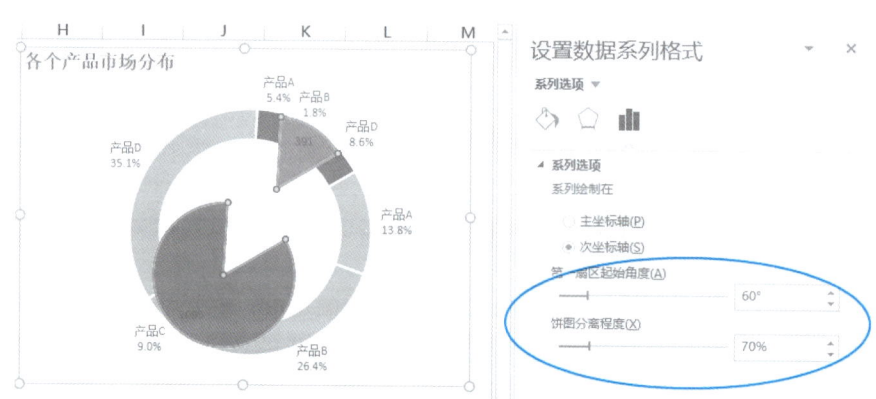

图8-61 设置饼图的旋转角度和分离程度

步骤⑩ 采用手工的方法将饼图的两块扇形拖放到圆环中心，然后设置这两块扇形的填充颜色，如图8-62所示。

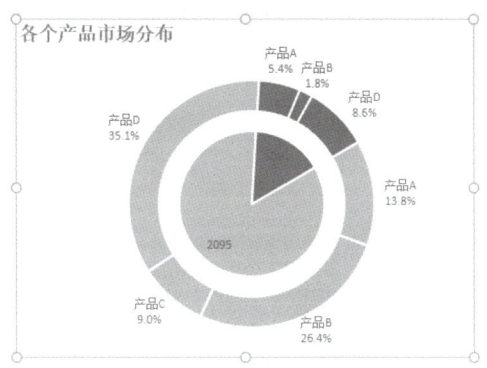

图8-62 调整后的饼图和圆环图

步骤⑪ 为中间的饼图添加数据标签，显示类别名称和百分比，还要注意设置数据标签的字体颜色。

步骤⑫ 为图表设置填充颜色。

这样就得到了前面要求的分析图表。

8.3.3 使用堆积条形图或堆积百分比条形图

扫码看视频

当要分析的系列有很多时，可以使用堆积百分比条形图来分析这个不同类别下各个小项的结构。这种图表制作是很容易的。

图 8-63 所示就是一个简单的例子，这是两年各个市场销售同比分析问题。这里分析的重点不是两年绝对数额的大小，而是几个市场份额的两年变化情况。

图8-63 市场份额的两年变化情况

首先选择占比计算的数据区域，插入堆积百分比条形图，如图 8-64 所示。

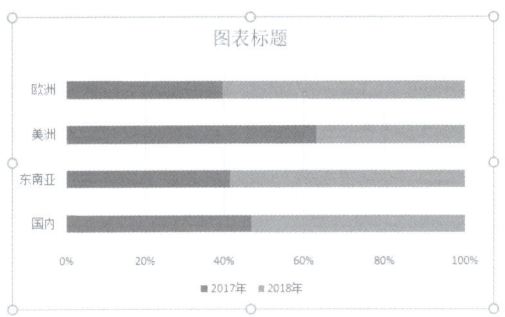

图8-64　默认的堆积百分比条形图

这个图表的绘制方向不对，因此选择"设计"→"切换行/列"命令，转换图表绘制方向，如图8-65所示。

然后就是慢慢地、耐心地格式化图表，例如调整分类间距、添加数据标签、添加系列线、删除网格线、修改图表标题、调整图例位置等。这里就不再一一介绍了。

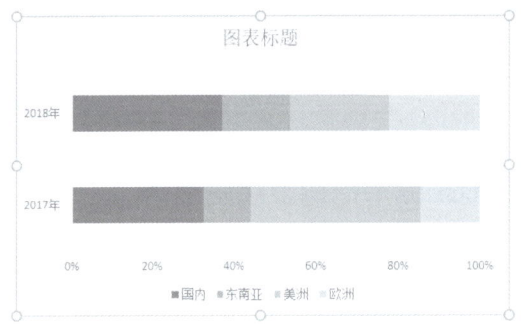

图8-65　切换绘图方向后的图表

当要分析的类别较多，或者类别下的项目较多时，使用堆积百分比条形图来分析结构，是一个好的选择。

例如，对于图8-66所示的各个品牌手机在各个价格区间的销量分析，就可以从以下两个角度分析。

（1）各个品牌下，每个价格区间的销量，这是分析某个品牌下，哪个价格区间最畅销。
（2）各个价格区间下，各个品牌的销量，这是分析某个价格区间下，哪个品牌最畅销。

	A	B	C	D	E	F	G
1							
2		6月份各品牌手机销量统计					
3		品牌	1000元以下	1000-2000元	2000-3000元	3000-4000元	4000元以上
4		APPLE	142	185	235	210	99
5		HTC	247	70	66	141	183
6		MI	192	58	298	106	150
7		HUAWEI	138	211	67	104	290
8		SAMSUNG	51	90	229	271	150

图8-66　各个品牌手机在各个价格区间的销量

基于这样的考虑，可以绘制图8-67和图8-68所示的两个多维结构分析图，它们都是使用堆积百分比条形图制作的，制作起来也不复杂。具体制作过程，就不再介绍了。

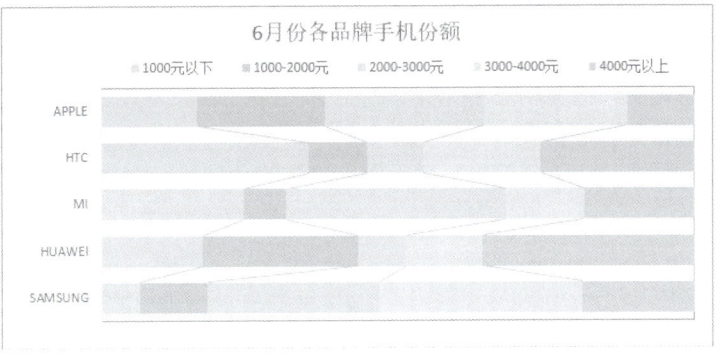

图8-67　分析某个品牌下各个价格区间的份额

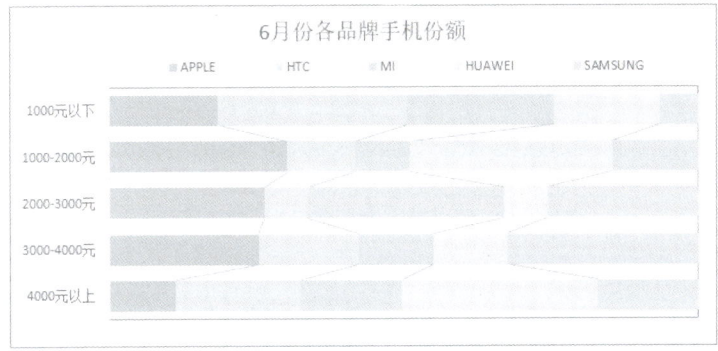

图8-68　分析某个价格区间下各个品牌的份额

8.3.4　使用堆积柱形图或堆积百分比柱形图

一般情况下，使用堆积柱形图或者堆积百分比柱形图来分析数据结构，用得不是很多。不过，也有一些情况，需要使用堆积柱形图来同时分析总量和结构。

图 8-69 所示就是一个简单的例子。

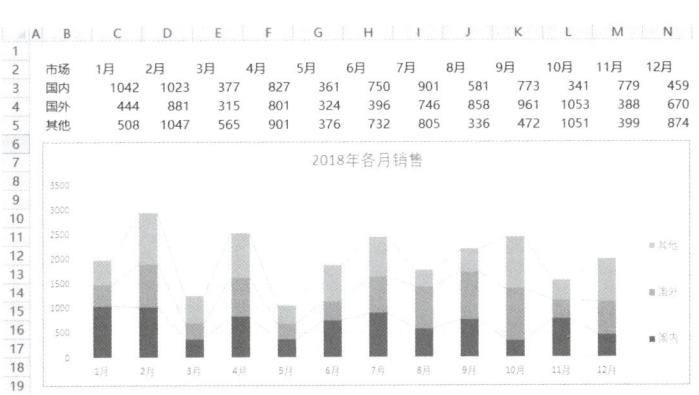

图8-69　以堆积柱形图分析总量和结构

8.3.5 使用堆积面积图

扫码看视频

从观察量能的角度讲，面积图更具有冲击力。而在分析由几个项目构成的总量中，既分析总量，又分析结构，那么堆积面积图的效果要比堆积柱形图的效果强烈得多。

图 8-70 所示就是一个示例。这样的图表绘制很简单，选择区域，插入堆积面积图即可。

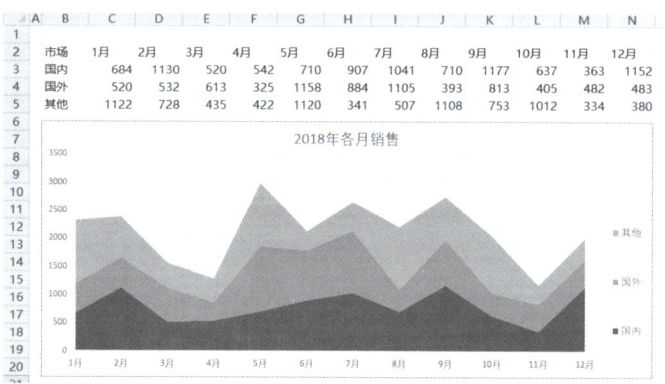

图8-70　使用堆积面积图分析总量和结构

8.4 既看整体又看内部结构的图表

前面的介绍仅仅分析了每个类别下的内部结构。如果要求既看整体又看内部结构，此时用什么图表来分析呢？常用的方法是利用堆积柱形图，可以做成单独一个柱形表示，也可以做成两个柱形表示。

8.4.1 以一个柱形表示整体和内部结构

扫码看视频

这种情况多见于财务经营分析和成本分析中。例如，图 8-71 所示的表格数据，如何绘制图表来分析销售额、销售成本、销售费用和毛利的两年增长情况？

	去年	今年	同比增减	同比增长
销售额	53,285	73,632	20,347	38.2%
销售成本	24,848	37,850	13,002	52.3%
销售费用	17,053	13,395	-3,658	-21.5%
毛利	11,384	22,387	11,003	96.7%
毛利率	21.4%	30.4%	9.0%	42.3%

图8-71　两年经营报表

仔细查看表格数据，每列数据有如下的逻辑关系：
毛利=销售额−销售成本−销售费用

换言之，销售额是其他三个项目的合计数：

销售额=销售成本+销售费用+毛利

这样不仅要对比两年各个项目的同比增减情况，还要看两年的盈利质量（即内部结构，反映了成本费用率、毛利率等）。

可以使用图8-72所示的图表来反映这些信息。这个图表的特点如下。

（1）整个柱形的高度是销售额。

（2）柱形内部的三部分，分别代表了销售成本、销售费用和毛利占销售额的比例。

这个图表制作起来并不是很复杂，下面是主要步骤。

步骤 1 选择数据区域B2:D6。绘制堆积柱形图，如图8-73所示。

图8-72 两年经营同比分析　　图8-73 绘制的默认图表

步骤 2 这个图表的绘制方向不对，应切换到按行绘制，如图8-74所示。

步骤 3 分别选择系列"销售成本""销售费用"和"毛利"，将它们绘制在次坐标轴上，如图8-75所示。

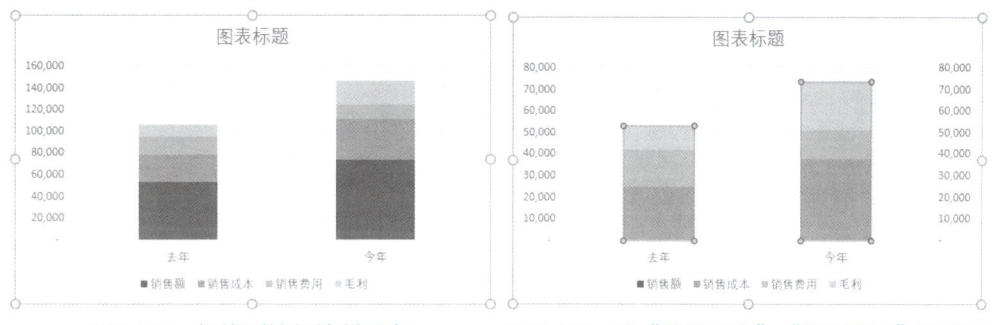

图8-74 切换到按行绘制图表　　图8-75 将"销售成本""销售费用"和"毛利"绘制在次坐标轴上

步骤 4 选择系列"销售额"，将其图表类型更改为"簇状柱形图"，如图8-76所示。

步骤 5 选择系列"销售额"，将其分类间距设置为较小的值，再选择次坐标轴上的任一系列（如"销售成本"），将其分类间距设置为小于销售额分类间距的一个适当值，这样就将两个轴上的柱形都显示出来了，如图8-77所示。

步骤 6 删除右侧的次数值轴，删除图例，删除网格线，设置坐标轴线条格式，修改图表标题文字。整理后的图表如图8-78所示。

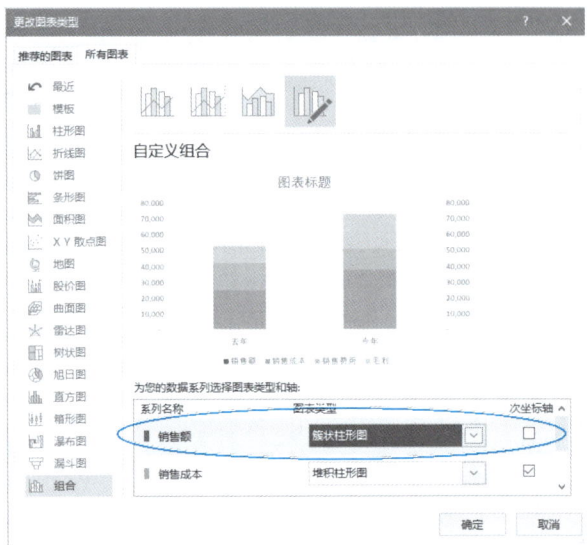

图8-76 将系列"销售额"图表类型改为"簇状柱形图"

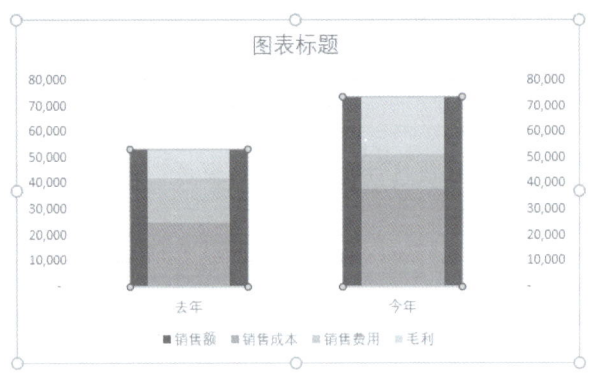

图8-77 分别设置两个坐标轴上柱形的分类间距

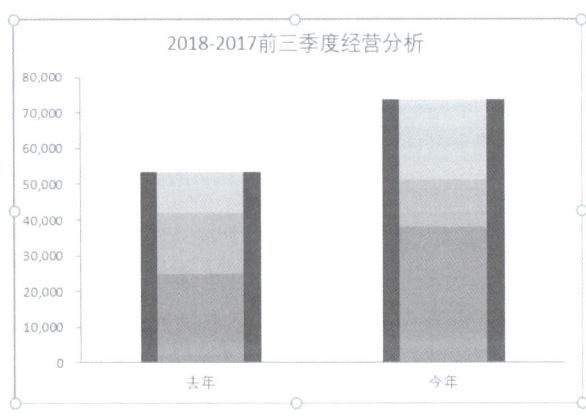

图8-78 清理图表界面

步骤 7 对四个柱形分别添加数据标签，如图8-79所示。主要内容如下。

（1）数据标签中显示系列名称和值。

（2）次坐标轴上的三个系列标签使用的分隔符为"（新文本行）"；系列"销售额"标签使用的分隔符为"逗号"。

（3）次坐标轴上的三个系列的数据标签位置是"居中"，系列"销售额"的数据标签位置是"数据标签外"。

图8-80所示就是设置的一个示意图。

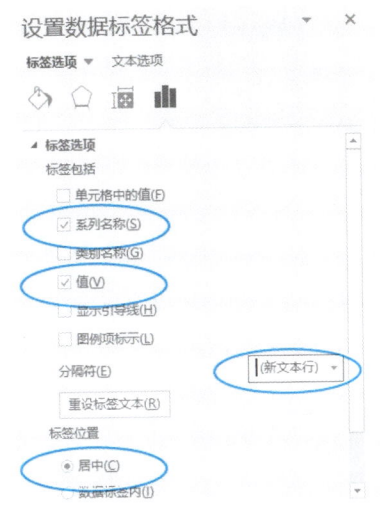

图8-79 设置各个系列的数据标签

图8-80 设置数据标签后的图表

步骤 8 为图表添加系列线。

步骤 9 分别设置四个系列柱形的填充颜色。

步骤 10 对图表做必要的调整和设置。

这样，要求的柱形图表就制作完毕。

8.4.2 以两个柱形表示整体和内部结构

上面的表达方法可能不适合某些数据分析。此时，可以把总量柱形单独画一个，而分量柱形继续堆积，这两个并排的柱形高度是一样的，这样看起来可以更加清楚和直观。

图8-81所示就是这样的一个分析图表，每个季度下有两个柱形，左侧的是总计数簇状柱形图，右侧的三个分项的堆积柱形图，一条折线更能突出显示三季度贷款的环比增长情况。

这个图表的制作要复杂些，要制作这样的图表，需要从数据表达的逻辑出发，设计辅助区域。

步骤 1 将原始数据重新组织成一个辅助数据区域，如图8-82所示。这个过程比较费事，也比较烧脑，其原理这里就不再介绍了。

扫码看视频

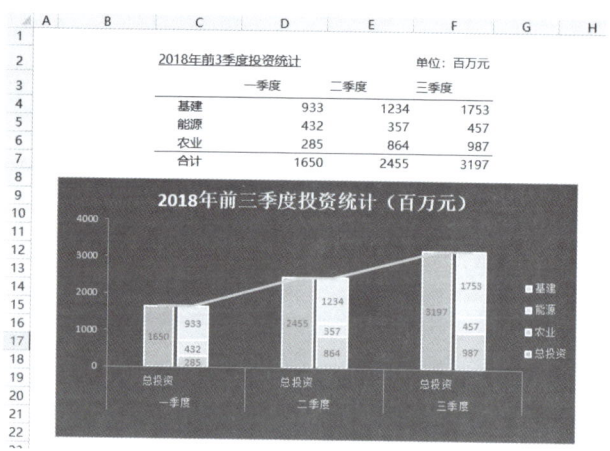

图8-81　前三季度贷款分析报告

季度	类别	总投资	基建	能源	农业	显示折线
一季度	总投资	1650				1650
			933	432	285	1650
二季度	总投资	2455				2455
			1234	357	864	2455
三季度	总投资	3197				3197
			1753	457	987	3197

图8-82　做辅助区域，组织整理绘图数据

步骤 2　以单元格区域Q2:V14绘制堆积柱形图，得到图8-83所示的图表。

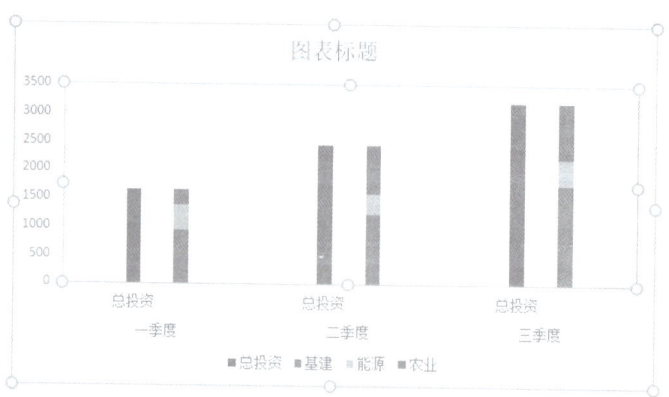

图8-83　得到的基本图表

步骤 3　将数据系列的重叠比例设置为100%，分类间距设置为一个合适的值，如图8-84所示。

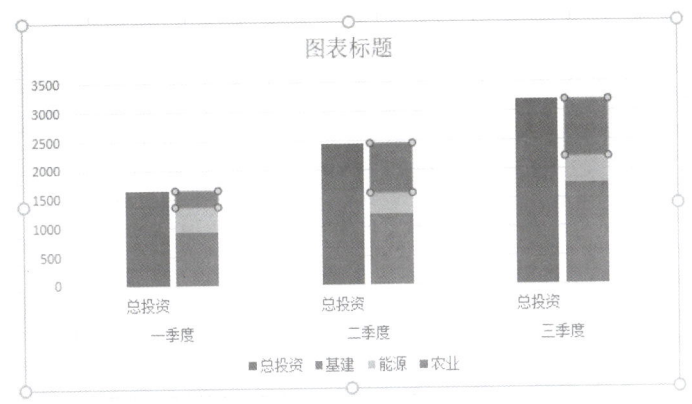

图8-84 调整系列重叠比例和分类间距后

步骤 4 为各个数据系列添加数据标签,标签位置都是居中,如图8-85所示。

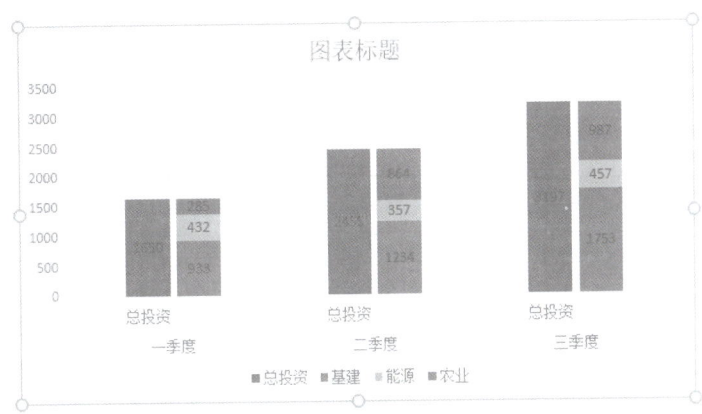

图8-85 为系列添加数据标签,居中显示

步骤 5 为图表添加辅助区域最右边的数据列,将其绘制在次坐标轴上,并将图表类型改为折线图,同时删除这个折线的数据标签,如图8-86所示。

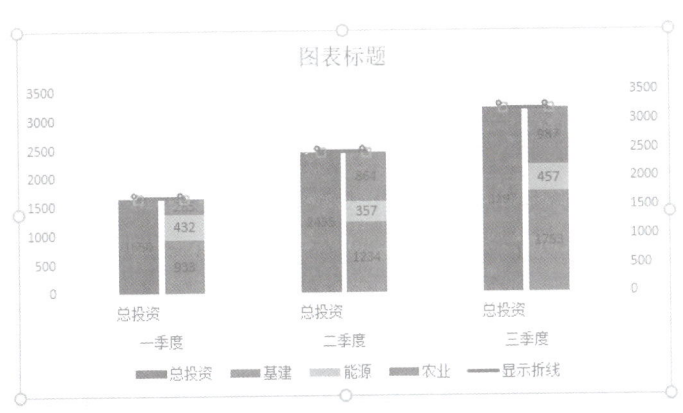

图8-86 在图表上添加了系列"显示折线"

步骤6 但是这个折线是断断续续的，只是显示在了两列的柱形顶部，并没有连起来。下面将其设置为连续式折线。

选择图表，打开"选择数据源"对话框，单击"隐藏的单元格和空单元格"按钮，如图 8-87 所示。

打开"隐藏和空单元格设置"对话框，选择"用直线连接数据点"单选按钮，如图 8-88 所示。

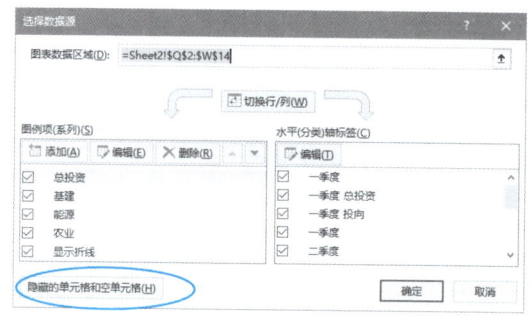

图8-87 单击"隐藏的单元格和空单元格"按钮

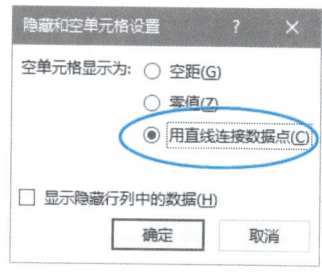

图8-88 选择"用直线连接数据点"单选按钮

单击"确定"按钮，关闭对话框，就得到图 8-89 所示的图表。

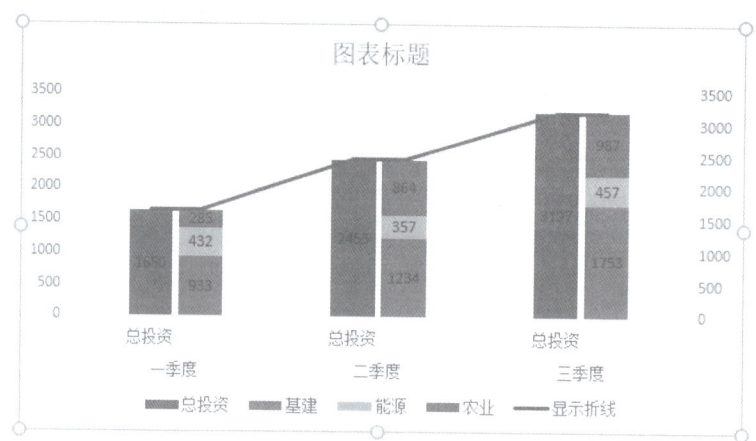

图8-89 空白区域有了连线

步骤7 继续设置图表，包括以下内容。

（1）修改图表标题文字。
（2）删除次数值轴。
（3）删除图例中的"显示折线"项目。
（4）调整图例的位置。
（5）删除网格线。
（6）设置柱形的填充颜色。
（7）设置坐标轴的格式。

（8）其他必要的调整和设置。

这样就完成了需要的图表。

8.5 利用动态图表分析不同大类下的小类结构

当大类数目较多，而且每个大类下的小项目数目不确定时，就不能制作一个固定的结构分析图，而是要制作动态的分析图表。

例如，客户很多，每个客户销售的商品不一样时，如何快速了解某个客户下的商品构成?

解决这样分析的方法有以下两个。

（1）使用函数制作动态图表。

（2）使用数据透视图。

8.5.1 使用函数制作动态图表

扫码看视频

如图 8-90 所示，每个客户下有不同的销售产品，现在要制作一个能够查看指定客户产品销售的分析饼图。

步骤1 为分析数据方便，首先将这个表格A列的合并单元格取消，填充数据，保证表格数据的完整性，如图8-91所示。

	A	B	C
1	客户	产品	销售额
2	客户A	产品1	155
3		产品2	249
4		产品3	390
5	客户B	产品2	850
6		产品3	217
7		产品4	109
8		产品5	567
9	客户C	产品1	739
10		产品3	216
11		产品5	460
12		产品2	193
13		产品6	599
14	客户D	产品5	521
15		产品4	198
16		产品2	244
17	客户E	产品1	112
18		产品5	359

图8-90 基本数据

	A	B	C
1	客户	产品	销售额
2	客户A	产品1	155
3	客户A	产品2	249
4	客户A	产品3	390
5	客户B	产品2	850
6	客户B	产品3	217
7	客户B	产品4	109
8	客户B	产品5	567
9	客户C	产品1	739
10	客户C	产品3	216
11	客户C	产品5	460
12	客户C	产品2	193
13	客户C	产品6	599
14	客户D	产品5	521
15	客户D	产品4	198
16	客户D	产品2	244
17	客户E	产品1	112
18	客户E	产品5	359

图8-91 处理合并单元格，填充数据

步骤2 在单元格F2设置数据验证，以便快速选择要分析的客户，如图8-92所示。

	A	B	C	D	E	F	G	H
1	客户	产品	销售额					
2	客户A	产品1	155		选择客户	客户C		
3	客户A	产品2	249					
4	客户A	产品3	390					
5	客户B	产品2	850					

图8-92 单元格F2设置数据验证

步骤 3 定义如下两个动态名称：

产品：=OFFSET($B$1,MATCH($F$2,$A$2:$A$18,0),,COUNTIF($A$2:$A$18,$F$2),1)

销售额：=OFFSET($C$1,MATCH($F$2,$A$2:$A$18,0),,COUNTIF($A$2:$A$18,$F$2),1)

步骤 4 以这两个动态名称绘制普通的饼图，并进行基本的格式化，如图8-93所示。

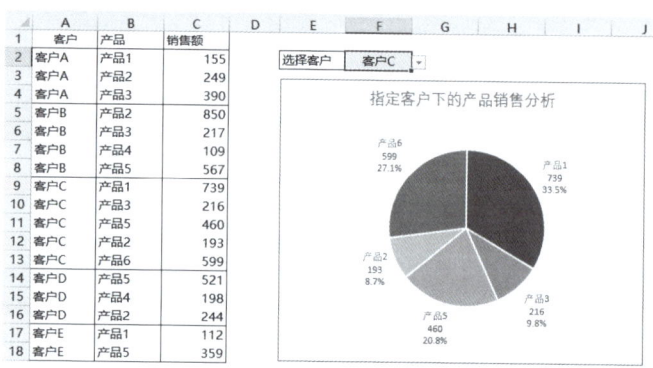

图8-93　制作完成的分析指定客户下产品销售的动态饼图

这样，只要在单元格F2中选择不同的客户，就能得到该客户的产品销售情况，如图8-94所示。

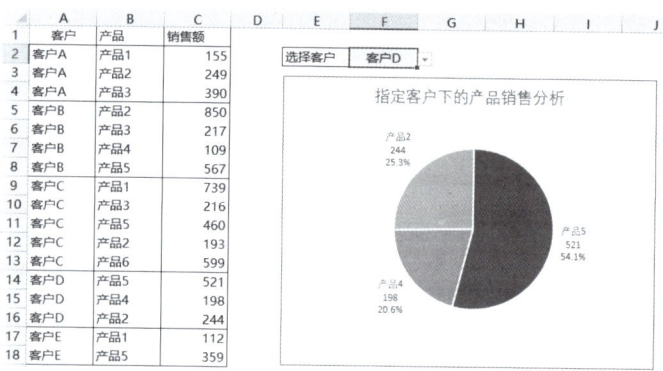

图8-94　分析任意指定客户的产品销售情况

8.5.2　使用数据透视图

扫码看视频

使用函数制作动态图表，需要熟练使用函数，并有较强的逻辑思维能力。由于数据透视图本身就是一个依存于数据透视表的动态图表，因此在大多数情况下，可以创建数据透视表及数据透视图，并联合使用切片器，来分析指定大类下的小项目的结构。

以上面的案例为例，使用数据透视图（数据透视表）分析指定客户的产品结构，步骤简要介绍如下。

步骤 1 整理数据，例如处理并填充合并单元格。

步骤 2 创建一个数据透视表及数据透视图，进行基本的布局，如图8-95所示。

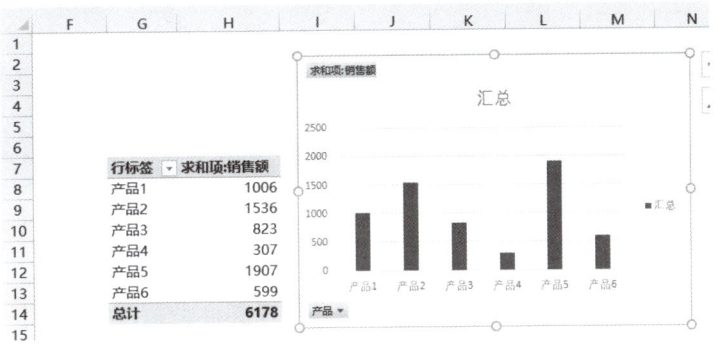

图8-95　基本的数据透视表和数据透视图

步骤3　美化数据透视表，不显示数据透视图上的字段按钮，把默认的柱形图改为饼图，显示数据标签，就得到图8-96所示的结果。

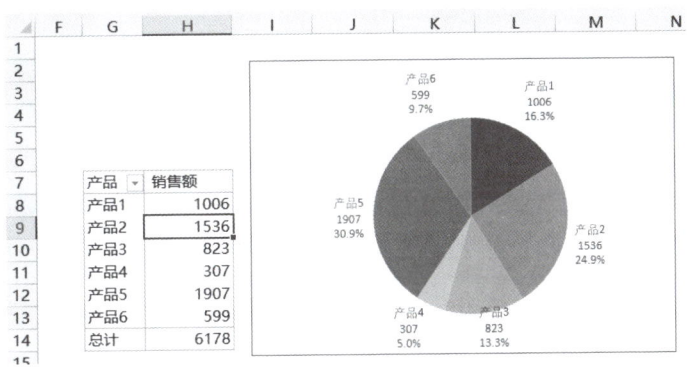

图8-96　设置数据透视表和数据透视图

步骤4　插入一个切片器，用于选择客户，然后将此切片器放置于数据透视表顶部，布局报告界面如图8-97所示。

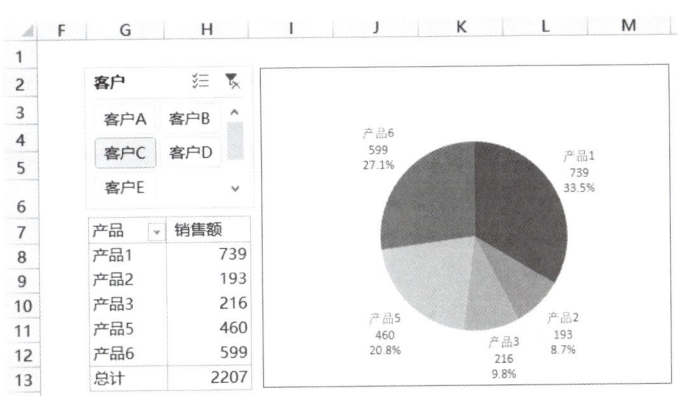

图8-97　制作完毕的分析报告

这样，只要单击切片器里的某个客户，就自动得到该客户下产品销售报表和图表。

第 9 章 分布分析图

很多情况下，需要对数据进行分布分析，例如不同销售量下的订单数、不同部门的工资分布、不同规模的店铺的盈利能力分布、不同投资项目的收益和风险分布等。在进行分布分析时，有固定的图表类型可以使用，但更多的情况还需要自己去设计。

9.1 分布分析的常用图表类型

在数据分布分析中，常用的图表类型有直方图、箱形图、XY 散点图、气泡图、滑珠图等。这些图表用起来并不复杂，但在具体数据分析中，仍需要一定的知识储备和技能技巧应用。

9.1.1 直方图

直方图是对数据进行频数（就是出现的次数）统计所绘制的柱形图，所以直方图实质上是柱形图。但是直方图会直接把原始数据进行统计计算，按照所设定的标准进行分组，因此不需要使用 FREQUENCY 函数。

直方图会自动从数据区域内找出最小值和最大值，然后根据设置的箱宽度（也就是分组间距），统计各个区间内的数据个数。

图 9-1 所示是一个统计销售量订单的直方图，用来分析不同销售量区间内的订单数。

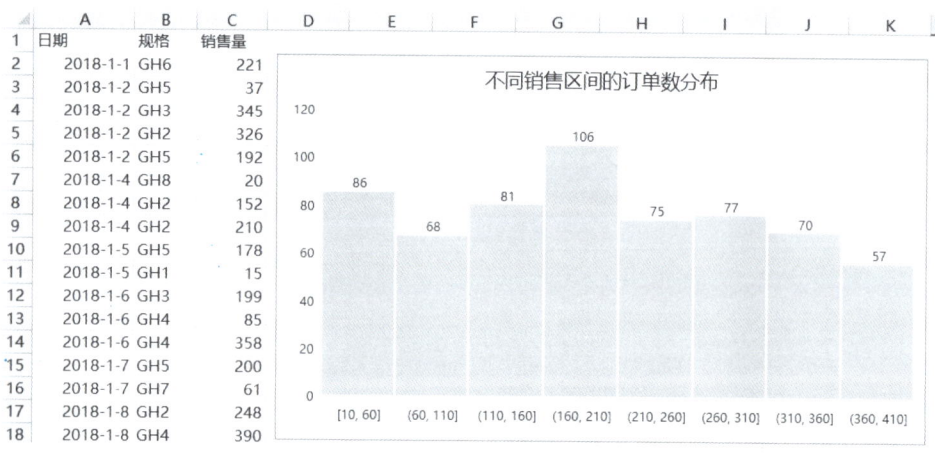

图9-1　利用直方图分析销售订单分布

这个图表的制作并不复杂，下面是主要步骤。

步骤① 选择数据区域。

步骤② 单击图表集里的直方图，如图9-2所示。

步骤③ 直接根据原始数据绘制出了直方图，如图9-3所示。

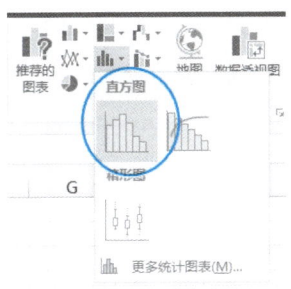

图9-2 直方图

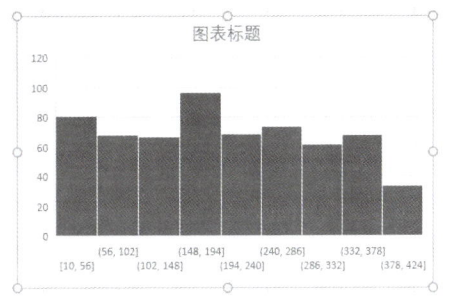

图9-3 绘制的基本直方图

步骤④ 选择柱形，设置其填充颜色，设置分类间距为一个合适的比例。

步骤⑤ 选择分类轴，设置其格式，根据实际情况，设置"箱宽度"为合适的值，如图9-4所示。这里的箱宽度就是分组的步长。

在"设置坐标轴格式"对话框中，还可以选择"箱数"。也就是指定要分组的个数，图表会自动进行计算，并绘制直方图。

图9-5所示就是把箱数设置为15时的图表。

图9-4 设置坐标轴格式：
设置"箱宽度"

图9-5 箱数设置15，图表上就有15根柱形

9.1.2 箱形图

在人力资源管理中，常常需要对工资进行四分位点值分析。四分位点值图是在图表上绘制出某数据列的最小值、第一个四分位数（25%处的值）、中分位数（50%处的值）、第三个四分位数（75%处的值）和最大值。

针对8月份工资表数据（图9-6），制作的每个部门的工资四分位点分布图如图9-7所示。

扫码看视频

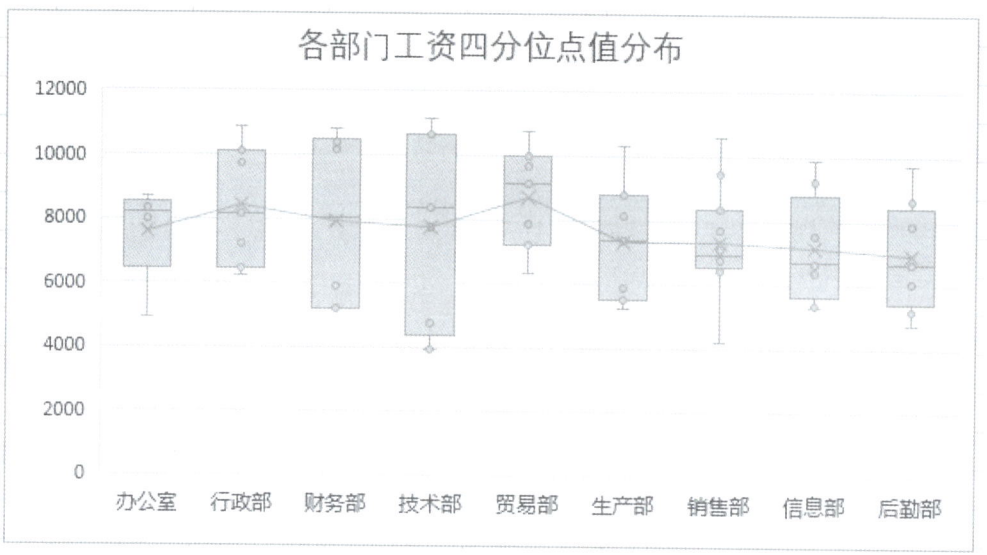

图9-6 工资表数据

图9-7 各部门工资四分位点值分析

这个图表制作非常简单。选择作为分类标签的部门列数据和作为四分位点值的应发合计列数据，单击图表集里的"箱形图"即可，如图9-8所示。

得到箱形图后，还需要打开"设置数据系列格式"对话框，做进一步的设置，如图9-9所示。这些设置项目包括以下几点。

- 显示内部点。
- 显示离群值点。
- 显示平均值标记。
- 显示中线。
- 包含中值。
- 排除中值。

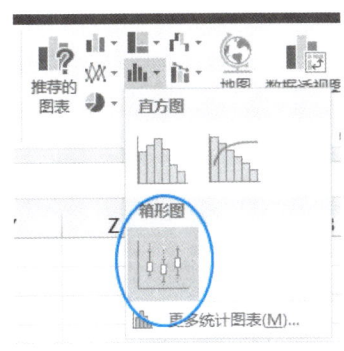

图9-8 箱形图

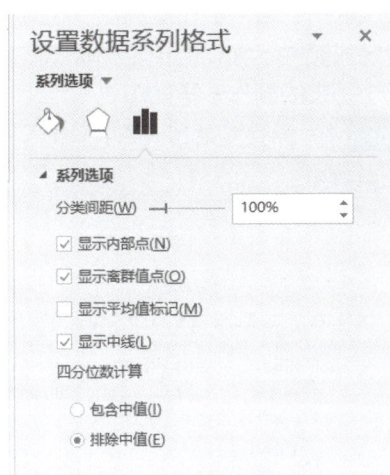

图9-9 设置系列的选项

9.1.3 气泡图

气泡图是 XY 散点图的扩展,它相当于在 XY 散点图的基础上增加了第三个变量,即气泡的大小尺寸。当有两列数据时,第一列数据将反映 y 轴的值,第二列数据将反映气泡的大小;当有三列数据时,第一列数据将反映 x 轴的值,第二列数据将反映 y 轴的值,第三列数据将反映气泡的大小。

气泡图可以应用于分析更加复杂的数据关系。例如,要考察不同项目的投资,各个项目都有风险、收益和成本等估计值。使用气泡图,将投资和收益数据分别作为 x 轴和 y 轴,将风险作为气泡大小,可以更加清楚地展示不同项目的综合情况。

图 9-10 所示是分析商品的市场增长率、市场份额和销售额,横轴是市场增长率,纵轴是市场份额,气泡大小是销售额。

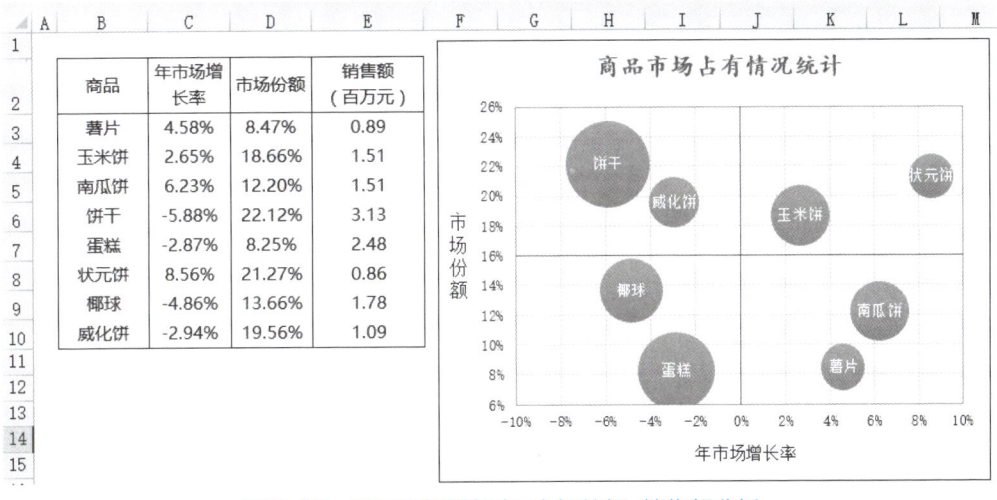

图9-10 商品市场增长率-市场份额-销售额分析

可以看出，饼干销售额最高，市场份额也最大，但市场增长率却是最低的；而状元饼尽管销售额并不大，但不论市场增长率还是市场份额，都呈现较高的增长。

这个图表的制作步骤如下。

步骤1 绘制气泡图（在XY散点图类别里寻找），"编辑数据系列"对话框设置如图9-11所示。

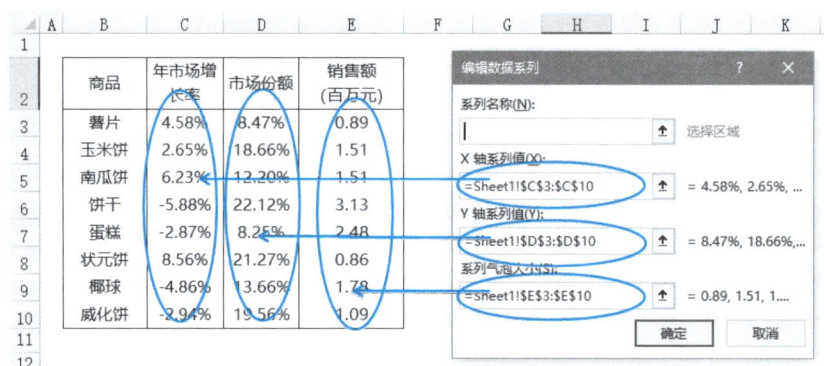

图9-11 为气泡图添加数据系列

这样，就得到了图9-12所示的气泡图。

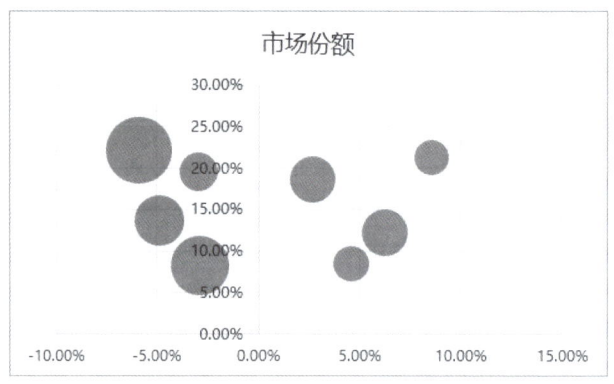

图9-12 初步的气泡图

步骤2 设置横轴的最小刻度和最大刻度分别为-0.1和0.1，主要刻度单位为0.02，百分比数字不显示小数点，并把标签位置显示为"低"，设置坐标轴的线条颜色，如图9-13所示。

步骤3 纵轴的最小刻度和最大刻度分别为0.06和0.26，主要刻度单位为0.02，百分比数字不显示小数点，并把标签位置显示为"低"，把横坐标轴交叉设置为"坐标轴值"，值设置为0.16，设置坐标轴的线条颜色，如图9-14所示。

步骤4 修改标题，就得到图9-15所示的图表。

步骤5 设置气泡的数据标签，标签项目是"单元格中的值"，居中显示，如图9-16所示。

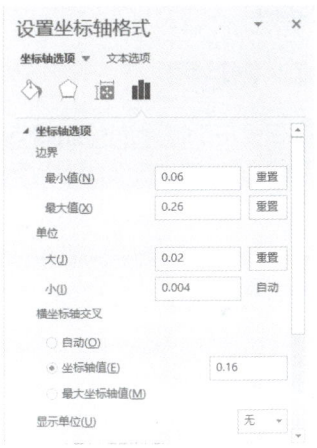

图9-13　设置横轴的格式　　　　图9-14　设置纵轴的格式

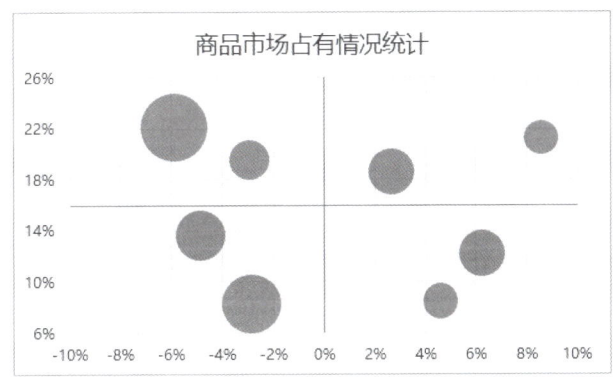

图9-15　格式化坐标轴后的气泡图

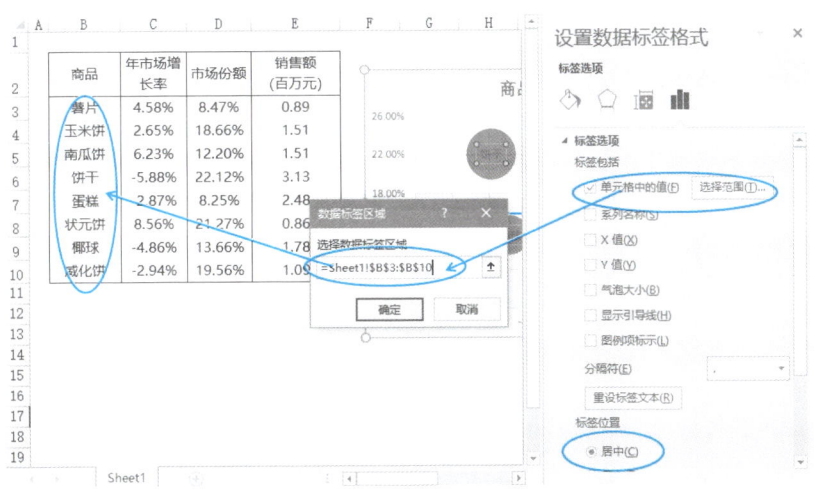

图9-16　显示数据标签

步骤 6 设置气泡的格式，设置字体，设置网格线格式，调整图表大小。

9.1.4 雷达图

扫码看视频

雷达图显示数据如何按中心点或其他数据变动。每个类别的坐标值从中心点辐射，来源于同一序列的数据同线条相连。

采用雷达图来分析几个 KPI 数据的分布，很容易对其做出可视的对比。例如，可以利用雷达图对财务指标进行分析，建立财务预警系统。

雷达图制作非常简单，选择区域，插入雷达图，进行简单的美化即可，如图 9-17 所示。

雷达图更多的是数据的预警监控，尤其是对财务经营分析。例如，在进行财务报表综合评价分析时，会涉及很多指标，需要将指标与参照值一一比较，往往会顾此失彼，难以得出一个综合的分析评价。这时可以借助雷达图进行财务指标的综合分析。

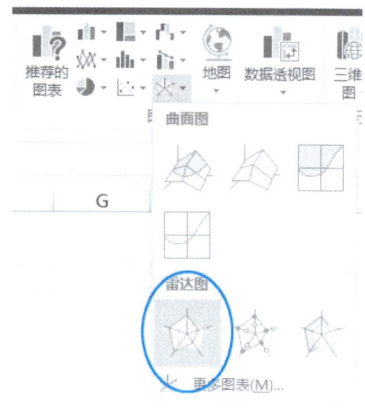

图9-17　雷达图

财务指标雷达图通常由一组坐标轴和三个同心圆构成。每个坐标轴代表一个指标。同心圆中最小的圆表示最差水平或平均水平的 1/2；中间的圆表示标准水平或平均水平；最大的圆表示最佳水平或平均水平的 1.5 倍。其中中间的圆与外圆之间的区域称为标准区。

在实际运用中，可以将实际值与参考的标准值进行计算比值，以比值大小来绘制雷达图，以比值在雷达图的位置进行分析评价。按照实际值与参考值计算的对比值来绘制雷达图，则意味着标准值为 1。因此，只要对照对比值在雷达图中的数值分布，偏离 1 程度的大小，便可直观地评价综合分析。

制作财务指标雷达图，需要先做数据的准备工作。

（1）输入企业实际数据。

（2）输入参照指标。比较分析通常都需要将被分析企业与同类企业的标准水平或平均水平进行比较。所以还需要在工作表中输入有关的参照指标。我国对不同行业、不同级别的企业都有相应的标准，因此可以用同行业同级企业标准作为对照。

（3）计算指标对比值。注意有些指标为正向关系，即对比值越大，表示结果越好；有些指标为负向关系，对比值越大，则表示结果越差。在制图时，要将所有指标转变为同向指标。正向指标的计算公式：= 本公司指标 / 行业平均值；反向指标的计算公式为：= 行业平均值 / 本公司指标。这里，除资产负债率是反向指标外，其他的都是正向指标。

（4）创建雷达图。数据准备好以后，即可制作雷达图了。插入图表后，要对坐标轴的刻度进行设置，同时设置系列的线条格式。图 9-18 所示就是一个示例图。

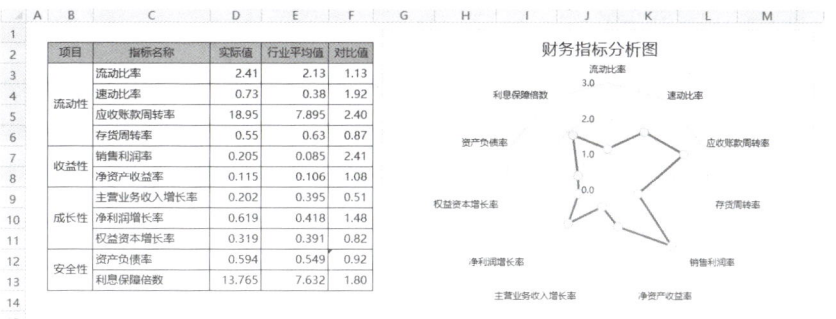

图9-18　财务指标雷达图

9.1.5　因果散点分布图

扫码看视频

毋庸置疑，XY散点图是分析数据分布的最常见图表。通过各个数据点的分布，用于观察两个变量之间的因果关系。XY散点图在数据预测中是非常有用的。

图 9-19 所示就是不同销量下的毛利率分布图。

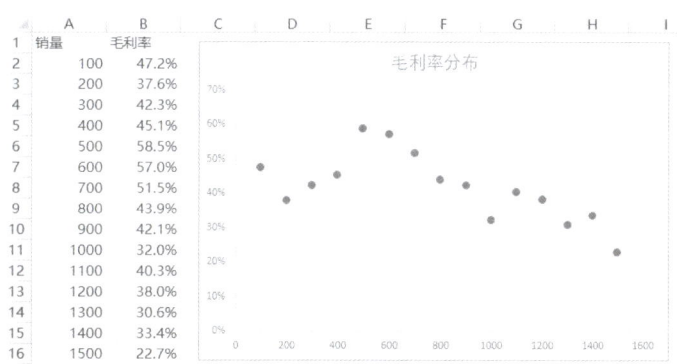

图9-19　毛利率分布

也可以将数据标记的圆圈尺寸放大，使这种分别看起来更加清楚，如图 9-20 所示。

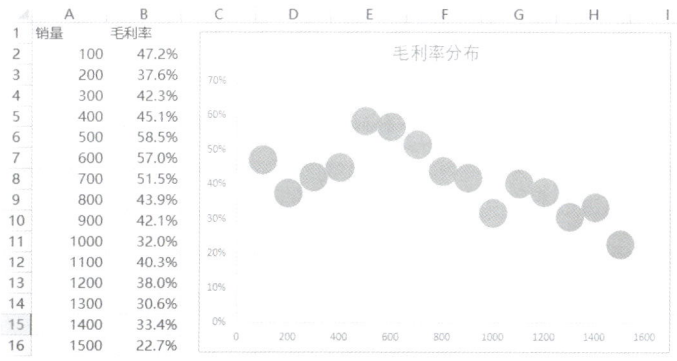

图9-20　毛利率分布：放大数据标记点

147

9.1.6 强化的点分布图

扫码看视频

尽管不是很普遍,但有些情况下,也可以使用折线图来表示数据的分布。

图 9-21 所示就是一个利用折线图分析每个产品的完成率的图表。这个图表的制作很简单,选择区域,插入折线图,然后不显示线条,重点设置数据标记的类型、大小和填充,如图 9-22 所示。另外,合理设置网格线,可以更加方便观察数据的分布。

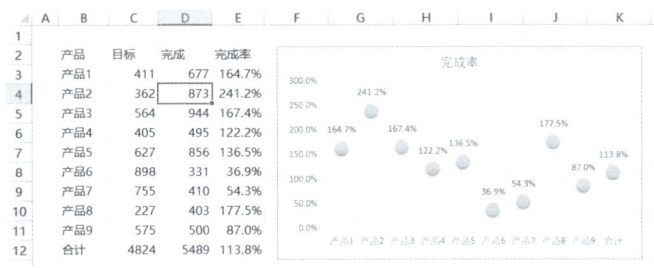

图9-21 各个产品完成率分布

图9-22 重点设置折线的数据标记类型、大小、填充

此外,为强调数据分布的效果,可以把图表背景颜色设置为深色,折线的数据标记设置为一个强烈的对比色,如图 9-23 所示。

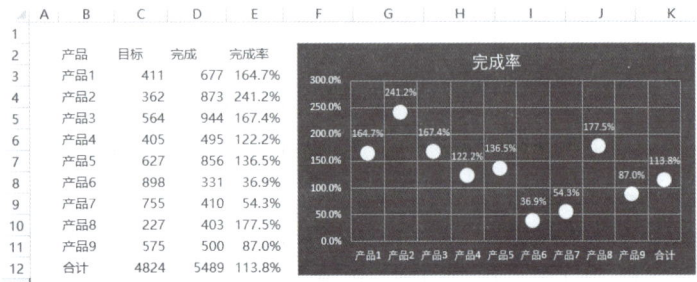

图9-23 使用强烈的对比色来强化数据分布的效果

9.2 经典的数据分布分析图表

在分析数据分布时,除了前面介绍的几种直接使用的分析图表,很多情况下的数据分布分析,并不是套用一个固定模式的图表就能解决的。往往需要在充分阅读表格的情况下,对数据进行组合加工,然后从一些特有的角度来分析数据。

9.2.1 滑珠图

扫码看视频

多维数据分析,用于分析的大类有多个,在每个大类下分析其数据点分布。这种分析,重点是观察每个大类下的数据分布趋向和偏离度。

在进行多维分析中,最常用的图表是滑珠图。滑珠图不是一个可以套用的固定图表类型,而是需要根据具体数据,经过多个设置和操作才能完成的组合图表。

图 9-24 所示是一个滑珠图的典型示例图表。产品在两年的销售数据是一个一个的珠子,串在一条条的滑杆上,非常形象。

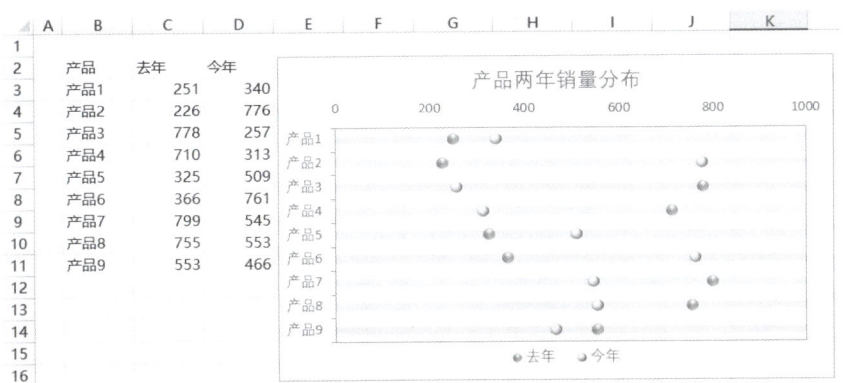

图9-24 滑珠图

下面是这个图表的制作步骤。

步骤① 设计一个辅助列,如图9-25所示。这个辅助列的数值由实际数据大小来决定,这里取1000,因为每个产品的销售不超过1000。

	A	B	C	D	E
1					
2		产品	去年	今年	辅助列
3		产品1	251	340	1000
4		产品2	226	776	1000
5		产品3	778	257	1000
6		产品4	710	313	1000
7		产品5	325	509	1000
8		产品6	366	761	1000
9		产品7	799	545	1000
10		产品8	755	553	1000
11		产品9	553	466	1000

图9-25 设计辅助列

步骤 2 选择数据区域B2:E11，绘制簇状条形图，如图9-26所示。

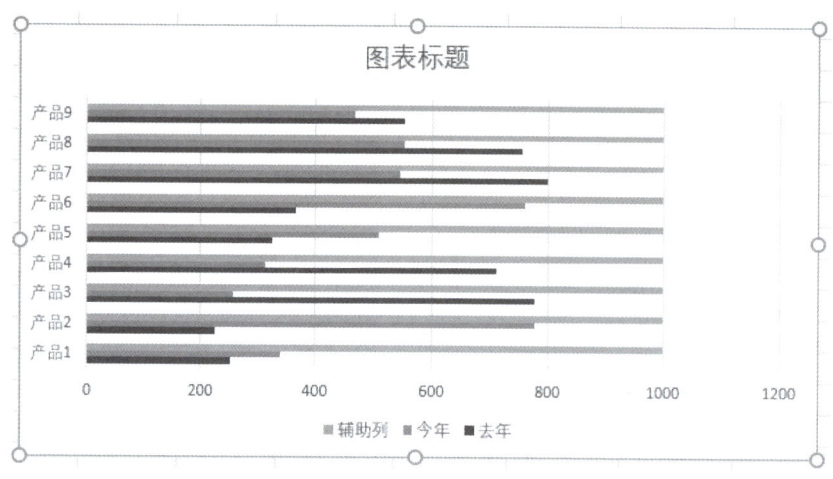

图9-26　基本的簇状条形图

步骤 3 将分类轴（就是垂直轴）的类别反转，即在"设置坐标轴格式"对话框中选择"逆序类别"。

步骤 4 将数值轴（就是水平轴）的刻度设置为：最小值0，最大值1000，如图9-27所示。

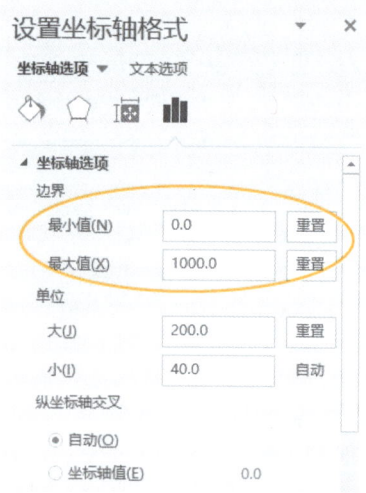

图9-27　设置数值轴边界的最小值和最大值

这样，情况就如图9-28所示。辅助列的条形，将作为滑杆来使用。

步骤 5 选择系列"去年"，将图表类型更改为"XY散点图"，并绘制在次坐标轴上，如图9-29所示。系列"今年"也做相同的处理，如图9-30所示。

这样，就得到图9-31所示的图表。

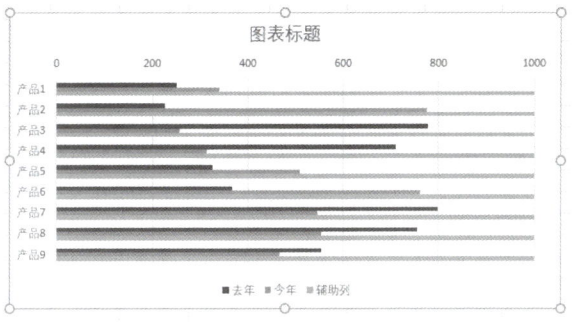

图9-28　设置两个坐标轴格式后的图表

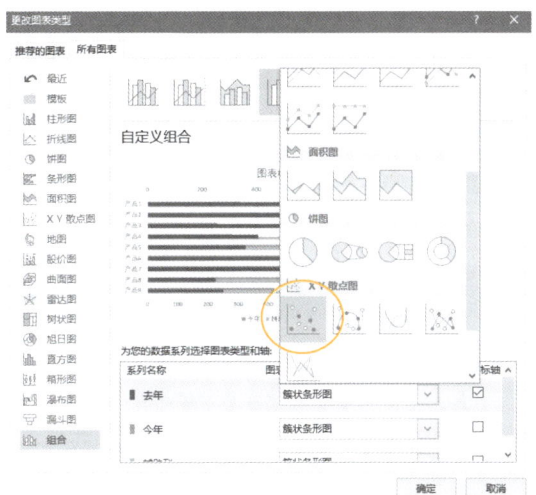

图9-29　将系列"去年"图表类型更改为"XY散点图",绘制在次坐标轴上

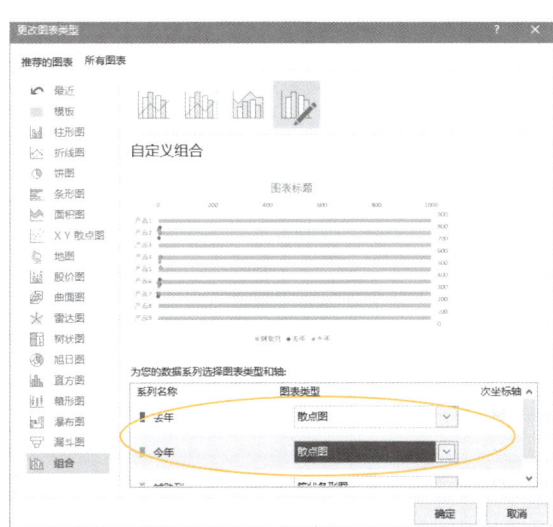

图9-30　系列"去年"和"今年"都改成了XY散点图,同时绘制在次坐标轴上

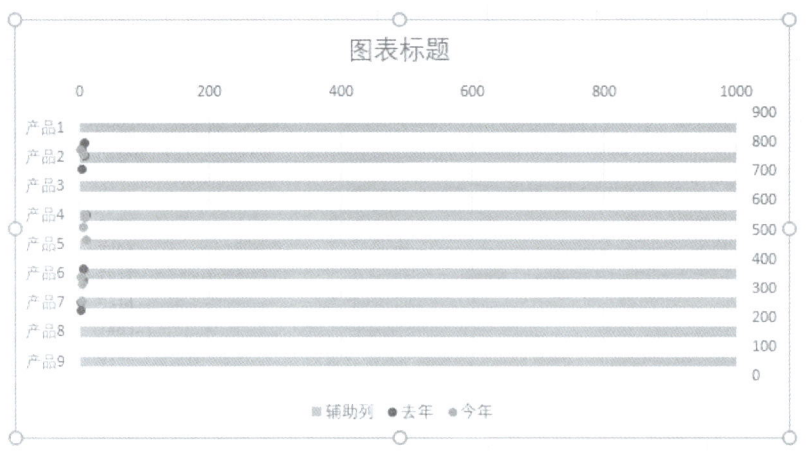

图9-31　更改系列"去年"和"今年"图表类型后的图表

步骤6　设计一个辅助列，用来设置XY散点图，如图9-32所示。F列的数字输入要有规律，下面的第一个单元格输入0.5，第二个单元格输入1.5，第三个单元格输入2.5，以此类推。

这里0.5间距，实际上是分类间距的一半。这样处理，可以让XY散点图的数据点正好落在条形上。

	A	B	C	D	E	F
1						
2		产品	去年	今年	辅助列	次坐标
3		产品1	251	340	1000	8.5
4		产品2	226	776	1000	7.5
5		产品3	778	257	1000	6.5
6		产品4	710	313	1000	5.5
7		产品5	325	509	1000	4.5
8		产品6	366	761	1000	3.5
9		产品7	799	545	1000	2.5
10		产品8	755	553	1000	1.5
11		产品9	553	466	1000	0.5

图9-32　设计辅助列，从下往上输入从0.5开始、间隔1的序号

步骤7　选择图表，打开"选择数据源"对话框，如图9-33所示。

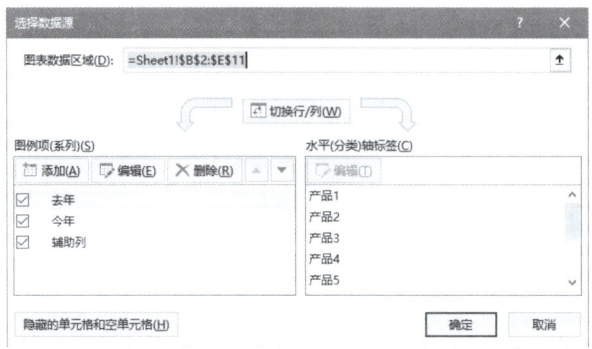

图9-33　"选择数据源"对话框

步骤 8 选择系列"去年",单击"编辑"按钮,打开"编辑数据系列"对话框,其中"x轴系列值"选为单元格区域C3:C11,"y轴系列值"选为单元格区域F3:F11,如图9-34所示。单击"确定"按钮,关闭"编辑数据系列"对话框。

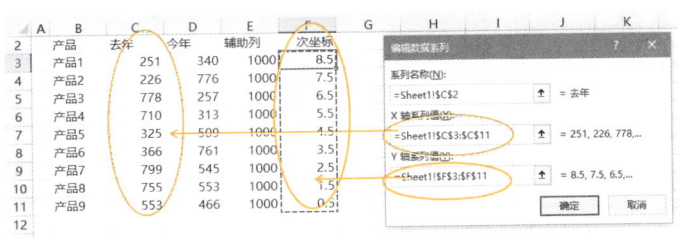

图9-34 设置系列"去年"X轴系列值和Y轴系列值

步骤 9 选择系列"今年",单击"编辑"按钮,打开"编辑数据系列"对话框,其中"x轴系列值"选为单元格区域D3:D11,"y轴系列值"选为单元格区域F3:F11,如图9-35所示。单击"确定"按钮,关闭"编辑数据系列"对话框。

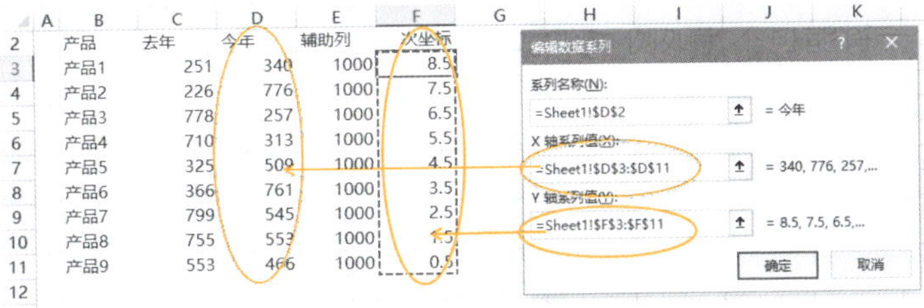

图9-35 设置系列"今年"X轴系列值和Y轴系列值

步骤 10 单击"确定"按钮,关闭"选择数据源"对话框。这样,就得到图9-36所示的图表。

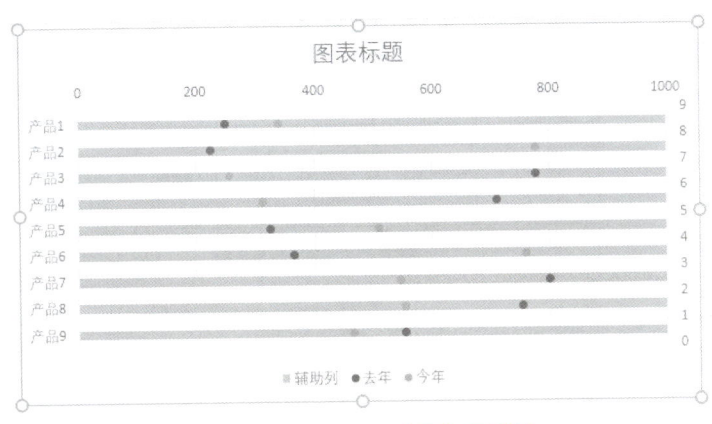

图9-36 想要的滑珠图初具形状

步骤 11 选择系列"去年",设置数据标记,重点是设置其类型和大小,类型选择圆圈,大小根据实际情况来定,同时设置纯色填充,选择一个颜色,如图9-37所示。

为了使这个圆圈点看起来更立体，再设置其填充的三维格式，选择棱台，如图 9-38 所示。

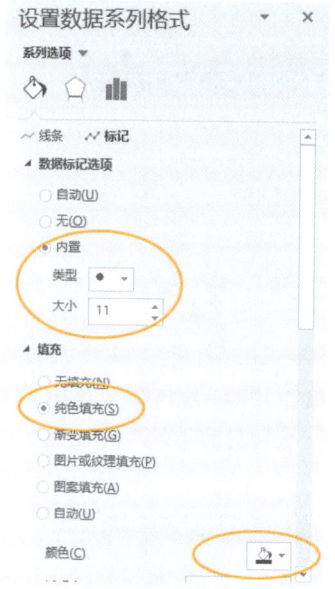
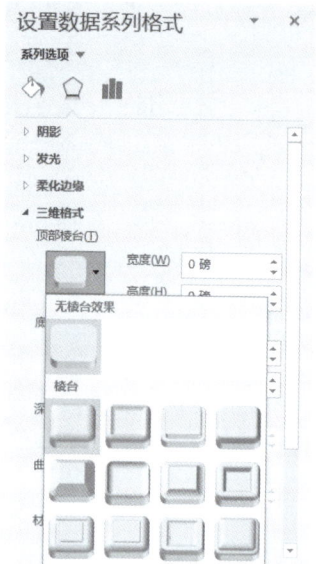

图9-37　设置系列"去年"的数据标记格式　　　图9-38　设置系列数据标记的三维效果

步骤 12　对系列"今年"，也按照相同的方法进行处理。
这样，就得到图 9-39 所示的图表。

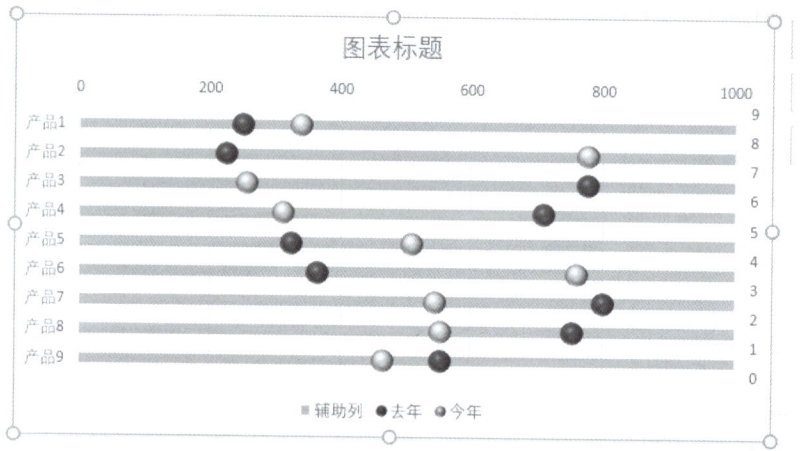

图9-39　设置系列标记格式后的图表

步骤 13　做其他的必要设置，包括以下几点。
（1）删除图表右侧的次垂直坐标轴。
（2）删除图例中的"辅助列"项目。
（3）设置绘图区边框颜色。

（4）修改图表标题文字。

（5）根据需要，调整滑杆（实际上就是系列"辅助列"的条形）的分类间距和填充颜色。这样，一个滑珠图就制作完毕了。

9.2.2 点状图

扫码看视频

上面介绍的是简单情况下的数据分布图，俗称"滑珠图"。但是在实际数据分析中，遇到的并不是这样的一个简单的汇总表，而是原始数据，此时，如何分析数据分布？

例如，对于图9-6所示工资表数据，如何绘制图9-40所示的每个部门的工资分布图呢？

在这个图表中，每个点就是一个人的工资，点的分布和聚散就反映了工资的分布和离散程度。

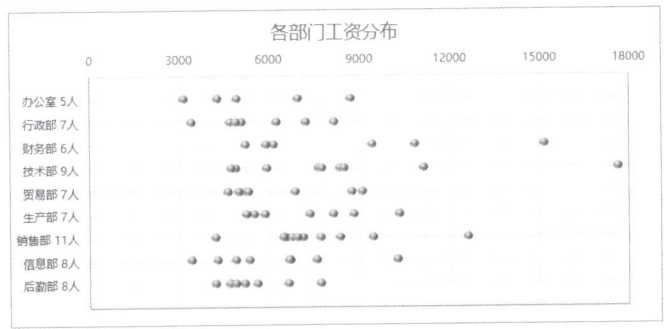

图9-40 每个部门的工资分布分析

这个图也是一种滑珠图，只不过不是利用条形图制作的，而是使用XY散点图制作的。下面是这个图表的制作过程。

步骤① 从工资表中将姓名、所属部门和应发合计三列数据复制粘贴到另外一个工作表。

步骤② 设计辅助区域G列和H列，为每个部门分配序号，如图9-41所示。

图9-41 设计辅助区域，为每个部门分配序号

步骤3 对原始工资数据中的每个部门匹配序号，保存到D列。单元格D2公式为：
=VLOOKUP(B2,$G$2:$H$10,2,0)

步骤4 选择C列和D列数据区域，绘制XY散点图，如图9-42所示。

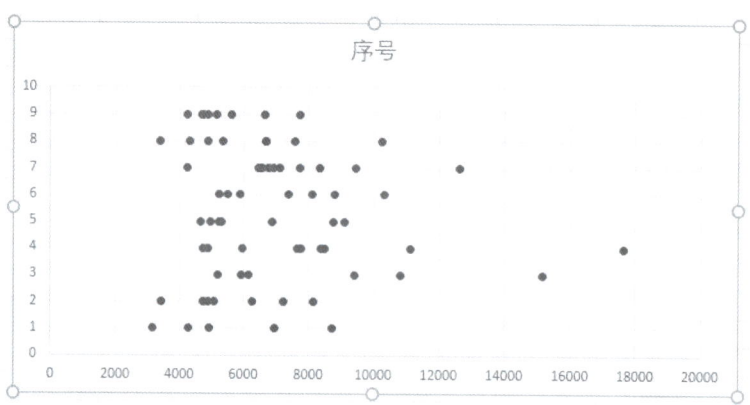

图9-42　绘制的XY散点图

步骤5 选择左侧垂直数值轴，打开"设置坐标轴格式"对话框，对坐标轴做如下设置。

（1）将"最小值"设置为0，"最大值"设置为10（因为有9个部门），单位设置为1，如图9-43所示。

（2）选择"逆序刻度值"复选框，如图9-44所示。

（3）将坐标轴标签位置设置为"无"，如图9-45所示。

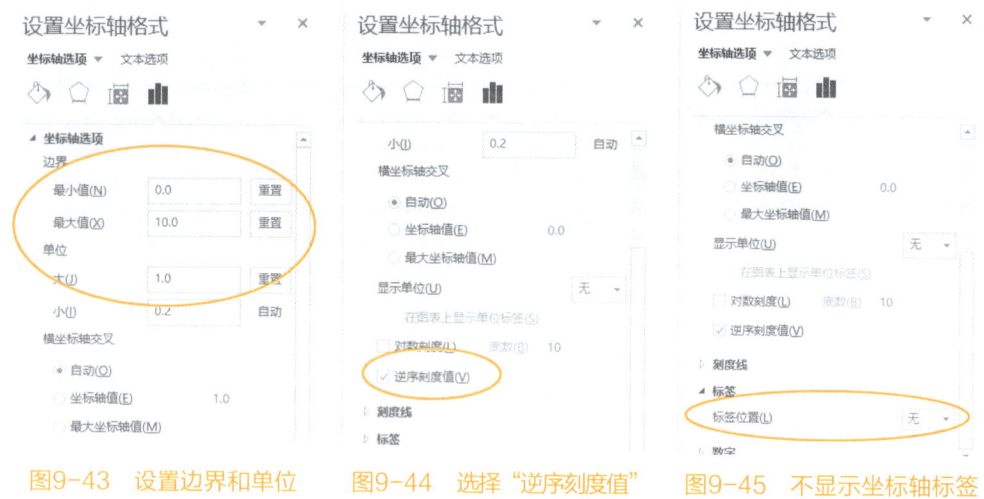

图9-43　设置边界和单位　　图9-44　选择"逆序刻度值"复选框　　图9-45　不显示坐标轴标签

这样，就得到图9-46所示的图表。

步骤6 继续设计辅助区域，在辅助区域的部门序号的右侧输入一列0值，同时做一个坐标轴标题，保存在K列，如图9-47所示。单元格K2的公式为：
=G2&" "&COUNTIF(B:B,G2)&"人"

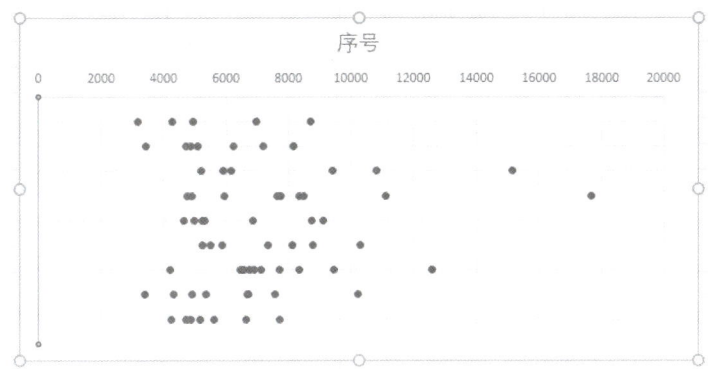

图9-46 对垂直数值轴格式化后的图表

	F	G	H	I	J	K
1		所属部门	序号	零值		分类标签
2		办公室	1	0		办公室 5人
3		行政部	2	0		行政部 7人
4		财务部	3	0		财务部 6人
5		技术部	4	0		技术部 9人
6		贸易部	5	0		贸易部 7人
7		生产部	6	0		生产部 7人
8		销售部	7	0		销售部 11人
9		信息部	8	0		信息部 8人
10		后勤部	9	0		后勤部 8人

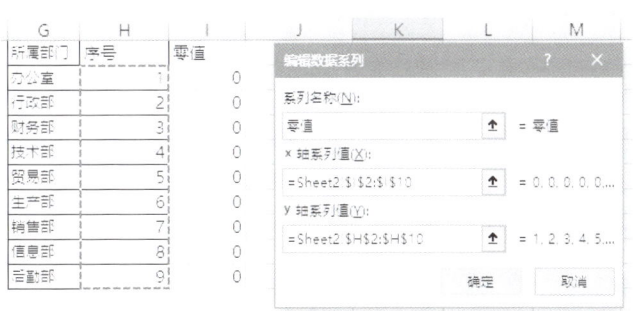

图9-47 继续设计辅助区域

步骤7 选择图表，打开“选择数据源”对话框，然后单击“添加”按钮，打开“编辑数据系列”对话框，为图表添加新的数据系列，如图9-48所示。其中：

x轴系列值：=Sheet2!$I$2:$I$10

y轴系列值：=Sheet2!$H$2:$H$10

图9-48 为图表添加一个新系列“零值”

步骤8 选择这个系列“零值”，设置其数据标记格式，不显示线条和标记，也就是说，不显示这条线。

步骤9 为这个系列“零值”添加数据标签，标签位置“靠左”，标签显示指定单元格中的值，如图9-49所示。

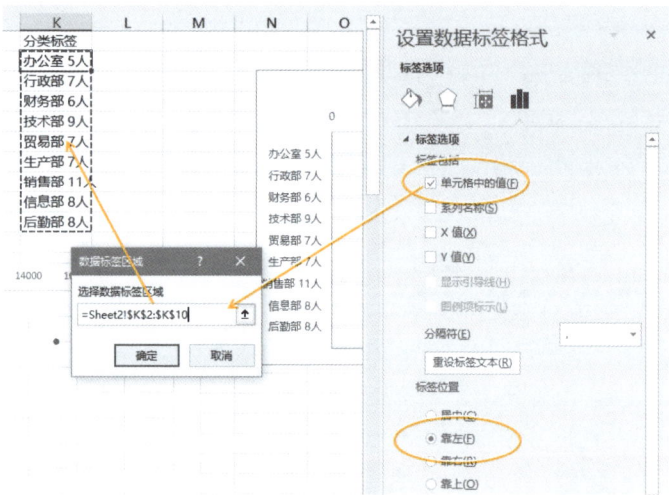

图9-49 设置系列"零值"显示数据标签

这样，图表就变为图9-50所示。

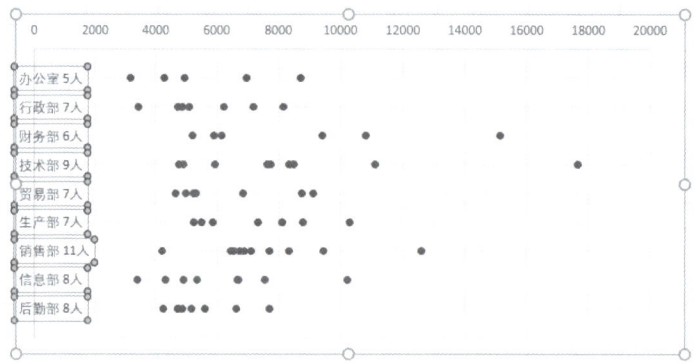

图9-50 系列"零值"显示数据标签后的图表

步骤10 调整绘图区大小，使能完整显示左侧的部门名称标签，如图9-51所示。

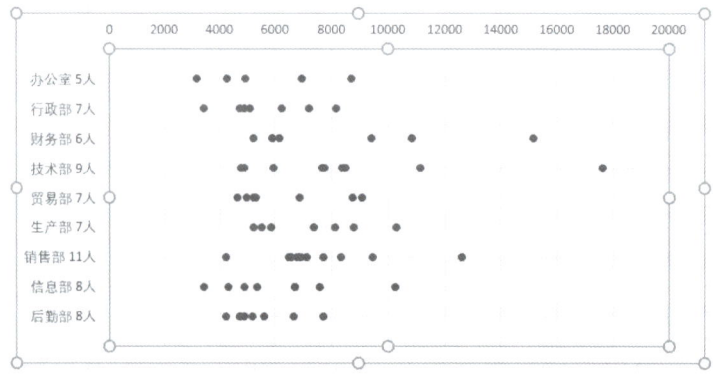

图9-51 调整绘图区大小，完整显示部门名称标签

步骤11 选择水平网格线，设置其格式，如图9-52所示。其中重点设置的项目如下。

（1）线条为"实线"。
（2）颜色为"浅灰色"（根据自己的喜好选择）。
（3）宽度为2.5磅（要根据图表的美观度来决定）。
（4）复合类型使用"双线"。

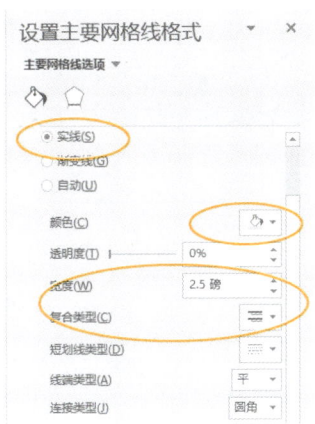

图9-52 设置水平网格线的格式

这样，就把水平网格线设置为了滑杆的样子，图表变为图9-53所示的情况。

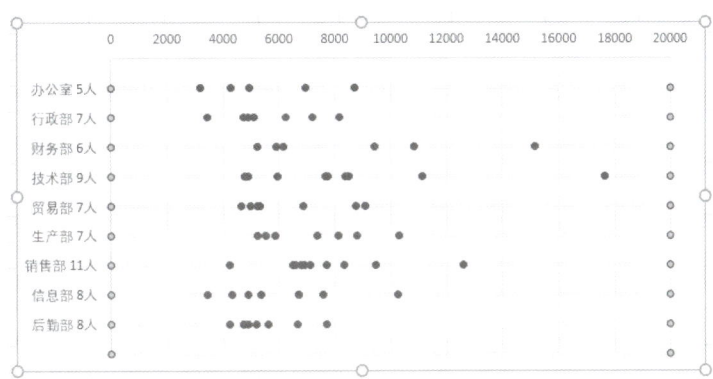

图9-53 设置水平网格线格式后的图表

步骤12 选择原始的工资数据系列，设计数据标记，使之醒目并有立体感，方法在上一个案例中介绍过。

步骤13 做其他的设置，例如添加图表标题、设置图表区和绘图区格式、调整图表大小、设置水平数值轴的刻度单位等。这里就不一一叙述了。

这样，就完成了工资点状分析图。

9.2.3 经典数据分布图表效果分享

作为本章的结尾，分享几个数据分布分析图表，以启发大

扫码看视频

扫码看视频

家更多的思路。

图 9-54 所示是一个产品毛利率的分布图,每个点是一个订单,每个订单有一个毛利率,这样可以比较各个产品的销量及毛利率的分布。

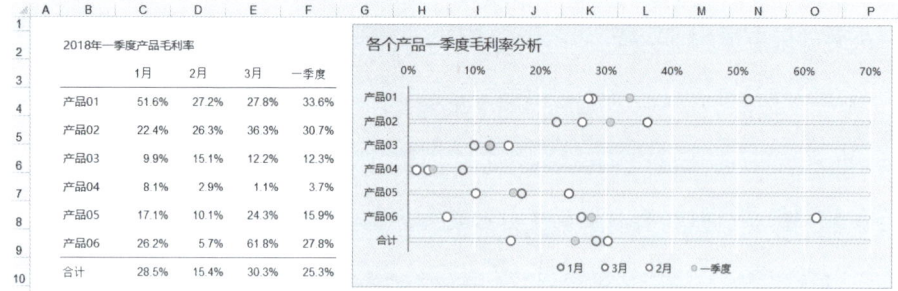

图9-54　产品毛利率分布

图 9-55 所示是 50 家店铺盈亏分布图。其中,横轴是营业额,纵轴是营业利润。这是一个简单的 XY 散点图。

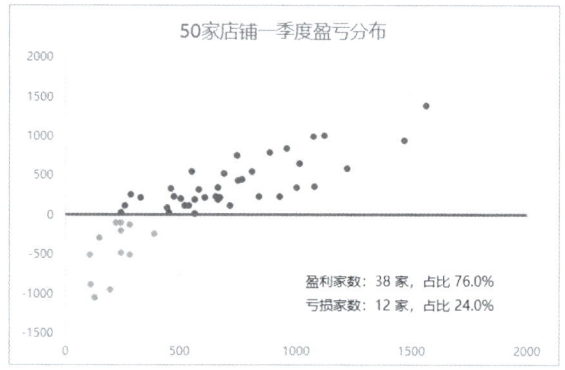

图9-55　店铺盈亏分布图

图 9-56 所示是对去年亏损的几家店铺今年扭亏的分布情况进行的分析。这是通过折线图添加涨 / 跌柱线变换出来的。

图9-56　店铺扭亏情况分布分析

第 10 章
达成分析图

达成分析可以说是企业经营分析的一个重要内容。经营目标完成情况怎么样、预算执行情况怎么样、业务员业绩达成怎么样等,都是目标达成分析或者预算执行分析问题。

针对不同的业务数据,目标达成分析所采用的图表形式是不一样的,不一定越高大上、越炫越好,这样反而容易分散图表阅读者的注意力。

目标达成分析以抓问题、说偏差、找原因为分析重点。

10.1 柱形图及各种变形

分析目标达成,最常用的图表是柱形图。但是,针对不同的数据,如何利用柱形图把达成的偏差和原因找出来,这才是柱形图应用的关键所在。

10.1.1 最简单的表达图表

最简单也最普通的是图 10-1 所示的两排柱形,分别表示目标和完成。从这个图表仅仅能看出目标和完成的大小比较,当项目很多时,就不容易阅读。另外,差异值也没法表达出来。

扫码看视频

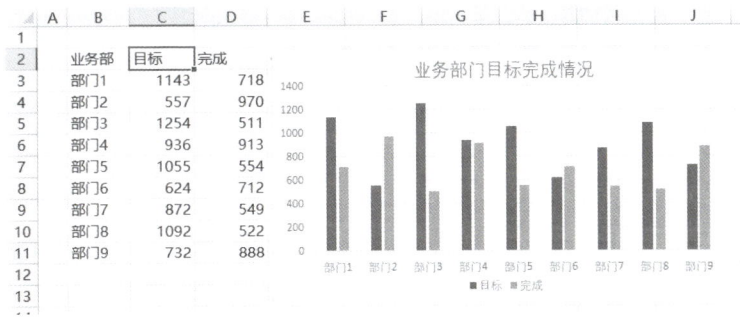

图10-1 最简单的目标达成分析图

说实话,这样的图表参考价值不大,我们需要换个思路,从另外的角度来分析。

10.1.2 目标和完成一起对比的图表

如果把目标柱形做成外边的大柱形,完成柱形做成里面的小柱形,这样的表达是不是更清楚些呢?

扫码看视频

如图 10-2 所示,就着这样的一个表达方式。在边框内的柱形,表明没有完成;超出了边框,表明超额完成了。

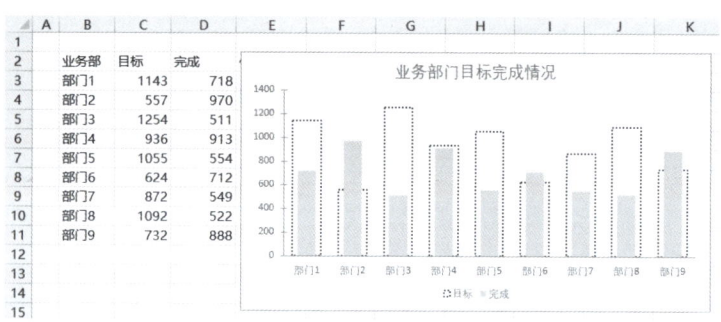

图10-2 两个柱形叠在一起，宽度不同

这个图表的制作非常容易，相关的方法和技巧其实在本书的前面章节里有过介绍。也就是把完成柱形绘制到次坐标轴上，然后分别调整两个系列柱形的分类间距、填充、边框，就得到需要的图表。

10.1.3 利用柱形图显示超额完成或未完成的图表

上面的两个表格，都无法表达出超额数或未完成数，仅仅是比较了一下两个柱形的高度和相对差异而已。如何在图形上反映出超额数或未完成数呢？

图 10-3 所示就是一种表示方式，如果超额完成，就把超额的部分补到目标的柱形上；如果未完成，就把未完成数补到完成柱形上，两根柱形的高度永远是相同的。

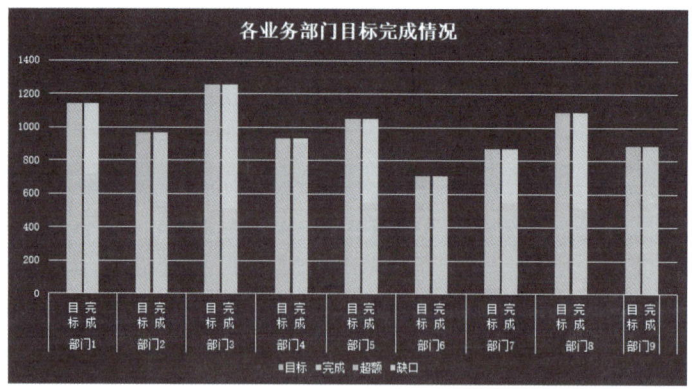

图10-3 显示超额数和未完成数的达成分析图

这个图表实际上是堆积柱形图，要绘制这样的图表，首先要按照这个图表的表达逻辑设计辅助区域，如图 10-4 所示。

这个辅助区域的各单元格数据可以使用 VLOOKUP 函数快速从原始表格提取。各个单元格公式如下：

单元格O4：=VLOOKUP(M3,$B$3:$D$11,2,0)
单元格P5：=VLOOKUP(M3,$B$3:$D$11,3,0)

单元格Q4：=IF(P5>=O4,P5-O4,"")
单元格R5：=IF(P5<=O4,O4-P5,"")

业务部	目标	完成
部门1	1143	718
部门2	557	970
部门3	1254	511
部门4	936	913
部门5	1055	554
部门6	624	712
部门7	872	549
部门8	1092	522
部门9	732	888

		目标	完成	超额	缺口
部门1					
	目标	1143			
	完成		718		425
部门2					
	目标	557		413	
	完成		970		
部门3					
	目标	1254			
	完成		511		743
部门4					
	目标	936			
	完成		913		23
部门5					
	目标	1055			

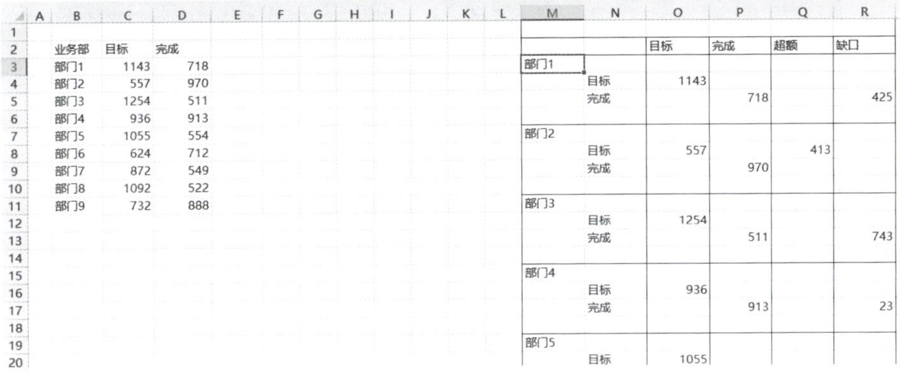

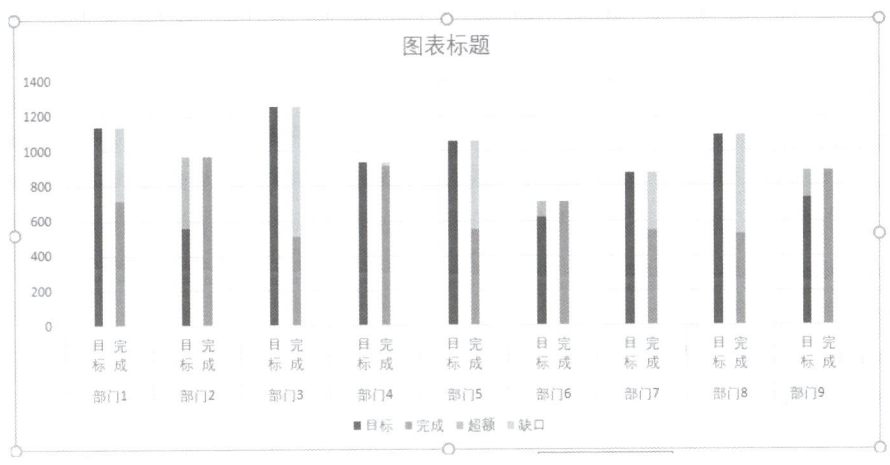

图10-4　设计辅助区域

然后以这个辅助区域绘制堆积柱形图，如图 10-5 所示。

图10-5　绘制的基本图表

下面就是设置数据系列的格式。

（1）把分类间距设置为一个较小的比例。

（2）把系列重叠比例设置为 100%。

（3）把四个系列的柱形分别设置为不同的颜色。

（4）把图表背景色设置为深色。

当比较的项目不同时，可以在各个柱子上显示数据标签，以更清楚看出具体数字的大小。但是，比较项目较多时，就不要这么做了。

图 10-6 所示是项目不多时，显示数据标签的情况。

但是，要特别注意的一个问题，在默认情况下，会在没有超额或者缺口的柱形（此时柱形是不显示的，因为是 0）处显示数字 0，让图表很难看，需要对数据标签自定义数字格式，隐藏数字 0，自定义格式代码是“0;;;”。

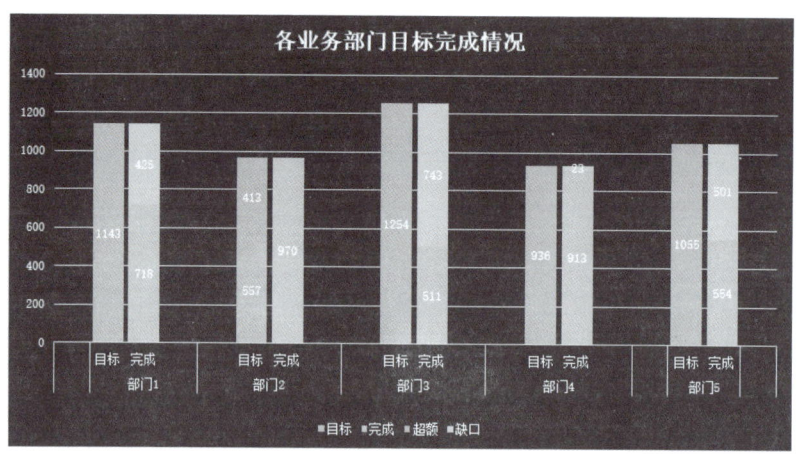

图10-6 项目较少时,显示数据标签是可行的

10.1.4 利用上下箭头显示超额完成或未完成的图表

扫码看视频

也可以使用上下箭头来表示超额部分和未完成部分。例如,图 10-7 就是对图 10-6 的修改。尽管很多情况下这种表达的图表看起来一般,但毕竟是一种表达方法,有些情况下,这种表示还是很清楚的。

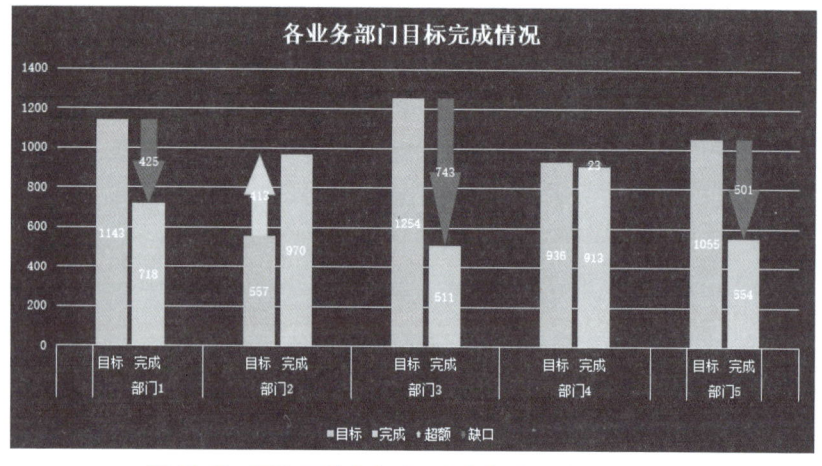

图10-7 用上下箭头来表示超额部分和未完成部分

这个修改是很容易的,前面也讲过的,在工作表插入箭头图片,采用复制粘贴的方法,将超额部分柱形和未完成部分柱形填充为箭头形状。

10.1.5 完成进度杯形图

扫码看视频

如果分析的几个项目都没有完成既定目标,例如分析截至目前为止,全年目标的完成进度情况。此时,上面的图表都不是好的表达方法,而通过图 10-8 所示的图表则能一目了然地查看每个项目的预期目标及完成进度情况。

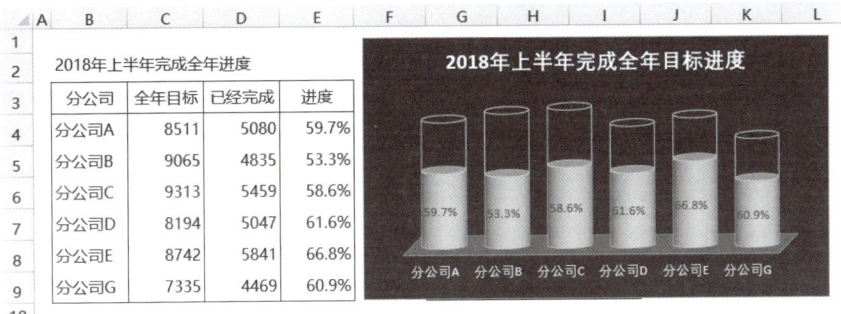

图10-8 用杯形图表示完成进度情况

这个图表是一个堆积柱形图，把已完成的和剩余的做堆积，因此需要设计图 10-9 所示的辅助区域。计算公式也很简单，完成数直接引用，剩余数等于全年目标减去完成数。

分公司	全年目标	已经完成	进度		分公司	完成	剩余
分公司A	8511	5080	59.7%		分公司A	5080	3431
分公司B	9065	4835	53.3%		分公司B	4835	4230
分公司C	9313	5459	58.6%		分公司C	5459	3854
分公司D	8194	5047	61.6%		分公司D	5047	3147
分公司E	8742	5841	66.8%		分公司E	5841	2901
分公司G	7335	4469	60.9%		分公司G	4469	2866

图10-9 设计辅助区域

有了这个辅助区域，就可以用来绘制三维堆积柱形图，插入的默认图表如图 10-10 所示。

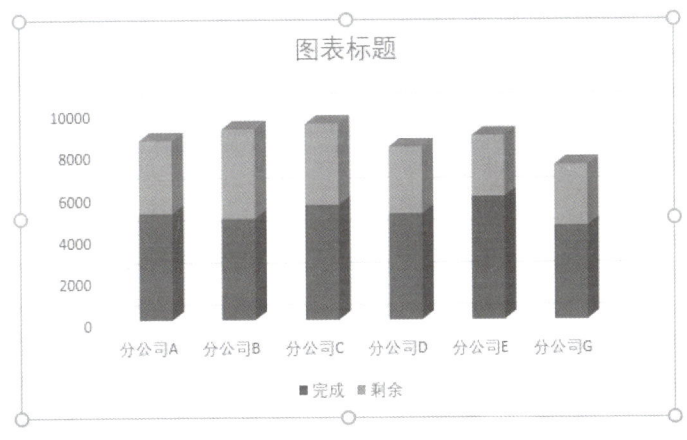

图10-10 三维堆积柱形图

设置数据系列格式，将柱体形状改为圆柱形，并设置分类间距，如图 10-11 所示。

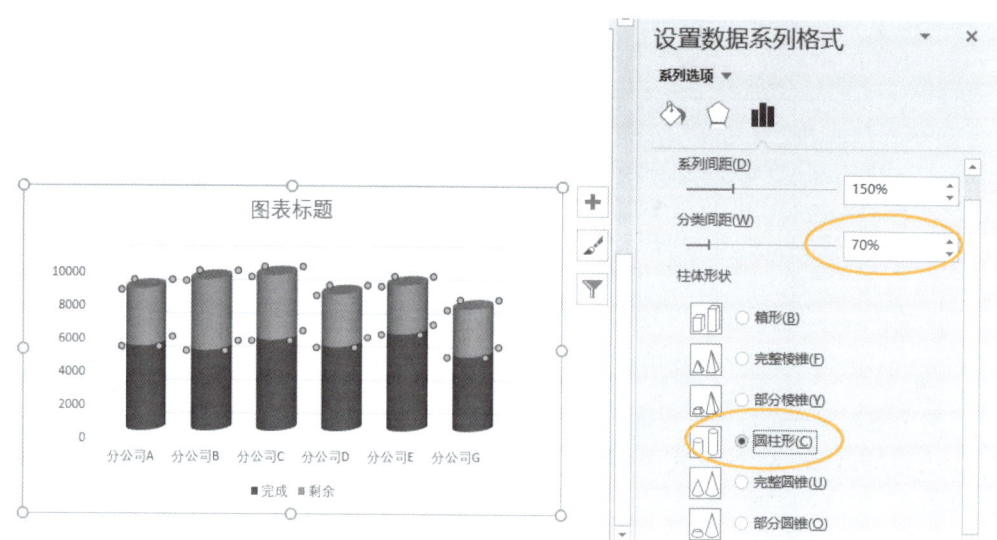

图10-11　设置柱体形状，设置分类间距

删除网格线，再设置基底的填充颜色，修改图表标题，删除图例，就得到图10-12所示的图表。

下面就是重点设置柱形的格式。

（1）将上面的柱形设置为无填充，但要合理设置边框线条颜色。

（2）把下面的柱形设置成自己（领导）喜欢的颜色，也要合理设置边框线条颜色。这样，就得到图10-13所示的图表。

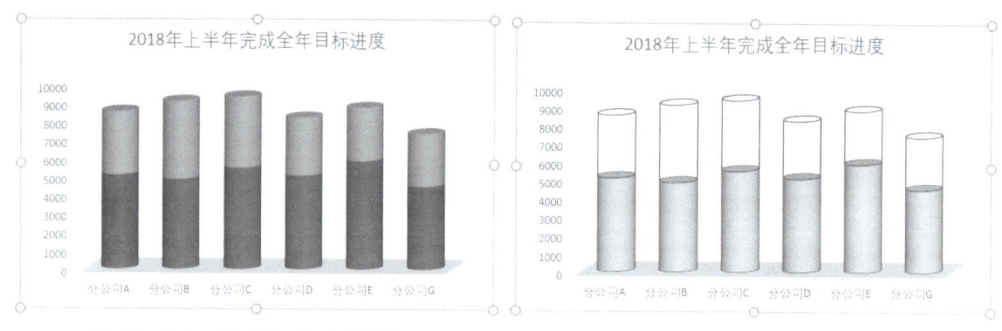

图10-12　基本整理后的图表　　　　图10-13　设置两个系列柱形的格式后

（3）下面已完成柱形添加标签，注意标签显示单元格中的数据（这里就是E列单元格的完成进度百分比数字），就得到图10-14所示的图表。注意要把数据标签字体颜色设置好。

如果想继续加强图表的吸引力，不妨把图表的背景设置为黑色。不过，此时需要把图表上的默认黑色字体设置为白色字体。

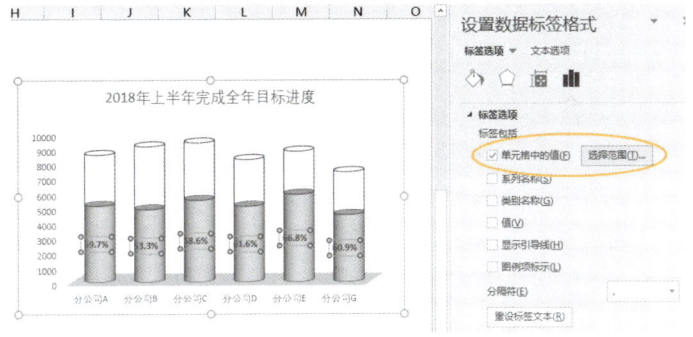

图10-14 添加数据标签

10.2 条形图及各种变形

与柱形图一样,条形图也可以分析完成情况,在项目较多、项目名称又比较长的场合,条形图要比柱形图优越得多。

10.2.1 常规的表达方式

扫码看视频

例如,图 10-15 所示的表格是各个项目的完成情况,你会用什么图表来分析它们?

	A	B	C	D	E	F	G
1							
2		项目	目标	实际	差异	达成率	
3		北京火电项目	3000	4153	+1153	138.43%	
4		上海风电项目	4560	3284	-1276	72.02%	
5		内蒙古鄂尔多斯项目	2600	1876	-724	72.15%	
6		云南丽江煌狗水电项目	3880	2059	-1821	53.07%	
7		江苏徐州明伟大成风电项目	20000	28489	+8489	142.45%	
8							

图10-15 各个项目完成情况

很多人可能会绘制柱形图,如图 10-16 所示。但是,先不论这样的达成分析用普通簇状柱形图是否能准确表达信息,单从外形上,这样的图表实在难看。

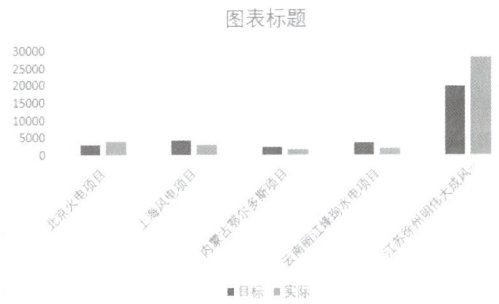

图10-16 柱形图,太难看

而如果使用条形图，就会好很多，如图10-17所示。

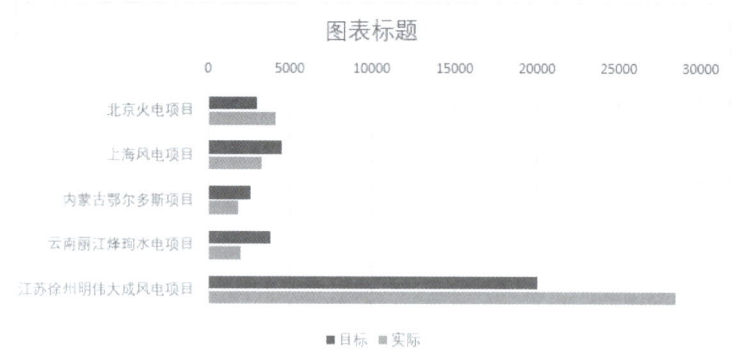

图10-17　条形图分析目标达成更清楚

10.2.2　目标和完成一起比较的图表

像前面介绍的柱形图一样，在条形图中，也可以制作这样的达成分析图表：一个大胖条形，表示预算；一个细瘦条形，表示实际，这样对比更清楚些。

例如，上面的各个项目完成情况，可以绘制图10-18所示的分析图表。

图10-18　目标和完成折叠在一起比较

这个图表制作不复杂，但要特别注意的一点：将实际系列设置到次坐标轴后，必须为图表添加次要纵坐标轴，然后将该坐标轴的分类次序反转，再删除次要纵坐标轴，方能使目标和实际两个系列次序一致。

10.2.3　利用堆积条形图显示超额完成或未完成的图表

如果分析的项目不多，为制作更加清楚的、同时显示目标和实际数额，又显示超额完成或未完成数额的图表，可使用堆积条形图制作。

例如，图10-19所示就是这样的一个示例。

这个图表的制作，需要先设计图10-20所示的辅助区域，也就是把目标的数额和超额或未完成的数据分成两行保存，完成的数据也是这样处理。

然后再利用这个辅助区域绘制堆积条形图，对图表的系列进行格式化，调整分类间距、显示数据标签、删除数据为0的数据点标签等。

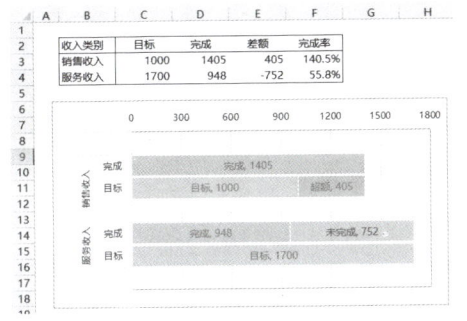

图10-19　用堆积条形图分析目标完成情况

图10-20　设计辅助区域

10.2.4　利用左右箭头显示超额完成或未完成的图表

扫码看视频

当然，也可以使用左右箭头来更形象、更直观地表达超额完成或未完成的情况，方法与前面介绍的一样。图10-21所示就是对前面图表的修改。

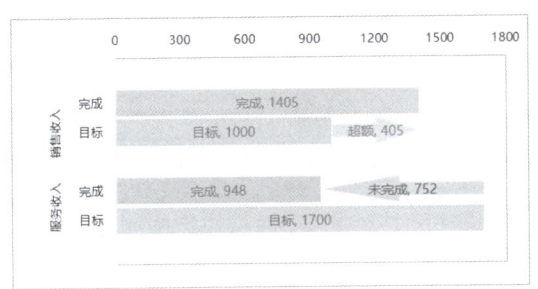

图10-21　用左右箭头表示超额完成或未完成

10.2.5　将条形图与工作表单元格联合使用

扫码看视频

当项目在工作表按行保存时，如果能巧妙利用工作表单元格与条形图的组合，则可以制作出更加令人赏心悦目的图表。技巧是，绘制普通的簇状条形图，设置好图表格式，调整好工作表行高，然后将两者对好位置。

图10-22所示就是这样的一个例子，如果感兴趣可以自行练习。

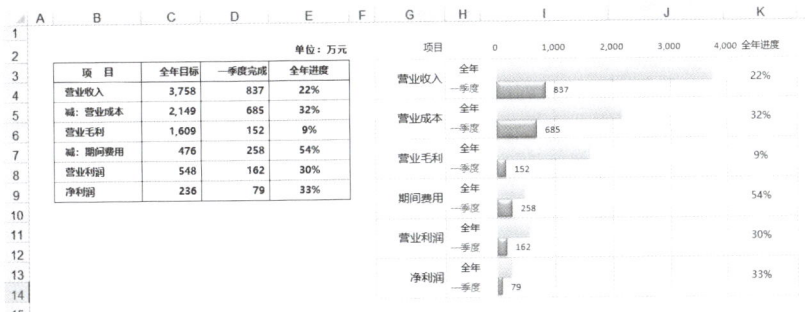

图10-22　联合利用工作表单元格和条形图分析目标达成

10.3 折线图中的涨/跌柱线

有人说，折线图能表现目标达成吗？回答：是的。利用折线图，可以做出很多既漂亮又直观的分析图表。下面介绍几个案例。

10.3.1 利用上下箭头表示超额或未完成缺口

扫码看视频

图 10-23 所示是一个各个分公司目标完成的分析图。在这个图表中，超额完成或未完成缺口分别用一个上箭头和下箭头表示，而箭头底端是预定目标，箭头顶端是实际完成。

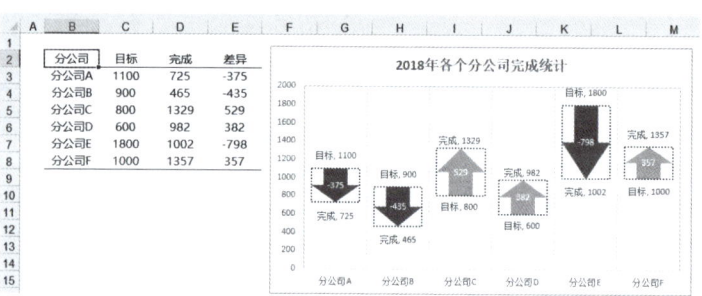

图10-23　利用上下箭头表示超额或未完成缺口

这是一个典型的利用折线图并添加涨/跌柱线完成的图表。下面是这个图表的主要制作步骤和相关技巧。

步骤 1　选择B列至D列的数据，绘制折线图，如图10-24所示。

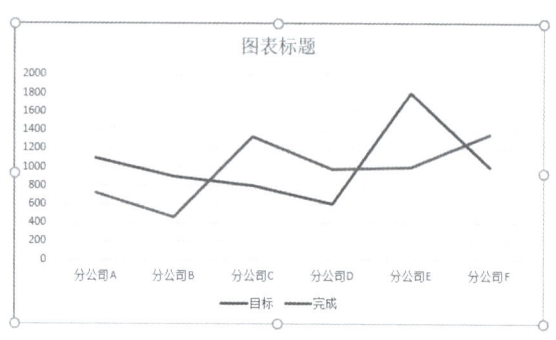

图10-24　绘制普通折线图

步骤 2　为图表添加涨/跌柱线，如图10-25所示。

步骤 3　设置系列的分类间距为一个较小的值，这里设置为30%。

步骤 4　将目标和完成两条折线设置为无线条。

这样，图表变为图 10-26 所示的情形。

步骤 5　分别制作一个向下箭头的图片文件和一个向上箭头的图片文件，保存为最简单的PNG格式文件即可，如图10-27所示。

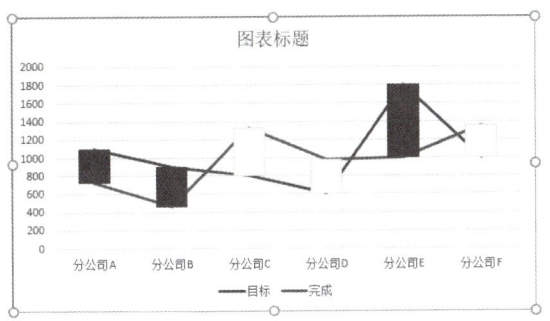

图10-25 添加涨/跌柱线

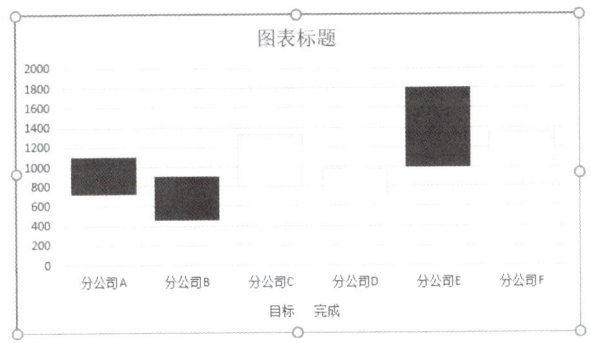

图10-26 调整数据系列格式后的图表

图10-27 制作两个箭头PNG文件

步骤6 选择涨柱线，打开"设置涨柱线格式"对话框，在"填充"选项组里选择"图片或纹理填充"单选按钮，然后单击"文件"按钮，打开"插入图片"对话框，选择"绿箭头"文件，如图10-28所示。

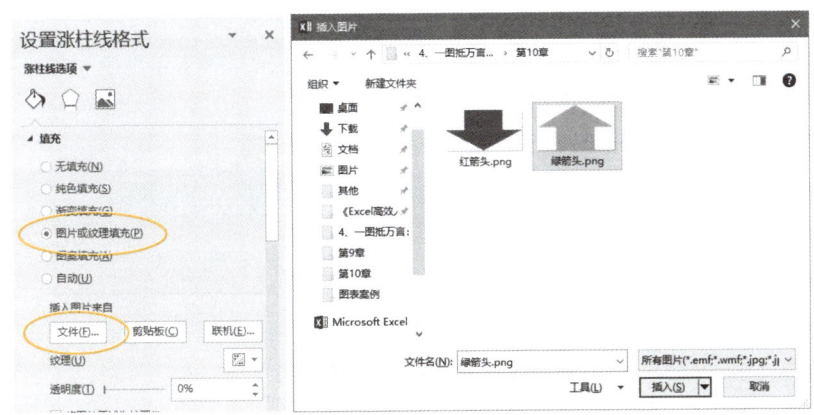

图10-28 为涨柱线插入图片填充

单击"插入"按钮，图表就变为图10-29所示的情形。

步骤7 选择跌柱线，用上述的方法，将跌柱线填充向下的箭头。填充完毕的图表如图10-30所示。

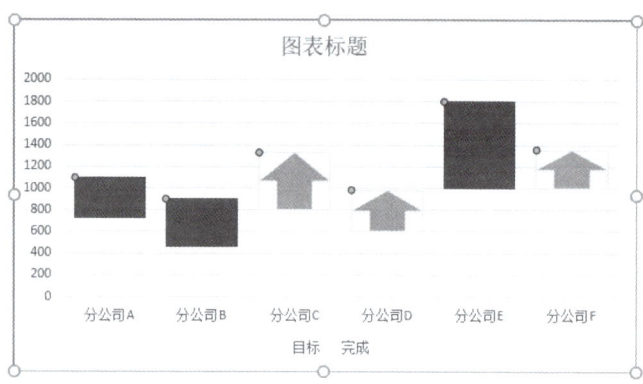

图10-29　将涨柱线显示为向上的箭头

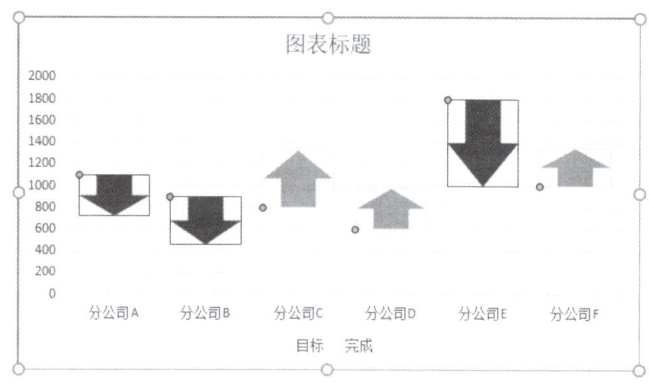

图10-30　涨柱线和跌柱线分别设置为不同的箭头

步骤 8　选择涨柱线和跌柱线，设置其轮廓线条和线型，如图10-31所示。

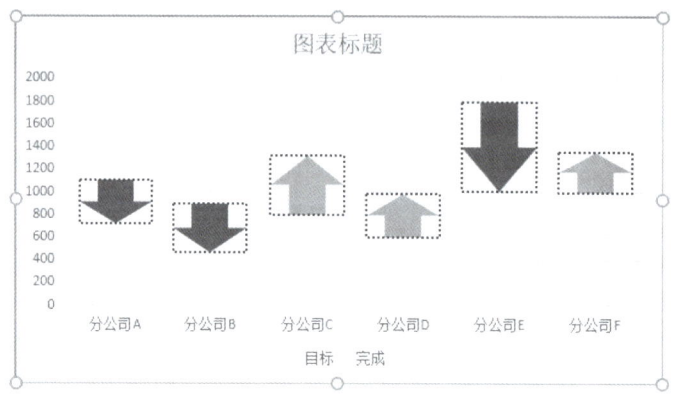

图10-31　设置涨柱线和跌柱线的轮廓和线型

步骤 9　分别选择系列"目标"和"完成"，为其添加数据标签，标签项目为"系列名称"和"值"，然后把标签手工拖动到涨柱线的底部或跌柱线的顶部，如图10-32所示。

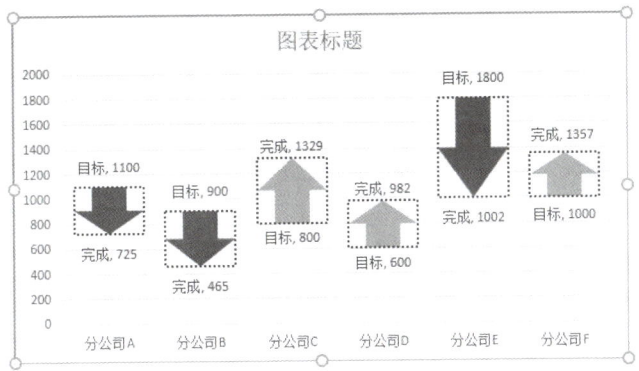

图10-32 显示目标和完成的数据标签

步骤10 在涨/跌柱线的中间显示超额或未完成的数据。设计图10-33所示的辅助列，辅助列单元格H3的公式是目标和完成的平均值：=AVERAGE(C3:D3)。

	A	B	C	D	E	F	G	H
1								
2		分公司	目标	完成	差异			辅助列
3		分公司A	1100	725	-375			912.5
4		分公司B	900	465	-435			682.5
5		分公司C	800	1329	529			1064.5
6		分公司D	600	982	382			791
7		分公司E	1800	1002	-798			1401
8		分公司F	1000	1357	357			1178.5
9								

图10-33 在H列做辅助列

步骤11 将这个辅助列添加到图表上，图表变为图10-34所示的情形，不要担心，还要继续设置。

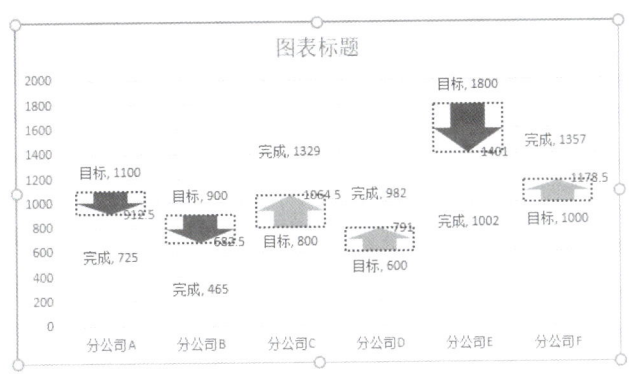

图10-34 添加辅助列后的图表

步骤12 选择图表，打开“选择数据源”对话框，如图10-35所示。

在这个对话框中，将系列“辅助列”调整到“目标”和“完成”的中间，如图10-36所示。

单击“确定”按钮，关闭对话框，图表就变为正常了，如图10-37所示。

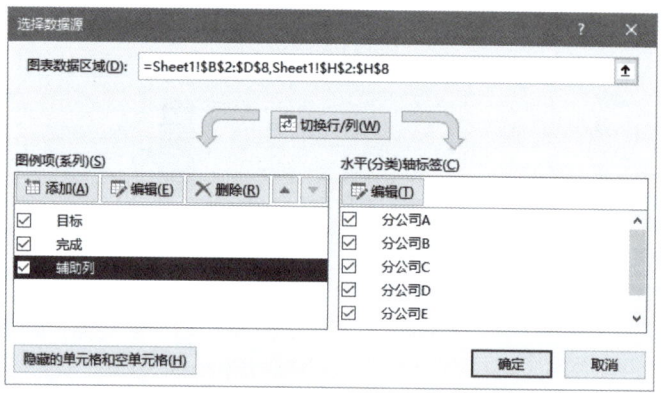

图10-35 "选择数据源"对话框

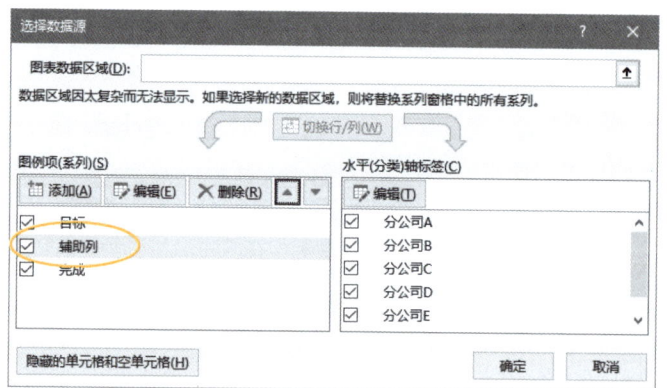

图10-36 调整辅助列的前后次序

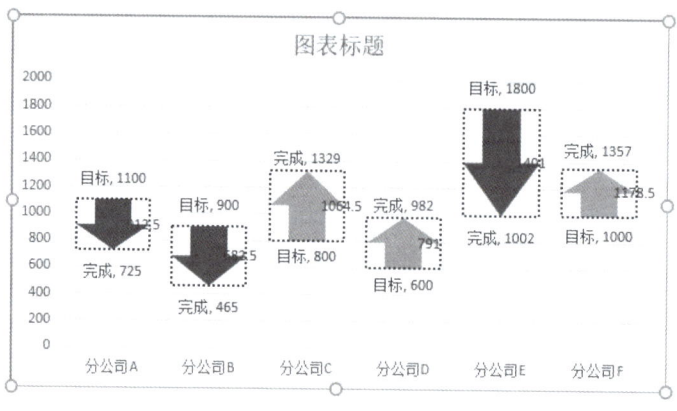

图10-37 图表调整正常

步骤13 选择系列"辅助列"默认添加的数据标签,设置其格式,将标签的显示项目设置为"单元格中的值"(引用差异值列的数据),标签位置为"居中",如图10-38所示。

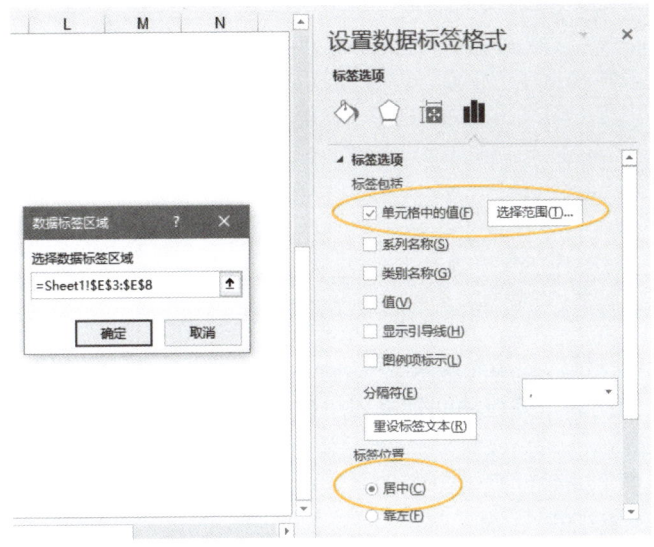

图10-38 设置辅助列的数据标签

步骤14 对图表进行必要的格式化处理，就完成了需要的图表。

10.3.2 形象的靶图

图10-39所示是这样的一个图表，目标是一个横线表示的起点，完成是一个圆圈表示的终点，中间是一条上箭头和下箭头表示的距离，显示超额或未完成缺口的数据，就像射箭一样，非常直观地表现出是往前射箭还是往后射箭，射程多远。

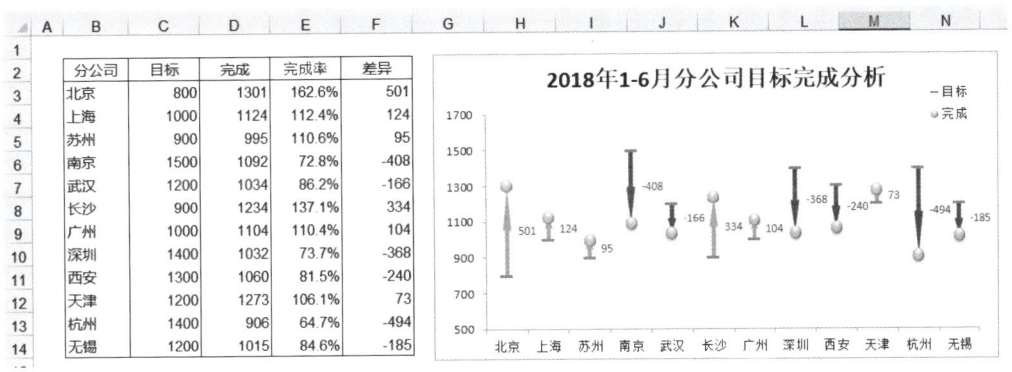

图10-39 形象的靶图

其实，这个图表也是通过绘制折线，并添加涨/跌柱线得到的。这里有几个小技巧需要注意。

（1）数据系列分类间距要设置大些，这样才能使涨/跌柱线变窄。

（2）系列"目标"的数据标记设置为横杠，系列"完成"的数据标记设置为圆圈，如图10-40和图10-41所示。

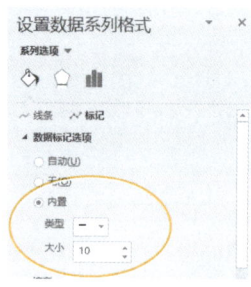
图10-40 设置系列"目标"的标记

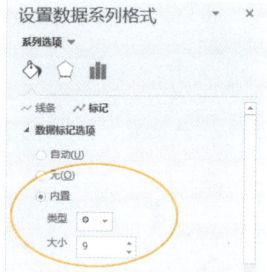
图10-41 设置系列"完成"的标记

（3）涨柱线和跌柱线要填充箭头图片。

（4）要设计辅助列，通过辅助列来显示数据标签，显示为单元格的差异值，数据标签的位置是靠右。

（5）为能够更加清楚地观察超额和未完成缺口，把数值轴的最小单位设置为适当的值，不要设置为默认的0。

10.4 高大上的仪表盘

> 仪表盘用来反映目标完成和预算执行情况，这是一个非常直观的图表。仪表盘的绘制并不复杂，是利用两轴饼图绘制完成的。

10.4.1 仪表盘的基本制作方法和技巧

扫码看视频

图10-42所示是一个目标完成分析仪表盘的示例。仪表盘的外形有很多形式。这个是用半圆盘表示完成率，用条形图表示具体的值。

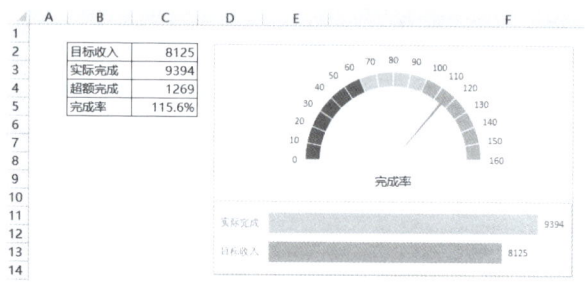

图10-42 目标完成分析仪表盘

仪表盘指示的制作过程比较繁琐，是绘制两轴饼图并调整得到的。下面是主要的步骤。

步骤① 确定仪表盘的最大刻度。这里绘制半圆形仪表盘，最大刻度是160。

步骤② 在G列和H列设计绘制表盘的辅助绘图数据区域，如图10-43所示。由于是要绘制16等分的半圆形仪表盘，因此每个扇形的度数是180°/16=11.25°。

步骤③ 以这个区域绘制饼图，如图10-44所示。

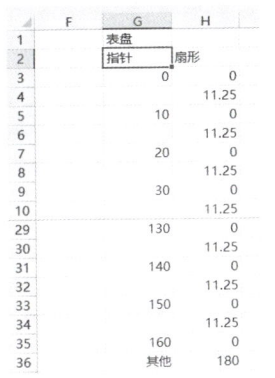

图10-43 绘制表盘的辅助区域

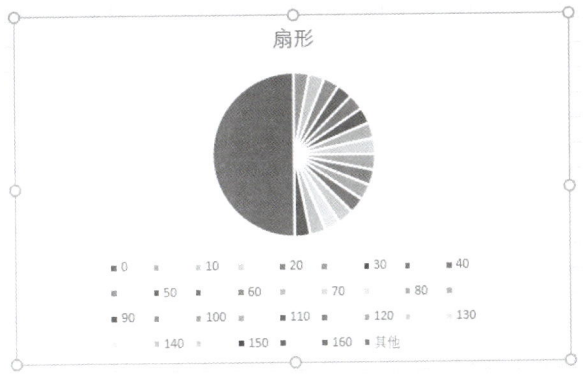

图10-44 绘制的基本饼图

步骤 4 删除图例，设置饼图的数据系列格式，把"第一扇区起始角度"设置为270°，如图10-45所示。

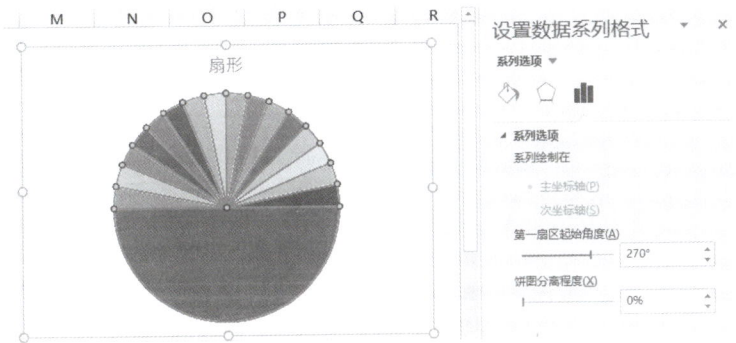

图10-45 设置饼图的第一扇区起始角度为270°

步骤 5 为饼图添加数据标签，注意要显示"类别名称"，让标签显示在外面，不显示引导线，如图10-46所示。

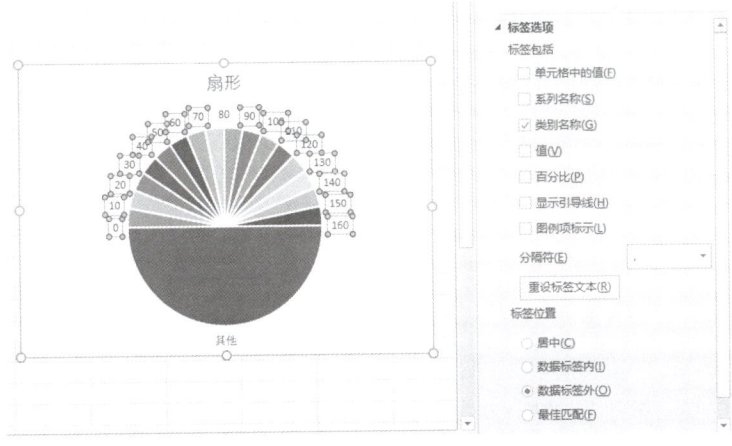

图10-46 显示数据标签

步骤6 将刻度区域最后一个单元格的数据"其他"清除。

步骤7 分别选择各个扇形，设置不同的填充颜色（最下面的半圆设置为白色背景色，以上的各个小扇形依据数据的监控重要程度设置为不同颜色），注意要重新设置扇形的边框颜色和粗细，不能采用默认的线条格式。绘制好的表盘如图10-47所示。

步骤8 设计辅助区域，准备用来绘制仪表盘的指针。辅助区域如图10-48所示，各单元格公式如下，但单元格K4是输入的一个固定值。

单元格K3：=180/1.6*C5-K4/2
单元格K5：=360-K3-K4
单元格K6：="完成率"&CHAR(10)&TEXT(C5,"0.0%")

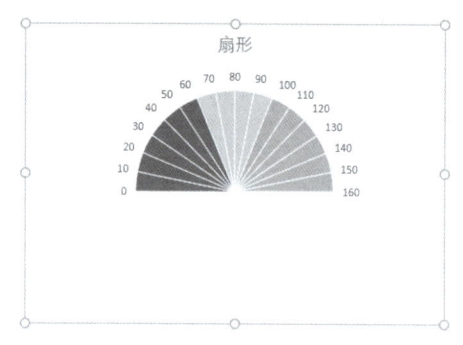

图10-47 绘制好的表盘

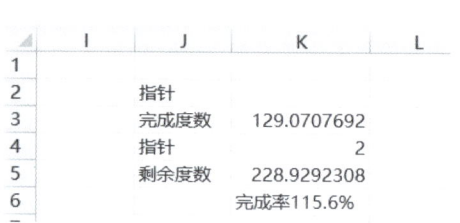

图10-48 绘制指针的数据区域

步骤9 为仪表盘绘制指针。为便于调整图表，可以先把指针单元格K4的数字设置一个大数字，如20。

步骤10 选择图表，打开"选择数据源"对话框，如图10-49所示。

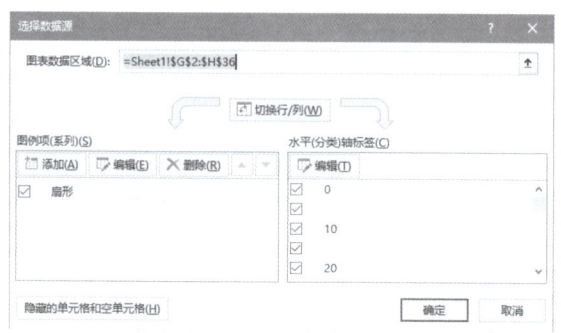

图10-49 "选择数据源"对话框

然后单击"添加"按钮，打开"编辑数据系列"对话框，输入系列名"指针"，系列值数据区域为"Sheet1!$K$3:$K$5"，如图10-50所示。

步骤11 单击"确定"按钮，返回到"选择数据源"对话框，如图10-51所示。

步骤12 选择系列"指针"，单击"上移"按钮，将其移到第一个系列位置，如图10-52所示。

步骤13 单击"确定"按钮，关闭对话框，饼图就变为了图10-53所示的情形。

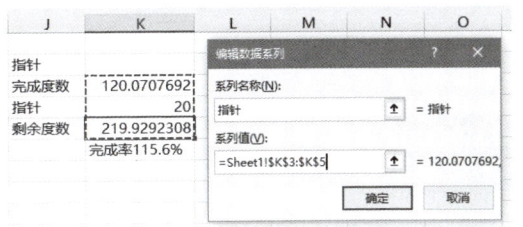

图10-50　添加新系列"指针"

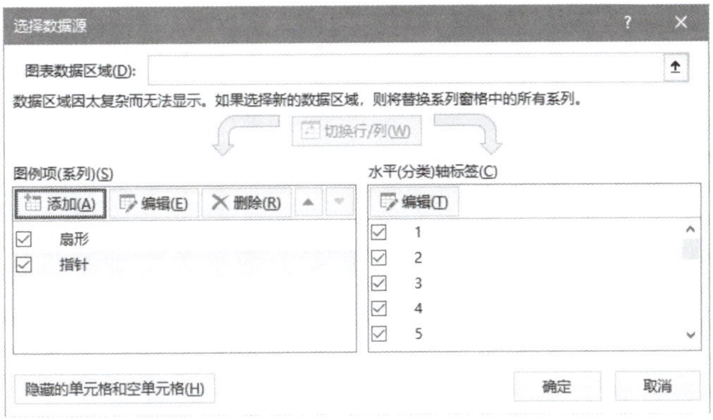

图10-51　添加了系列"指针"

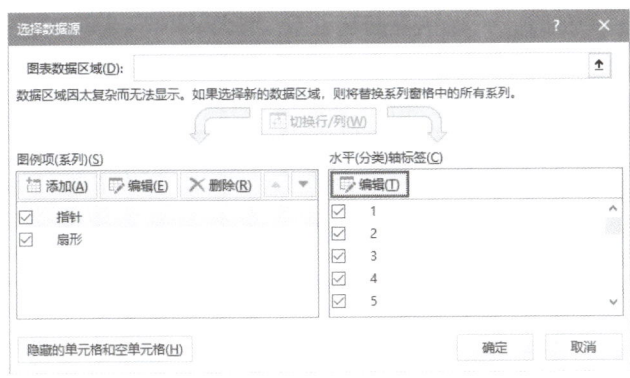

图10-52　将系列"指针"调到第一个系列位置

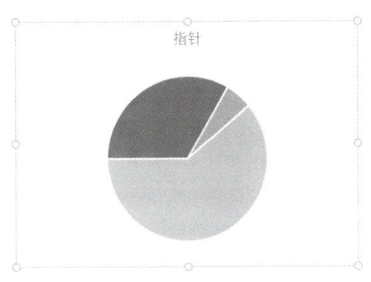

图10-53　添加了系列"指针"后的饼图

步骤14　选择系列"指针",打开"设置数据系列格式"对话框,选择"次坐标轴",并将"第一扇区起始角度"设置为270°,"饼图分离程度"设置为一个合适的数字(这里为20%),如图10-54所示。可以看到,系列"指针"的扇形被分离,也露出了后面的表盘。

步骤15　分别选择系列"指针"的三块扇形,往里拖放,得到图10-55所示的图表。

步骤16　设置系列"指针"的边框线条颜色,分别设置三块扇形的填充颜色,然后将指针占位度数由20改为2,得到图10-56所示的图表。

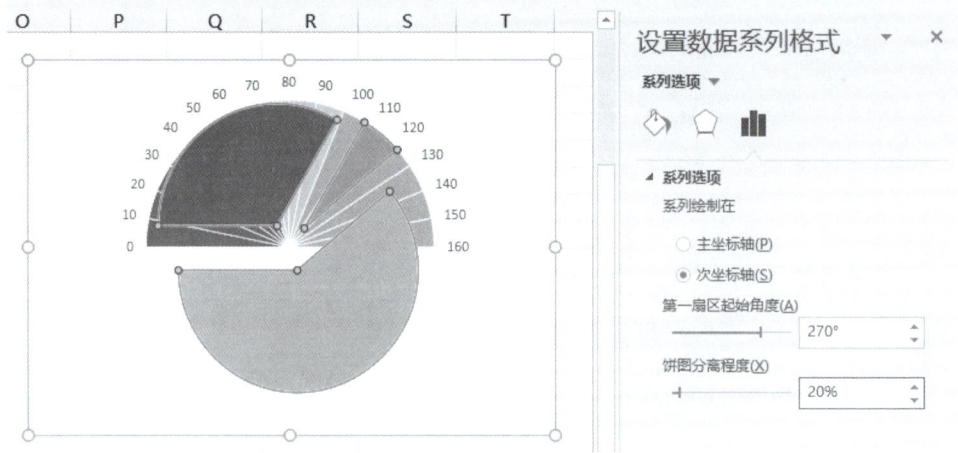

图10-54 设置系列"指针"的格式

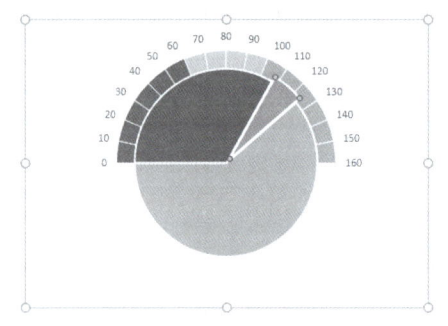

图10-55 将系列"指针"的三块扇形往里拖　　图10-56 调整好的一小盘指针

步骤 17 将完成率数字显示在图表上。选择图表,在图表上插入一个文本框,然后将光标移到编辑栏,输入公式"=Sheet1!$K$6"(先输入等号,再用鼠标点选单元格K6,按Enter键即可),再将文本框的文字设置为居中对齐,就得到如图10-57所示的显示效果。

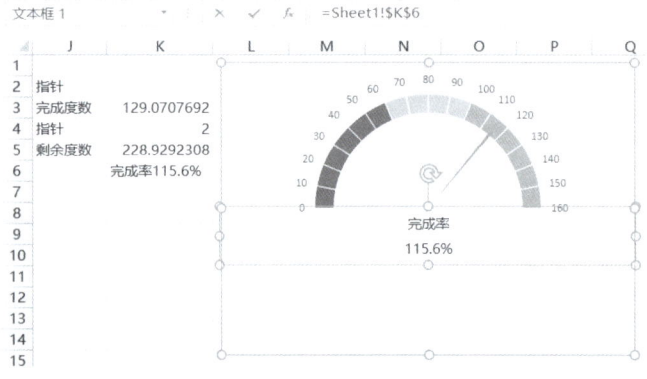

图10-57 插入文本框,显示完成率文字

步骤18 选择数据区域B2:C3，绘制条形图，并美化之，如图10-58所示。要特别注意条形图的数值轴刻度最小值设置为0，否则会造成不合理的显示效果。

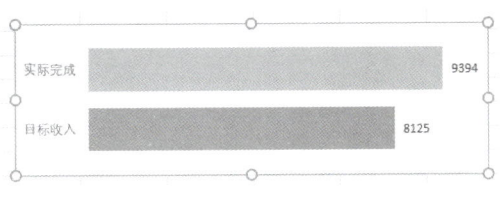

图10-58　初步的预算完成条形图

步骤19 将这个条形图放到仪表盘下面的空白处，与仪表盘图表组合起来，就得到了要求的预算执行分析仪表盘。

10.4.2　指针可以往正值或负值摆动的仪表盘

在利润分析中，净利润或者营业利润可能是正数（盈利），也可能是负数（亏损）。此时，能不能制作这样的仪表盘：当盈利时，指针往正数方向摆动；当亏损时，指针往负数方向摆动？

图10-59和图10-60就是这样的一个例子。

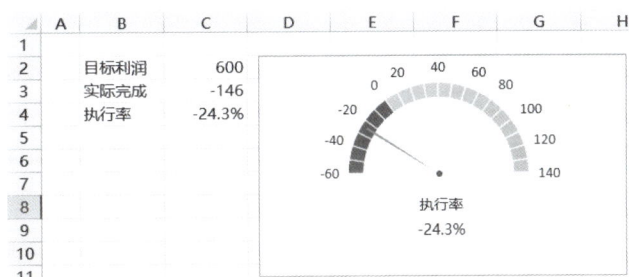

图10-59　利润为负，指针往负值区域摆动

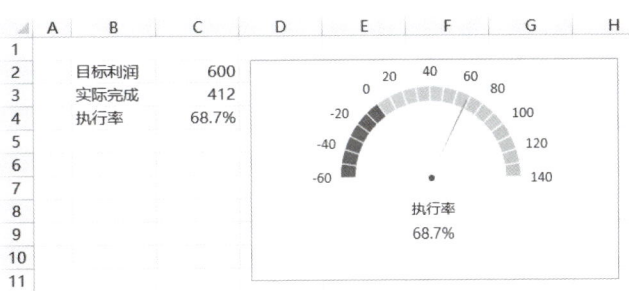

图10-60　利润为正，指针往正值区域摆动

这个仪表盘的制作方法与前面的大同小异，区别在于仪表盘标签的设计和指针摆动区域的计算。

表盘辅助区域和指针辅助区域的设计如图10-61所示。

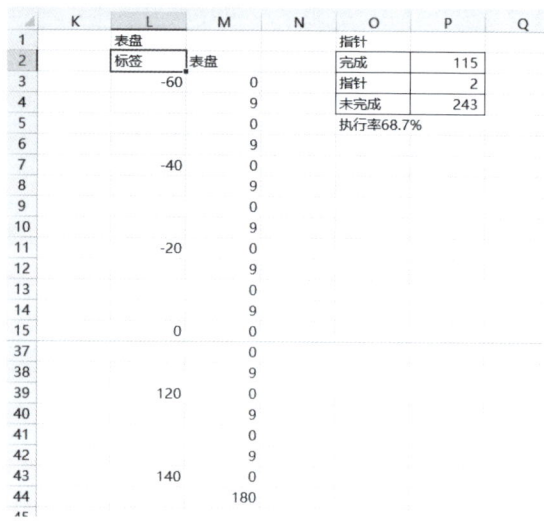

图10-61　设计表盘辅助区域和指针辅助区域

这里一个关键的计算是完成度数，其计算公式为：=180/2*(C4+60%)，C4 为原始表中执行率数据单元格。为什么要加 60%？因为仪表盘的负数最小刻度是 −60。

这个仪表盘的具体制作过程就不再赘述了，读者可以参照前面的方法，自己练习。

10.4.3　几个指针的仪表盘

依据上面的原理，可以制作有几个指针的仪表盘，分别表示不同指标。图 10-62 所示就是一个示例，三个指针分别表示收入、毛利和利润的完成率。

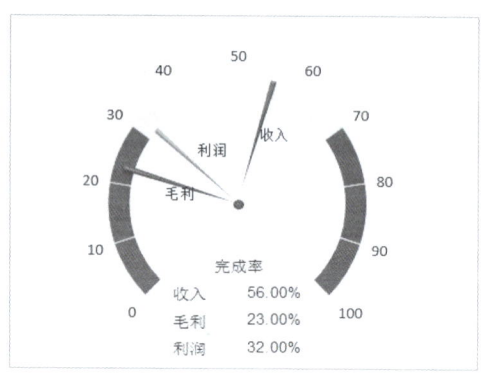

图10-62　具有三个指针的仪表盘

10.4.4　刻度可调节的仪表盘

如果执行率超过了仪表盘的最大刻度而爆表了，仪表盘就看不出数据了。此时，也可以制作一个刻度可调节的仪表盘，使用一个控件来调节仪表盘最大刻度，如图 10-63 所示的例子。

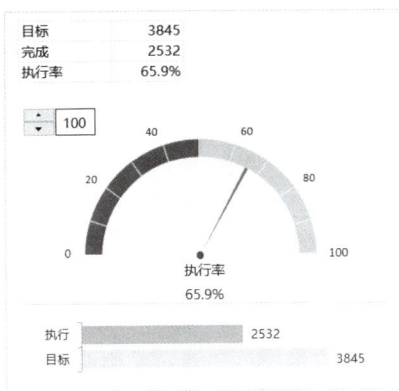 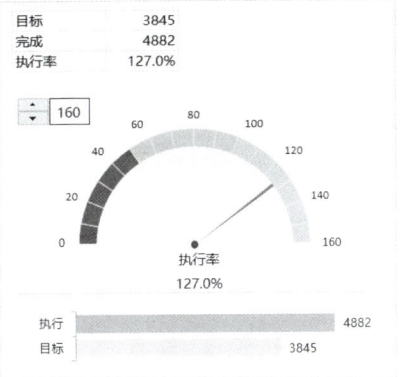

图10-63 可调节最大刻度值的仪表盘

因素分析图

在因素分析中,一个重要的图表是瀑布图,又称桥图、步行图。这种图表由一系列柱形构成,第一个柱形是起始的值,最后一个柱形是最终的结果,中间的各个柱形是各个影响因素,如果是正影响,就是上行的柱形;如果是负影响,就是下行的柱形。

图 11-1 所示就是一个瀑布图的示例。

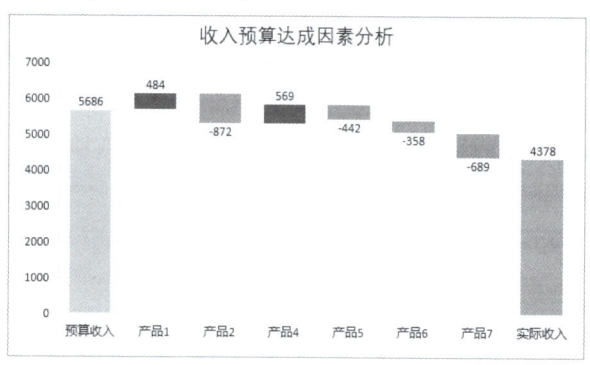

图 11-1　瀑布图示例

11.1　瀑布图的制作方法

瀑布图的绘制方法有很多,其中最常用也最实用的有三种方法。下面分别介绍这三种制作方法。

11.1.1　Excel 2016 里一步到位制作瀑布图

扫码看视频

在 Excel 2016 中,新增了一个"瀑布图"(也称步行图),利用它,可以快速制作瀑布图。

图 11-2 所示是一个整理好的表格,是预算偏差分析表格,第一行是总收入预算,最后一行是实现的总收入,中间是各个产品预算达成或未达成的差异值。

现在要用图表直观表达出,哪个产品影响最大,预算执行偏差的最关键因素是哪个产品。

步骤 ①　选择数据区域,插入瀑布图,就得到基本的瀑布图,如图11-3和图11-4所示。

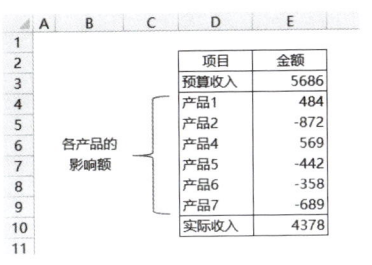

图11-2 基础数据

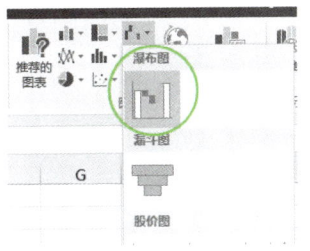

图11-3 瀑布图类型

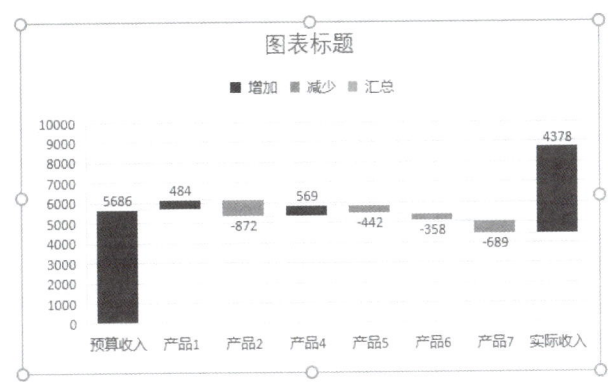

图11-4 基本的瀑布图

步骤2 选择"实际收入"柱形，右击，从弹出的快捷菜单中选择"设置为汇总"命令，如图11-5所示。

这样，就得到了图11-6所示的图表。

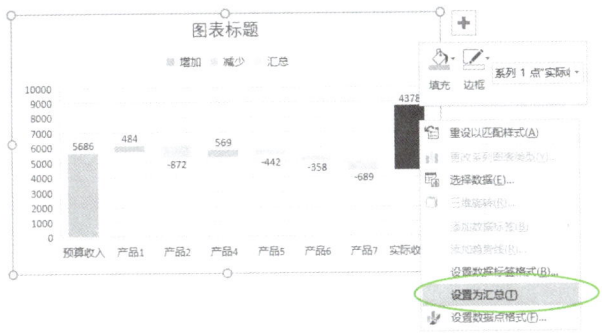

图11-5 准备将实际收入柱形设置为汇总

步骤3 美化图表，包括以下几项。

（1）删除图例。
（2）修改图表标题文字（或者删除图表标题）。
（3）分别设置预算收入和实际收入两个柱形的填充颜色。
（4）其他必要的格式设置。

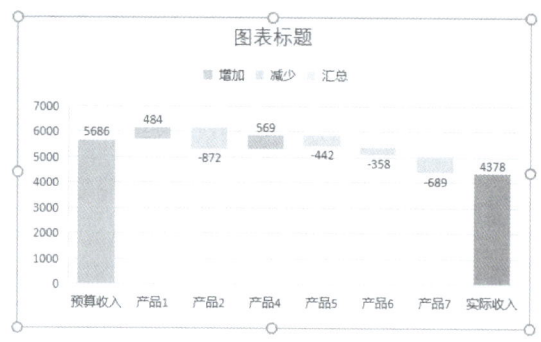

图11-6　得到的两年销售同比分析瀑布图

11.1.2　通过折线图的涨/跌柱线制作瀑布图

如果不是 Excel 2016，怎么制作瀑布图呢？一个简单的方法，是利用折线图添加涨/跌柱线来完成，这种方法在任何一个版本中都可以使用。

以上面的数据为例，这种方法的主要步骤如下。

步骤 1　设计图11-7所示的辅助列"起点"和"终点"。

"起点"的第一个单元格和最后一个单元格都输入数字 0，其他的单元格都引用"终点"列的上一个数字，即单元格 F4 公式为"=G3"，公式下拉即可。

"终点"的每个单元格都是起点数字加上金额值，单元格 G3 公式为"=F3+C3"。

	A	B	C	D	E	F	G
1					辅助区域		
2		项目	金额		项目	起点	终点
3		预算收入	5686		预算收入	0	5686
4		产品1	484		产品1	5686	6170
5		产品2	-872		产品2	6170	5298
6		产品4	569		产品4	5298	5867
7		产品5	-442		产品5	5867	5425
8		产品6	-358		产品6	5425	5067
9		产品7	-689		产品7	5067	4378
10		实际收入	4378		实际收入	0	4378
11							

图11-7　设计辅助列"起点"和"终点"

步骤 2　选择单元格区域E2:G10，绘制普通的折线图，如图11-8所示。

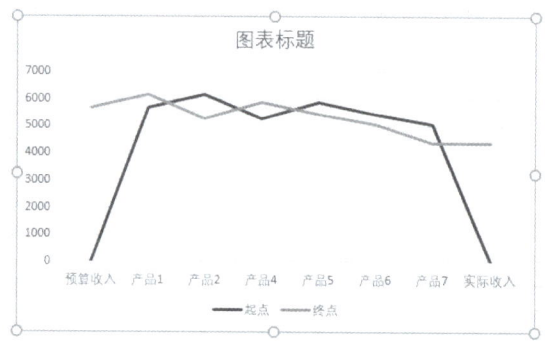

图11-8　绘制的基本折线图

步骤 3 为图表添加涨/跌柱线，如图11-9所示。

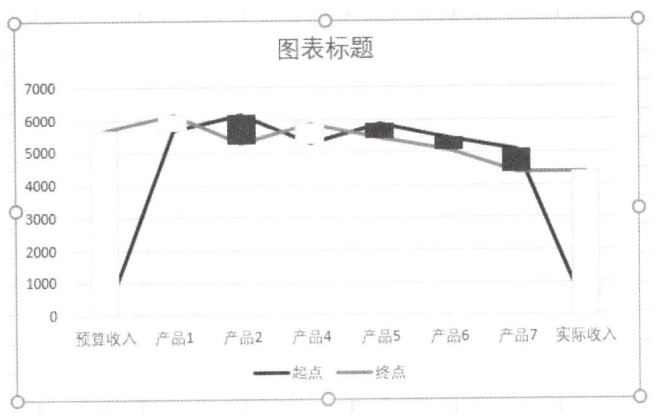

图11-9　添加涨柱线和跌柱线

步骤 4 分别设置涨柱线和跌柱线的填充颜色，如图11-10所示。

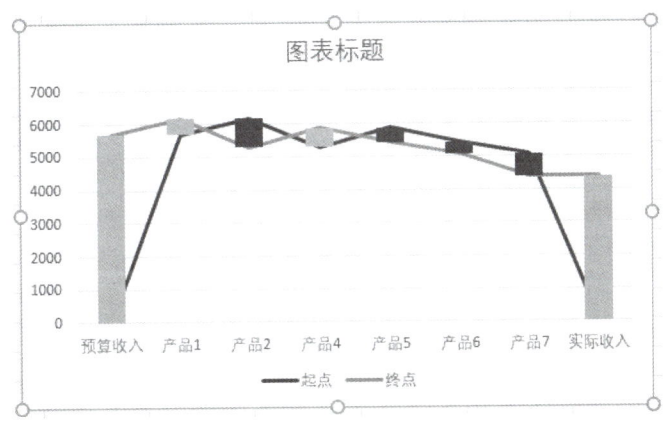

图11-10　设置涨柱线和跌柱线的填充颜色

步骤 5 选择两条折线，将它们设置为无轮廓，并设置分类间距为一个合适的比例，得到图11-11所示的图表，瀑布图基本成型了。

步骤 6 将金额值显示到图表上。再插入一个辅助列"显示值"，计算起点和终点的平均值，单元格H3的公式为"=IF(C3>0,G3+400,G3-400)"，往下复制即可，如图11-12所示。

注意：这个400是一个根据实际表格情况确定的值，目的是能够把数值显示在合适的位置。

步骤 7 将辅助列"显示值"添加到图表中，然后选择该系列（注意此时，这条线是看不见了，因为默认为无轮廓，因此需要从图表元素下拉框中选择该系列），将其设置到次坐标轴上，并把次分类轴标签区域修改为单元格区域C3:C10，如图11-13和图11-14所示。

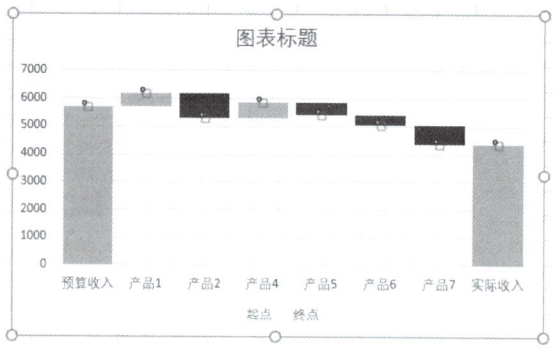

图11-11　瀑布图基本成型

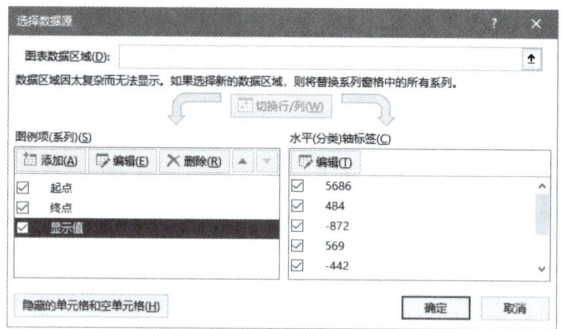

图11-12　继续设计辅助列"显示值"

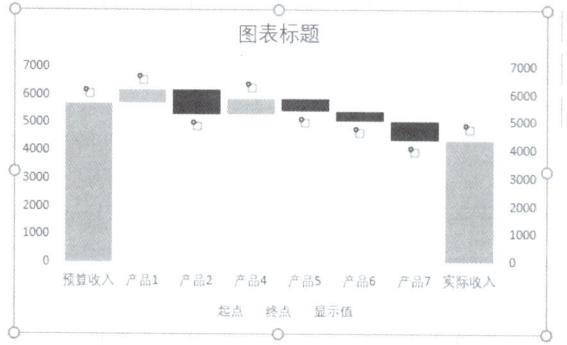

图11-13　系列"显示值"的分类轴标签

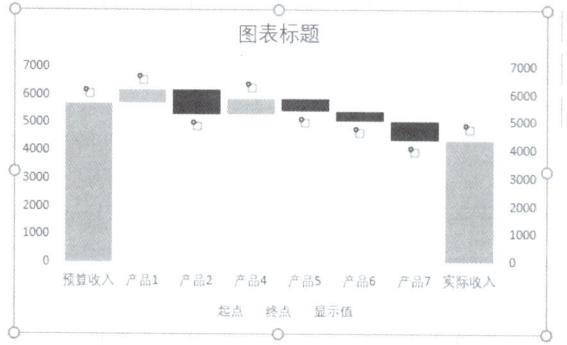

图11-14　添加了系列"显示值"后的图表

步骤 8 为系列"显示值"添加数据标签，注意标签选项中仅仅显示"类别名称"，标签位置是"居中"，如图11-15所示。

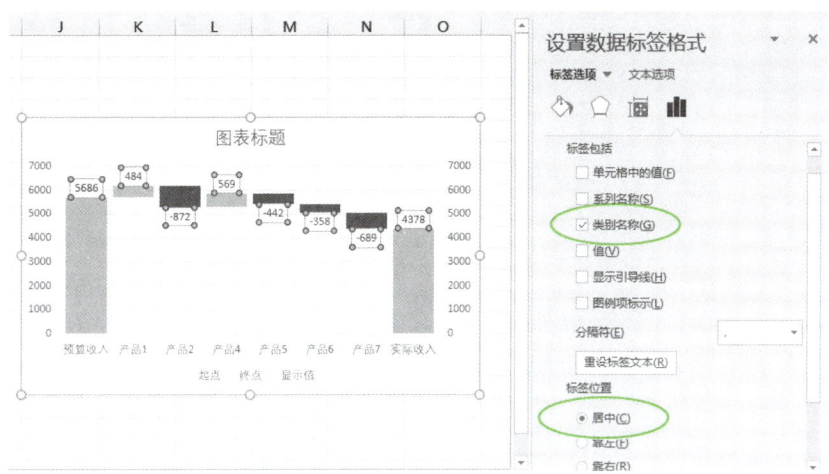

图11-15 为系列"显示值"添加数据标签

步骤 9 删除图表上一些不必要的元素，例如，删除图例，删除次数值轴，删除网格线，设置坐标轴的轮廓线条，再把图表标题文字修改一下，移动图表的位置，瀑布图就大功告成，如图11-16所示。

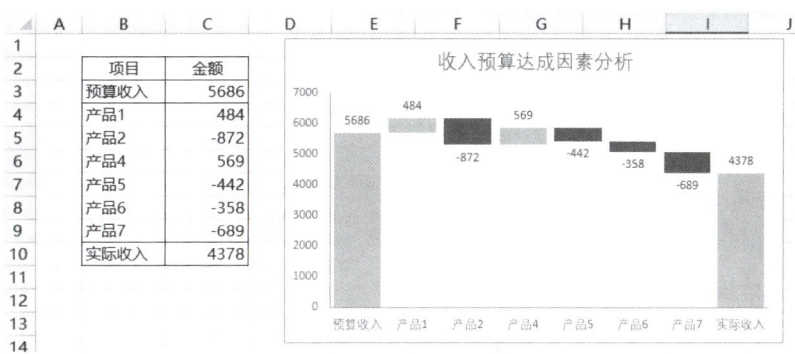

图11-16 完成的瀑布图

在上面的制作过程中，显示数据这个过程使用了一个根据实际数据大小来确定的值"400"做公式"=IF(C3>0,G3+400,G3-400)"。在实际工作中，这个值需要根据实际情况输入不同的值，比较麻烦。经过大量数据的测试，下面的公式比较合适：

=IF(C3>0,G3+MAX($C$3:$C$10)/15,G3−MAX($C$3:$C$10)/15)

更多的情况下，是使用另外一个方法来显示数据，就是做如图 11-17 所示的辅助列。

然后依上面的方法，将这个辅助列"中点"添加到图表中，设置为次坐标轴，分类轴标签显示类别名称，就得到图 11-18 所示的图表。

与前面的图表相比，这个图表中，数据是显示在每个柱形的中间，显得比较难看。

H3 =(F3+G3)/2

项目	金额
预算收入	5686
产品1	484
产品2	-872
产品4	569
产品5	-442
产品6	-358
产品7	-689
实际收入	4378

辅助区域

项目	起点	终点	中点
预算收入	0	5686	2843
产品1	5686	6170	5928
产品2	6170	5298	5734
产品4	5298	5867	5583
产品5	5867	5425	5646
产品6	5425	5067	5246
产品7	5067	4378	4723
实际收入	0	4378	2189

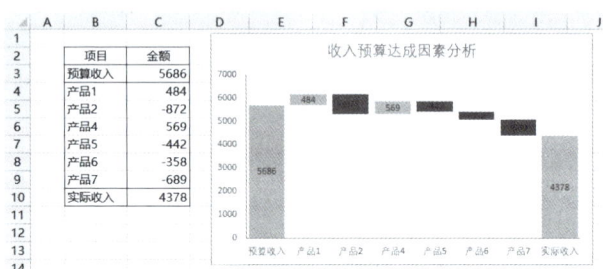

图11-17　做辅助列“中点”，计算起点和终点的平均值

项目	金额
预算收入	5686
产品1	484
产品2	-872
产品4	569
产品5	-442
产品6	-358
产品7	-689
实际收入	4378

图11-18　使用辅助列“中点”来显示数据

11.1.3　通过堆积柱形图制作瀑布图

可以说，使用堆积柱形图制作瀑布图，是最笨拙的方法之一，因为要设计的辅助区域的逻辑更复杂些。

以上面的数据为例，利用堆积柱形图制作瀑布图的主要步骤如下。

步骤1　设计辅助区域，如图11-19所示。单元格公式如下。

（1）上行底座：

单元格F3和F10均输入0；F4公式为“=IF(C4>0,SUM($C$3:C3),"")”，往下复制到单元格F9。

（2）上行柱体：

单元格G3公式“=IF(C3>=0,C3,"")”，往下复制到底。

（3）下行底座：

单元格H4公式“=IF(C4<0,SUM($C$3:C4),"")”，往下复制到单元格H9。

（4）下行柱体：

单元格I4公式“=IF(C4<0,-C4,"")”，往下复制到单元格I9。

项目	金额
预算收入	5686
产品1	484
产品2	-872
产品4	569
产品5	-442
产品6	-358
产品7	-689
实际收入	4378

辅助区域

	上行底座	上行柱体	下行底座	下行柱体
预算收入	0	5686		
产品1	5686	484		
产品2			5298	872
产品4	5298	569		
产品5			5425	442
产品6			5067	358
产品7			4378	689
实际收入	0	4378		

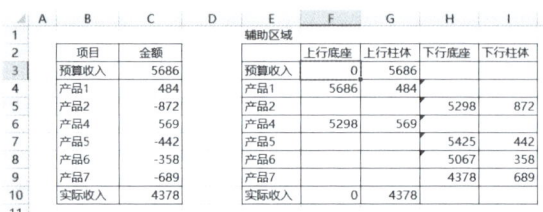

图11-19　设计辅助区域

步骤 2 以辅助区域绘制堆积柱形图，如图11-20所示。

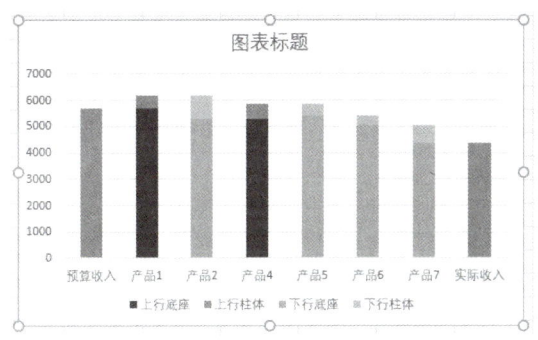

图11-20 绘制堆积柱形图

步骤 3 调整数据系列的分类间距为一个合适的比例。

步骤 4 将系列"上行底座"和"下行底座"的柱形设置为无填充、无轮廓，就得到图11-21所示的图表。

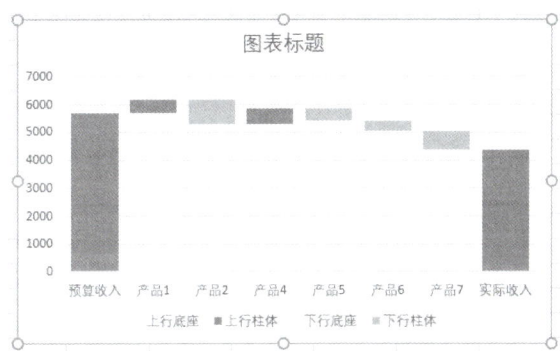

图11-21 设置上行底座和下行底座柱形为无填充、无轮廓

步骤 5 分别设置正值柱形和负值柱形的填充颜色，再单独设置第一个柱形和最后一个柱形的填充颜色，就得到图11-22所示的图表。

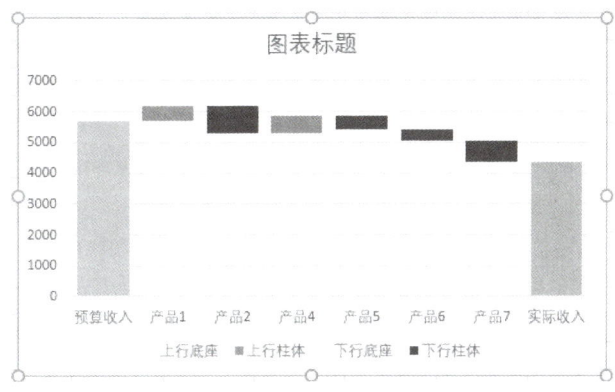

图11-22 分别设置各个类型柱形的填充颜色

步骤 ⑥ 删除图例，修改图表标题文字。

说明：这种方法绘制的瀑布图，显示数据太过麻烦，这里就不再介绍了。

11.2 瀑布图的实际应用案例

了解了瀑布图的制作方法，下面介绍几个瀑布图在实际数据分析中的例子。在这些案例中，具体涉及瀑布图的制作过程，将不再做详细介绍。

11.2.1 预算偏差因素分析

例如，图 11-23 所示是各个市场的预算执行情况统计表，现在要对这几个市场的预算执行情况进行分析，并可视化分析结果。

首先使用自定义格式把这个表格的数字进行自定义，以增强表格的阅读性，如图 11-24 所示。

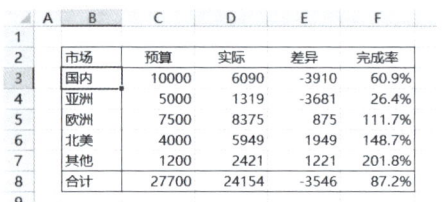

图11-23　各个市场的完成情况统计表　　图11-24　自定义数字格式，增强表格阅读性

再将数据进行重新组织，以便能够绘制瀑布图，如图 11-25 所示。

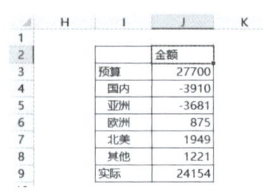

图11-25　设计辅助区域

以这个辅助区域绘制瀑布图，并进行格式化，就得到图 11-26 所示的图表。

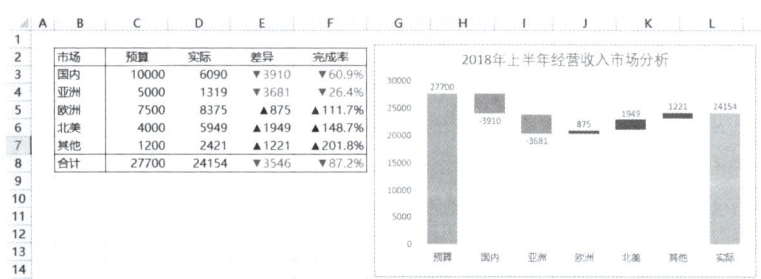

图11-26　公司经营业绩预算偏差因素分析

11.2.2 经营业绩同比分析

同比分析的原理与预算分析是一样的，图 11-27 所示就是一个两年销售的同比分析例子。

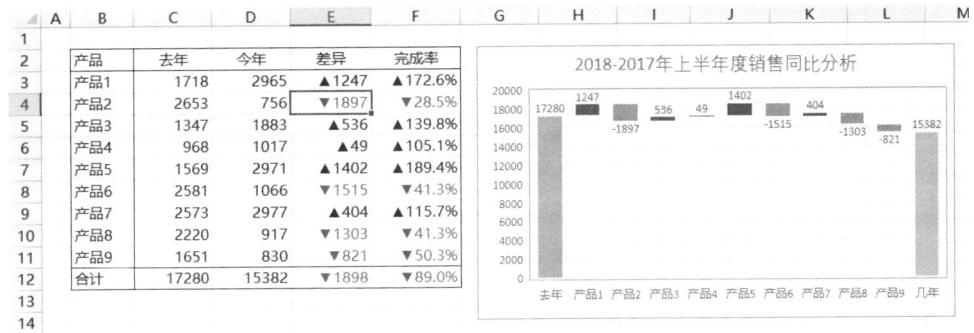

图11-27 同比增长因素分析

11.2.3 净利润因素分析

扫码看视频

在损益表中，从上到下依次是收入、成本、费用，最后一项是净利润。现在要从这张损益表中，了解一下净利润为什么这么低，甚至亏损，也就是说，哪些因素对净利润影响最大。

图 11-28 所示就是一个简单的损益表的例子。现在需要制作一个瀑布图，分析哪些因素对净利润影响最大。

首先整理数据，设计辅助列。其原则是：收入类的是正数，成本费用等支出类的是负数，并剔除中间的计算项目，得到图 11-29 所示的辅助区域。

	A	B
1	项目	金额
2	一、主营业务收入	816642
3	减：主营业务成本	432595
4	主营业务税金及附加	85719
5	二、主营业务利润	298328
6	加：其他业务利润	65860
7	减：营业费用	3265
8	管理费用	47557
9	财务费用	69794
10	三、营业利润	243572
11	加：补贴收入	23923
12	营业外收入	74659
13	减：营业外支出	6911
14	四、利润总额	335243
15	减：所得税	16251
16	五、净利润	318992

图11-28 简单的损益表

	A	B	C	D	E	F	G
1	项目	金额				辅助区域	
2	一、主营业务收入	816642				项目	值
3	减：主营业务成本	432595				主营业务收入	816642
4	主营业务税金及附加	85719				主营业务成本	-432595
5	二、主营业务利润	298328				主营业务税金及附加	-85719
6	加：其他业务利润	65860				其他业务利润	65860
7	减：营业费用	3265				营业费用	-3265
8	管理费用	47557				管理费用	-47557
9	财务费用	69794				财务费用	-69794
10	三、营业利润	243572				补贴收入	23923
11	加：补贴收入	23923				营业外收入	74659
12	营业外收入	74659				营业外支出	-6911
13	减：营业外支出	6911				所得税	-16251
14	四、利润总额	335243				净利润	318992
15	减：所得税	16251					
16	五、净利润	318992					

图11-29 整理数据，设计辅助列

然后以辅助区域绘制瀑布图，并格式化，就得到下面图 11-30 所示的图表。

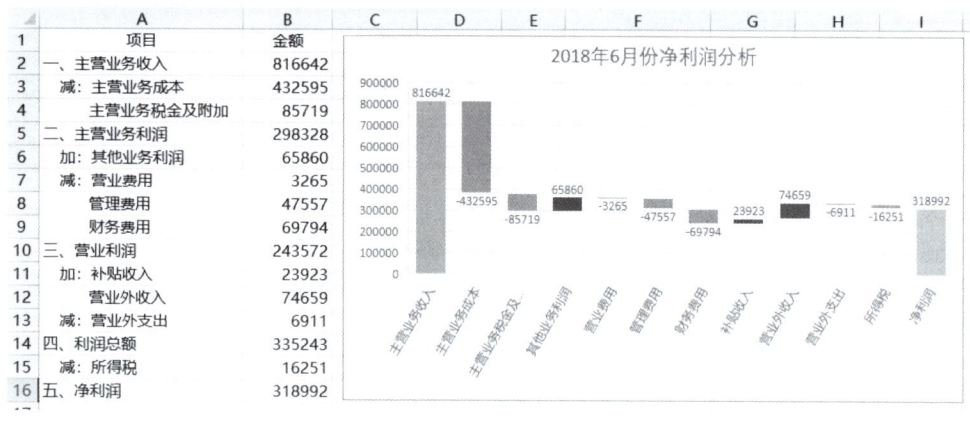

图 11-30　利用瀑布图分析净利润

11.2.4　产品销售额的量价影响分析

在产品销售分析中,当发现该产品销售额同比出现了较大变化,或者预算完成出现了较大偏差,就需要分析这样的变化,是销量引起的,还是单价引起的,这就是量价影响分析。

图 11-31 所示是一个简单的例子。现在要分析销量和单价对销售额的影响程度。

设计辅助计算区域,如图 11-32 所示。各单元格公式如下:

单元格 D8:=C5

单元格 D9:=(D3−C3)*C4/10000

单元格 D10:=D3*(D4−C4)/10000

单元格 D11:=D5

图 11-31　产品基本数据

最后以这个辅助计算区域绘制瀑布图,进行格式化处理,就得到图 11-33 所示的分析报告。

图 11-32　设计辅助计算区域

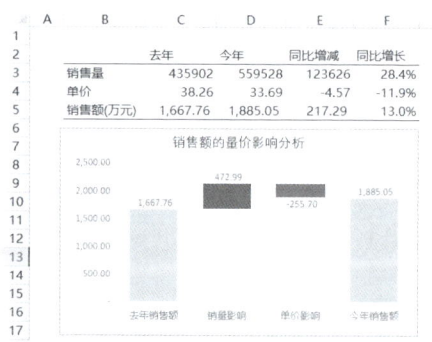

图 11-33　产品销售额的量价影响分析

在实际产品分析中，可以制作一个动态的分析图，分析任意指定产品销售额的量价影响分析。

11.2.5 产品毛利的量价本影响分析

相对于销售额，毛利的分析增加了一个成本因素，也就是分析销量、单价和成本对毛利的影响。

图 11-34 所示是一个示例数据。现在要分析毛利出现同比大幅下降的主要原因，也就是销售量、单价和单位成本中，它们的影响程度各是多大。

设计辅助计算区域，如图 11-35 所示。各单元格公式如下：

单元格D11：=C8
单元格D12：=(D3-C3)*(C4-C7)/10000
单元格D13：=D3*(D4-C4)/10000
单元格D14：=D3*(C7-D7)/10000
单元格D15：=D8

	去年	今年	同比增减	同比增长
销售量	435902	559528	123626	28.4%
单价	38.26	33.69	-4.57	-11.9%
销售额(万元)	1,667.76	1,885.05	217.29	13.0%
销售成本(万元)	1,191.76	1,670.75	478.9945	40.2%
单位成本	27.34	29.86	2.52	9.2%
毛利(万元)	476.00	214.30	-261.71	-55.0%

图11-34 产品毛利的基本资料

	去年	今年	同比增减	同比增长
销售量	435902	559528	123626	28.4%
单价	38.26	33.69	-4.57	-11.9%
销售额(万元)	1,667.76	1,885.05	217.29	13.0%
销售成本(万元)	1,191.76	1,670.75	478.9945	40.2%
单位成本	27.34	29.86	2.52	9.2%
毛利(万元)	476.00	214.30	-261.71	-55.0%

计算区域

去年毛利	476.00
销量影响	135.00
单价影响	-255.70
成本影响	-141.00
今年毛利	214.30

图11-35 设计辅助计算区域

最后以这个辅助计算区域绘制瀑布图，进行格式化处理，就得到图 11-36 所示的分析报告。

	去年	今年	同比增减	同比增长
销售量	435902	559528	123626	28.4%
单价	38.26	33.69	-4.57	-11.9%
销售额(万元)	1,667.76	1,885.05	217.29	13.0%
销售成本(万元)	1,191.76	1,670.75	478.9945	40.2%
单位成本	27.34	29.86	2.52	9.2%
毛利(万元)	476.00	214.30	-261.71	-55.0%

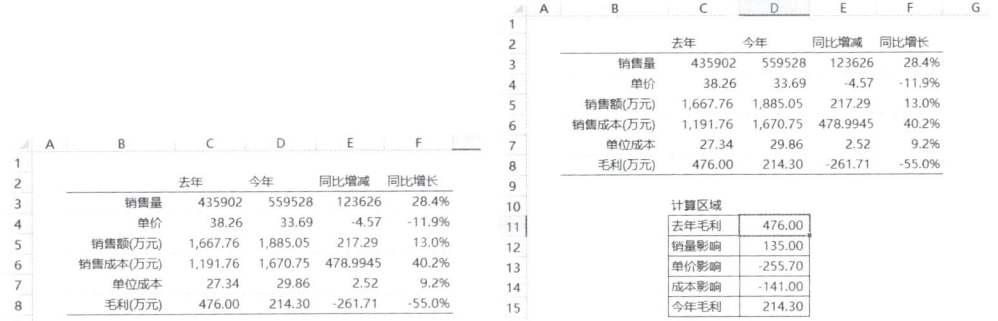

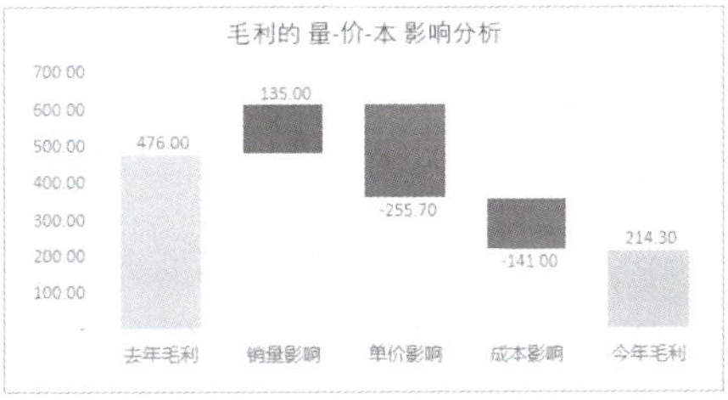

图11-36 产品毛利的销量、单价和成本的影响分析